高等院校数字艺术精品课程系列教材

Animate 核心应用案例教程 Animate 2020

全彩慕课版

雷琳 柳俊 主编／黄鋆 姚克难 曹琼洁 倪栋 副主编

人民邮电出版社
北京

图书在版编目（CIP）数据

Animate核心应用案例教程 : 全彩慕课版 : Animate 2020 / 雷琳，柳俊主编. -- 北京 : 人民邮电出版社，2024.6
高等院校数字艺术精品课程系列教材
ISBN 978-7-115-64452-7

Ⅰ. ①A… Ⅱ. ①雷… ②柳… Ⅲ. ①动画制作软件－高等学校－教材 Ⅳ. ①TP391.414

中国国家版本馆CIP数据核字(2024)第100499号

内 容 提 要

本书全面、系统地介绍 Animate 2020 的基本操作方法和网页动画的制作技巧，包括初识 Animate、Animate 2020 基础知识、常用工具、对象与元件、基本动画、高级动画、动作脚本、交互式动画、商业案例等内容。

本书主要章的内容以案例为主线，通过案例制作，学生可以快速熟悉软件功能和艺术设计思路。软件功能解析部分使学生能够深入学习软件功能；课堂练习和课后习题可以拓展学生的实际应用能力，提高学生的软件使用水平。本书的最后一章精心安排了专业设计公司的 4 个综合设计实训案例，力求通过这些案例的制作，提高学生的艺术设计创意能力。

本书适合作为高等院校数字媒体艺术类专业课程的教材，也可作为相关人员的自学参考书。

◆ 主　编　雷　琳　柳　俊
副主编　黄　鋆　姚克难　曹琼洁　倪　栋
责任编辑　房　建　马　媛
责任印制　王　郁　焦志炜

◆ 人民邮电出版社出版发行　　北京市丰台区成寿寺路 11 号
邮编　100164　　电子邮件　315@ptpress.com.cn
网址　https://www.ptpress.com.cn
北京瑞禾彩色印刷有限公司印刷

◆ 开本：787×1092　1/16
印张：13.25　　2024 年 6 月第 1 版
字数：351 千字　　2024 年 6 月北京第 1 次印刷

定价：69.80 元

读者服务热线：(010)81055256　印装质量热线：(010)81055316
反盗版热线：(010)81055315
广告经营许可证：京东市监广登字 20170147 号

前言

Animate 2020 简介

Animate 2020是由Adobe公司开发的一款集动画创作和应用程序开发于一体的创作软件。它包含简单、直观且功能强大的设计工具和命令，不仅可以创建数字动画、交互式Web站点，还可以开发包含视频、声音、图形和动画的桌面应用程序以及手机应用程序等，降低了网页动画和应用程序的设计难度，为专业设计人员和业余爱好者制作动画作品和应用程序提供了很大的帮助，深受网页设计人员和动画设计爱好者的喜爱。

如何使用本书

Step1　精选基础知识，快速上手 Animate

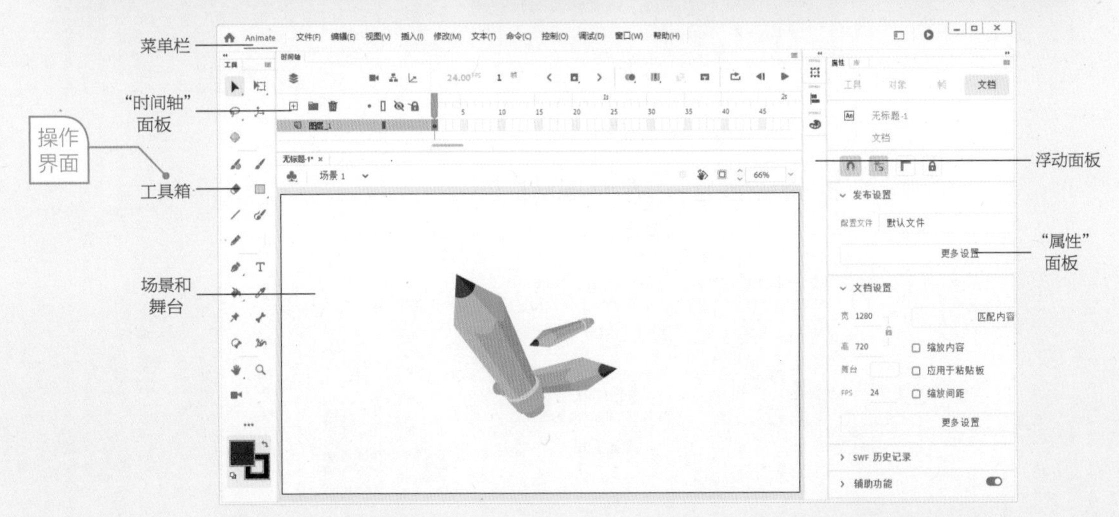

Animate

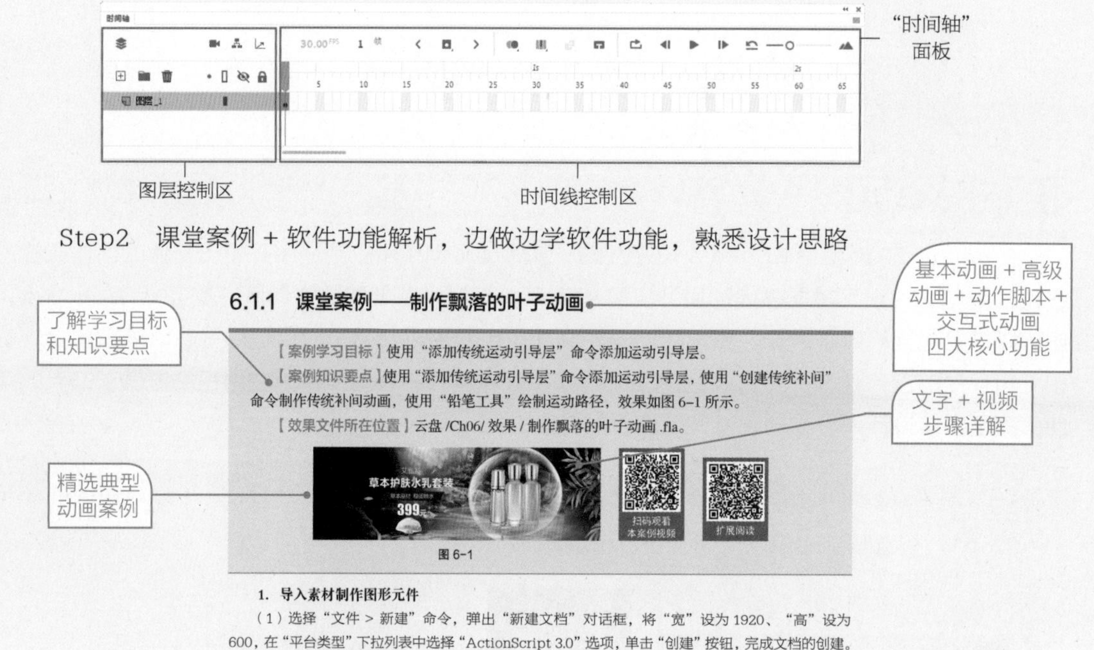

Step2 课堂案例 + 软件功能解析，边做边学软件功能，熟悉设计思路

6.1.1 课堂案例——制作飘落的叶子动画

【案例学习目标】使用“添加传统运动引导层”命令添加运动引导层。

【案例知识要点】使用“添加传统运动引导层”命令添加运动引导层，使用“创建传统补间”命令制作传统补间动画，使用“铅笔工具”绘制运动路径，效果如图 6-1 所示。

【效果文件所在位置】云盘 /Ch06/ 效果 / 制作飘落的叶子动画 .fla。

图 6-1

1. 导入素材制作图形元件

（1）选择“文件 > 新建”命令，弹出“新建文档”对话框，将“宽”设为 1920、“高”设为 600，在“平台类型”下拉列表中选择“ActionScript 3.0”选项，单击“创建”按钮，完成文档的创建。

6.2.4 动态遮罩动画

打开云盘中的“基础素材 > Ch08 > 03”文件，如图 6-115 所示。在“时间轴”面板中单击“新建图层”按钮⊞，创建新的图层并将其命名为“剪影”，如图 6-116 所示。

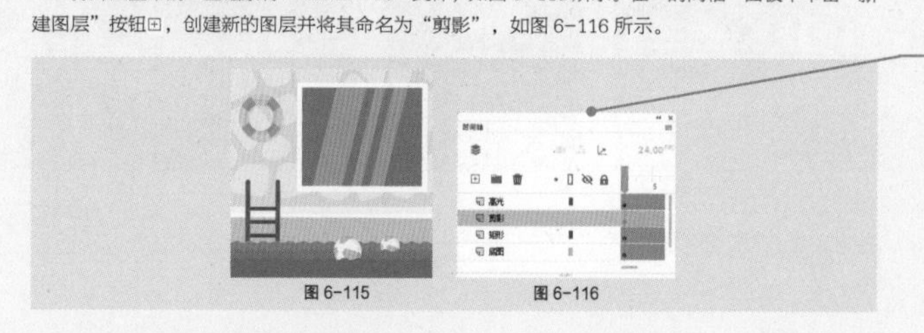

图 6-115　　图 6-116

Step3 课堂练习 + 课后习题，拓展应用能力

6.3 课堂练习——制作电商广告

【练习知识要点】使用“添加传统运动引导层”命令添加运动引导层，使用“钢笔工具”绘制曲线，使用“创建传统补间”命令制作花瓣飘落动画。

【素材所在位置】云盘 /Ch06/ 素材 / 制作电商广告 /01 ~ 06。

【效果文件所在位置】云盘 /Ch06/ 效果 / 制作电商广告 .fla，如图 6-123 所示。

图 6-123

前言

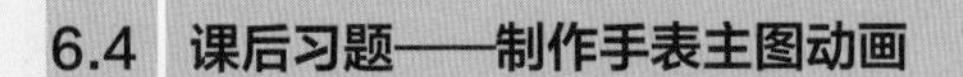

巩固本章所学知识

【习题知识要点】使用“矩形工具”绘制矩形，使用“创建补间形状”命令制作形状补间动画效果，使用“遮罩层”命令制作遮罩动画。

【素材所在位置】云盘 /Ch06/ 素材 / 制作手表主图动画 /01 ～ 03。

【效果文件所在位置】云盘 /Ch06/ 效果 / 制作手表主图动画 .fla，如图 6-124 所示。

金色行动

1988元

扫码观看本案例视频

图 6-124

Step4　综合实战，演练真实商业项目制作过程

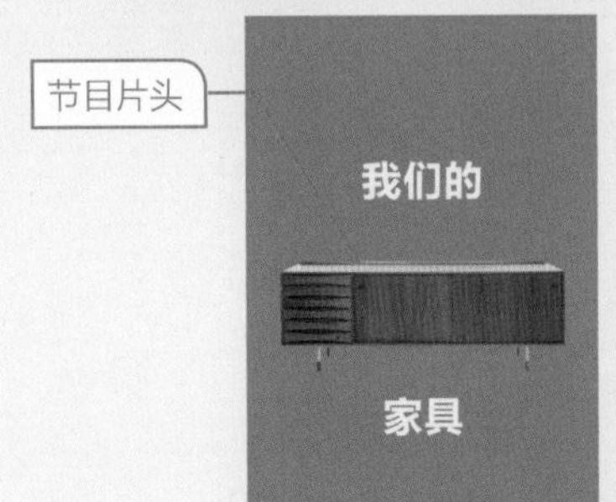

配套资源

配套资源及获取方式如下。

- 所有案例的素材及最终效果文件。
- 全书慕课视频，登录人邮学院网站（www.rymooc.com）或扫描封面上的二维码，使用手机号码完成注册，在首页右上角单击“学习卡”选项，输入封底刮刮卡中的激活码，即可在线观看视频。也可以使用手机扫描书中二维码移动观看视频。
- 扩展案例，扫描书中二维码即可查看扩展案例操作步骤。
- 全书 9 章 PPT 课件。
- 课程标准。
- 课程计划。
- 教学教案。
- 课堂练习和课后习题的详细操作步骤。

课程介绍

任课教师可登录人邮教育社区（www.ryjiaoyu.com），在本书页面中免费下载资源。

教学指导

本书的参考学时为 42 学时，其中实训环节为 14 学时，各章的参考学时参见下面的学时分配表。

章	课程内容	学时分配	
		讲授	实训
第 1 章	初识 Animate	1	—
第 2 章	Animate 2020 基础知识	2	—
第 3 章	常用工具	4	2
第 4 章	对象与元件	6	2
第 5 章	基本动画	4	2
第 6 章	高级动画	2	2
第 7 章	动作脚本	2	2
第 8 章	交互式动画	2	2
第 9 章	商业案例	5	2
学时总计		28	14

本书约定

本书案例素材所在位置：章号 / 素材 / 案例名，如 Ch06/ 素材 / 制作电商广告。

本书案例效果文件所在位置：章号 / 效果 / 案例名，如 Ch06/ 效果 / 制作电商广告 .fla。

本书关于颜色设置的表述：颜色名（代码），如红色（#FF0000）。

由于编者水平有限，书中难免存在不妥之处，敬请广大读者批评指正。

编者

2024 年 4 月

目录

—01—

第1章 初识 Animate

—02—

第2章 Animate 2020 基础知识

—03—

第3章 常用工具

Animate

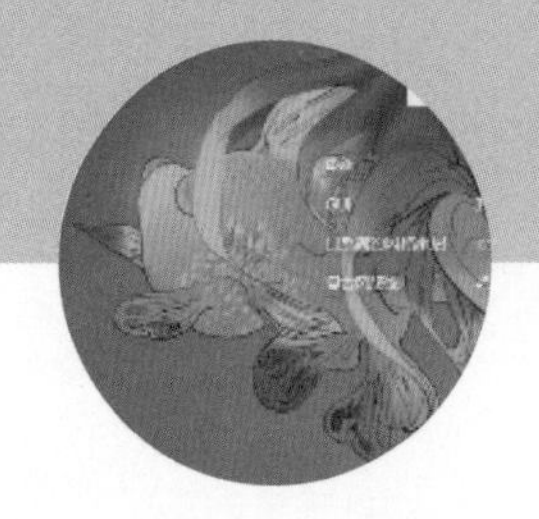

—04—

第 4 章 对象与元件

目录

—05—

第 5 章 基本动画

Animate

—06—

第 6 章 高级动画

—07—

第 7 章 动作脚本

目录

Animate

01

第1章 初识 Animate

本章介绍

在学习 Animate 之前，首先要了解 Animate 的基本特点和应用领域。只有认识了 Animate 的软件特点和功能特色，才能更有效率地学习和运用 Animate，从而为我们的工作和学习带来便利。

学习目标

- 了解 Animate 的基本特点。
- 了解 Animate 的应用领域。

1.1 Animate 的基本特点

Animate 是 Adobe 公司推出的一款功能强大的动画设计制作软件，可以设计制作出丰富的交互式矢量动画和位图动画，这些动画可以应用于动画影片、广告设计、网站设计、教学设计、游戏设计等领域。Animate 可以将动画发布到多种平台，便于在电视、计算机、移动设备上浏览。

1.2 Animate 应用领域

随着互联网和 Animate 动画技术的发展，Animate 的应用领域越来越广泛，如动画影片、广告设计、网站设计、教学设计、游戏设计等。

1.2.1 动画影片

作为动画影片的主要制作软件，Animate 可以制作出精美的矢量动画作品。使用 Animate 制作的动画作品造型独特、内涵丰富、创造性强、趣味生动，很多家喻户晓的动画影片都是使用 Animate 制作的，如图 1-1 所示。

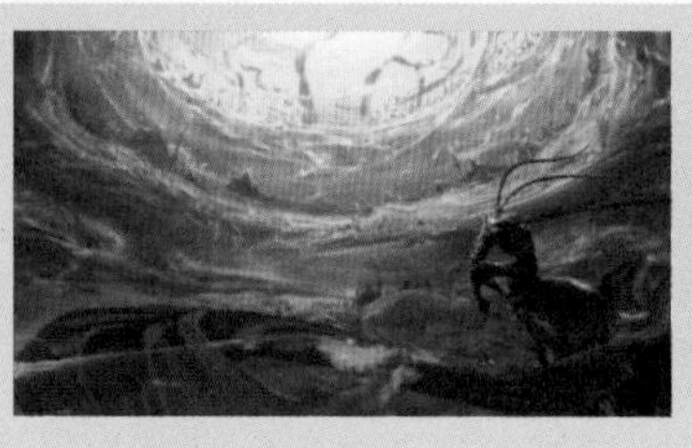

图 1-1

1.2.2 广告设计

网络广告具有覆盖面广、方式灵活、互动性强等特点，在传播方面有着非常大的优势，得到了广泛的应用。Animate 中有多种广告模板，包括弹出式广告、告示牌广告、全屏广告、横幅广告等。使用 Animate 可以设计制作出丰富多样的广告，如图 1-2 所示。

图 1-2

1.2.3 网站设计

为了在网站设计中增加动态效果和交互性，增强视觉表现力，可以使用 Animate 进行设计制作，包括制作引导页、为 Logo 和 Banner 添加动画效果、制作网页等，如图 1-3 所示。

图 1-3

1.2.4 教学设计

随着教育信息化的不断推进，Animate 在教学设计中得到了广泛的应用。使用 Animate 可以设计制作标准动画，也可以制作、开发交互式课件。使用 Animate 制作的作品文件小、表现效果生动、交互性强，如图 1-4 所示。

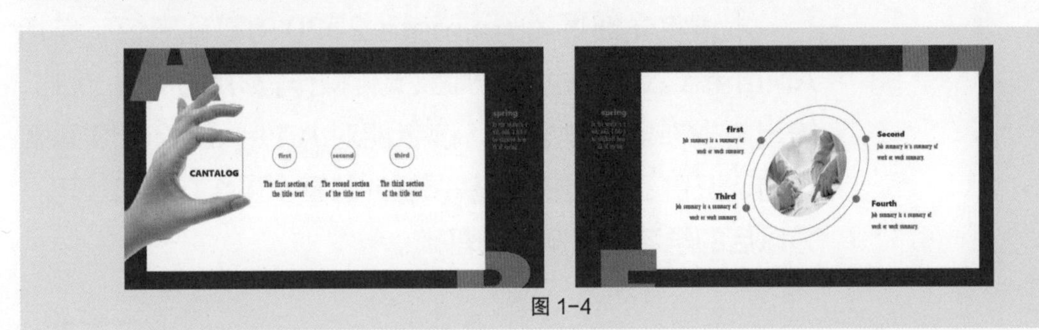

图 1-4

1.2.5 游戏设计

使用 Animate 设计制作的游戏种类丰富、风格新颖、占用内存空间较小、互动性强且操作便捷。使用 Animate 能制作出益智类、设计类、棋牌类、休闲类等多种类型的游戏，如图 1-5 所示。

图 1-5

02

第2章 Animate 2020 基础知识

本章介绍

本章将详细讲解 Animate 2020 的基础知识，包括 Animate 2020 的操作界面、文件操作，影片的测试、优化、输出与发布。通过学习，读者能对 Animate 2020 有初步的认识和了解，并能够掌握软件的基本操作方法和技巧，为以后的学习打下坚实的基础。

学习目标

- 了解 Animate 2020 的操作界面。
- 掌握文件操作的方法和技巧。
- 了解影片的测试与优化。
- 了解影片的输出与发布。

技能目标

- 正确认识 Animate 2020 操作界面的主要组成部分。
- 掌握文件新建、打开、保存的方法和技巧。
- 掌握影片的测试与优化、输出与发布的方法和技巧。

2.1 Animate 2020 的操作界面

Animate 2020 的操作界面主要由菜单栏、工具箱、“时间轴”面板、场景和舞台、“属性”面板以及浮动面板组成，如图 2–1 所示。

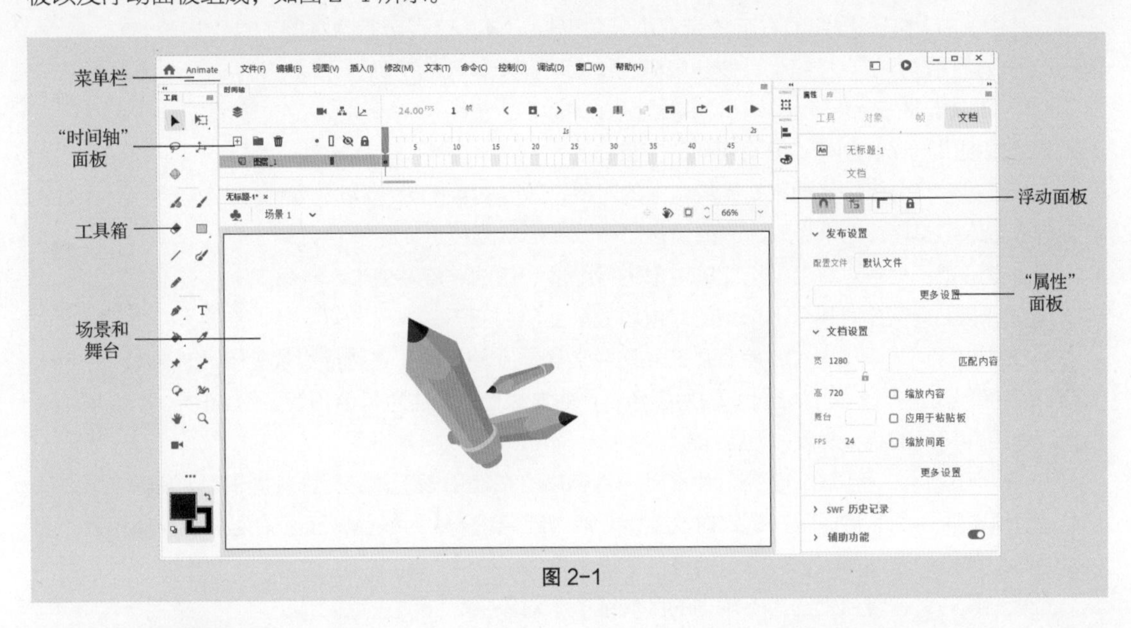

图 2–1

2.1.1 菜单栏

Animate 2020 的菜单栏包含“文件”菜单、“编辑”菜单、“视图”菜单、“插入”菜单、“修改”菜单、“文本”菜单、“命令”菜单、“控制”菜单、“调试”菜单、“窗口”菜单及“帮助”菜单，如图 2–2 所示。

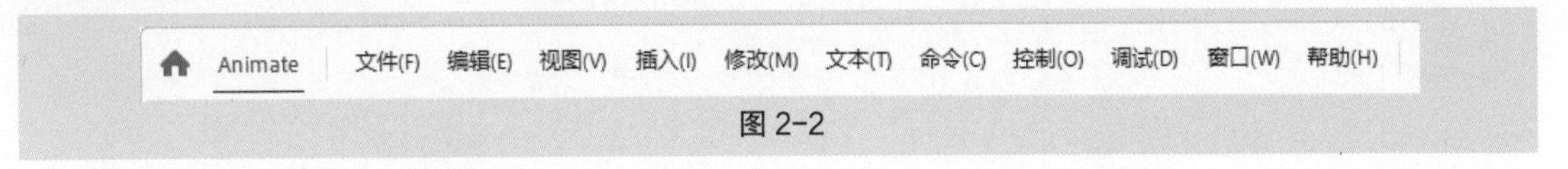

图 2–2

“文件”菜单：主要功能是新建、打开、保存、发布、导出动画，以及导入外部图形、图像、声音、动画文件，以便在当前动画中使用。

“编辑”菜单：主要功能是对舞台上的对象以及帧进行选择、复制、粘贴，以及自定义面板、设置参数等。

“视图”菜单：主要功能是进行环境设置。

“插入”菜单：主要功能是创建图层、元件、动画以及插入帧。

“修改”菜单：主要功能是修改动画中的对象。

“文本”菜单：主要功能是修改文字的大小、样式、对齐方式，以及调整字母间距等。

“命令”菜单：主要功能是保存、查找、运行命令。

“控制”菜单：主要功能是测试、播放动画。

“调试”菜单：主要功能是对动画进行调试。

“窗口”菜单：主要功能是控制各功能面板的显示，以及进行面板的布局设置。

“帮助”菜单：主要功能是提供 Animate 2020 在线帮助信息，包括教程和 ActionScript 帮助。

2.1.2 工具箱

选择“窗口 > 工具”命令，或按 Ctrl+F2 组合键，可以打开工具箱。工具箱提供了图形绘制和编辑的各种工具，分为“工具”“查看”“颜色”“选项”4 个区，如图 2-3 所示。其中，有些工具按钮的右下角带有小三角形标记◢，这表示有隐藏的工具，将鼠标指针放置在这类工具按钮上，按住鼠标左键即可显示隐藏的工具。

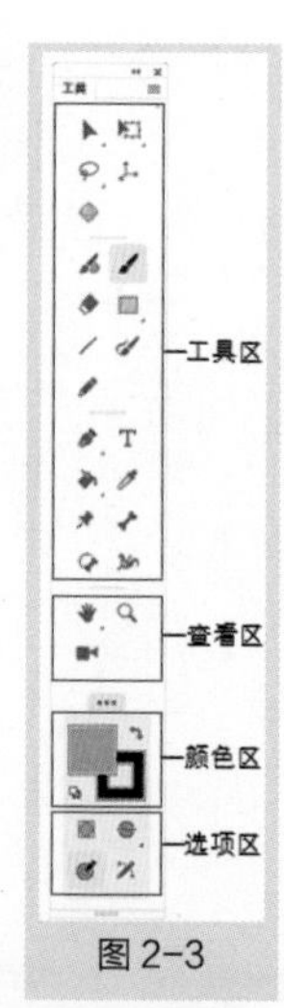

图 2-3

1. “工具”区

该区域提供选择、创建、编辑图形的工具。

选择工具：选择、移动和复制舞台上的对象，改变对象的大小和形状等。

部分选取工具：用来抓取、选择、移动和改变形状路径。

任意变形工具：对舞台上选定的对象进行缩放、扭曲、旋转变形。

渐变变形工具：对舞台上选定的对象填充渐变色、变形。

3D 旋转工具：可以在 3D 空间中旋转影片剪辑。在使用该工具选择影片剪辑后，3D 旋转控件出现在选定对象上。x 轴为红色，y 轴为绿色，z 轴为蓝色。使用橙色的自由旋转控件可同时绕 x 轴和 y 轴旋转。

3D 平移工具：可以在 3D 空间中移动影片剪辑。在使用该工具选择影片剪辑后，影片剪辑的 x 轴、y 轴和 z 轴 3 个轴将显示在选定对象上。x 轴为红色，y 轴为绿色，而 z 轴为黑色。使用此工具可以将影片剪辑沿着 x 轴、y 轴或 z 轴进行平移。

套索工具：在舞台上选择不规则的区域或多个对象。

多边形工具：在舞台上选择规则的区域或多个对象。

“魔术棒”工具：在舞台上根据颜色的范围进行区域选择。

钢笔工具：绘制直线段和光滑的曲线，调整直线段长度、角度及曲线曲率等。

添加锚点工具：在绘制的线段上单击可以添加锚点。

删除锚点工具：在锚点上单击可以删除锚点。

转换锚点工具：用于转换锚点的方向。

文本工具 T：创建、编辑字符对象和文本窗体。

线条工具：绘制直线段。

矩形工具：绘制矩形矢量色块或图形。

基本矩形工具：绘制基本矩形，此工具用于绘制图元对象。图元对象是允许用户在“属性”面板中调整其特征的形状。可以在创建形状之后，精确地控制形状的大小、边角半径以及其他属性，而无须从头开始绘制。

椭圆工具：绘制椭圆形、圆形矢量色块或图形。

基本椭圆工具：绘制基本椭圆形。此工具用于绘制图元对象，可以在创建形状之后，精确地控制形状的开始角度、结束角度、内径以及其他属性，而无须从头开始绘制。

多角星形工具：绘制等比例的多边形（长按“矩形工具”按钮，将弹出“多角星形工具”）。

铅笔工具：绘制任意形状的矢量图形。

画笔工具：绘制任意形状的色块矢量图形（颜色由笔触颜色决定）。

传统画笔工具：绘制任意形状的色块矢量图形（颜色由填充颜色决定）。

骨骼工具：可以对对象使用反向运动进行动画处理。

绑定工具：可以调整骨骼与控制点之间的关系。

颜料桶工具：改变色块的色彩。

墨水瓶工具：改变矢量线段、曲线、图形边框线的色彩。

滴管工具：将舞台图形的属性赋予当前绘图工具。

橡皮擦工具：擦除舞台上的图形。

宽度工具：用来修改笔触的宽度。

资源变形工具：可以很好地控制手柄和变形效果。

2. “查看”区

该区域用于改变舞台画面，以便更好地进行观察。

“摄像头”工具：用来模仿摄像头移动的效果。

手形工具：移动舞台画面。

旋转工具：可以用来临时旋转舞台的视图，以便以特定的角度进行绘制，而不像“任意变形工具”那样永久旋转舞台上的实际对象。

时间划动工具：可以在舞台中拖曳鼠标调整时间标签所在的位置。

缩放工具：改变舞台画面的显示比例。

3. “颜色”区

该区域用于选择绘制、编辑图形的笔触颜色和填充颜色。

“笔触颜色”按钮：选择图形边框和线条的颜色。

“填充颜色”按钮：选择图形要填充区域的颜色。

“黑白”按钮：系统默认的颜色。

“交换笔触填充颜色”按钮：可将笔触颜色和填充颜色进行交换。

4. “选项”区

不同工具有不同的属性，可通过“选项”区为当前选择的工具进行属性设置。

2.1.3 “时间轴”面板

“时间轴”面板用于组织和控制文件内容在一定时间内播放。按照功能的不同，“时间轴”面板分为左右两部分，分别为图层控制区、时间线控制区，如图 2-4 所示。“时间轴”面板的主要组件是图层、帧和播放头。

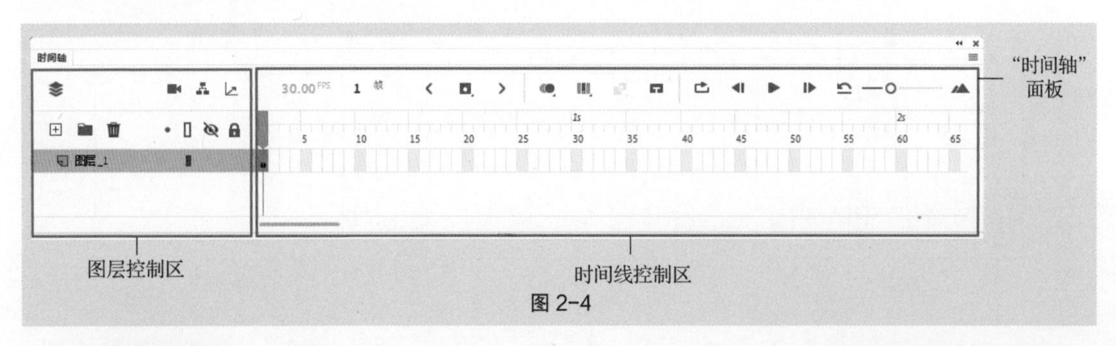

图 2-4

1. 图层控制区

图层就像胶片，每个图层都包含显示在舞台中的不同图像，堆叠在一起呈现最终效果。在图层控制区中，可以显示舞台中正在编辑作品的所有图层的名称、类型、状态，并可以通过按钮对图层进行操作。

2. 时间线控制区

时间线控制区由帧、播放头、多个按钮及信息栏组成。Animate 以帧划分时间长度。每个图层中包含的帧显示在该图层名称的右侧。时间线控制区的播放头指示舞台中当前显示的帧，信息栏显示当前帧编号、动画播放速率等信息。

2.1.4 场景和舞台

场景是所有动画元素的最大活动空间，如图 2-5 所示。像多幕剧一样，场景可以不止一个。要查看特定场景，可以选择“视图 > 转到”命令，再从其子菜单中选择场景的名称。

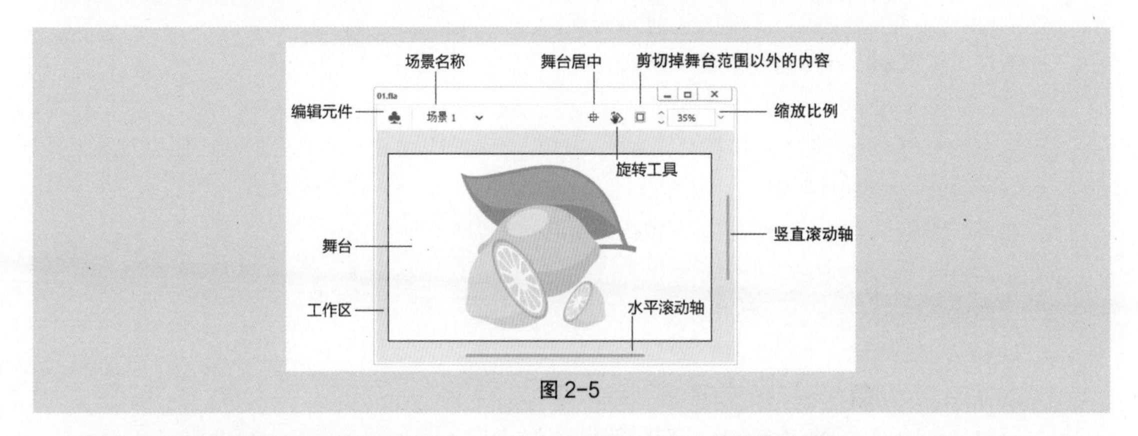

图 2-5

舞台是编辑和播放动画的矩形区域。在舞台上可以放置、编辑矢量插图、文本框、按钮、导入的位图、影片剪辑等对象。舞台可以设置大小、颜色等。

在舞台上可以显示网格和标尺，帮助制作者准确定位。显示网格的方法是选择“视图 > 网格 > 显示网格”命令，效果如图 2-6 所示。显示标尺的方法是选择“视图 > 标尺”命令，效果如图 2-7 所示。

在制作动画时，常常需要利用辅助线来对齐舞台上的不同对象，可以在标尺上按住鼠标左键并向舞台拖曳以产生辅助线，如图 2-8 所示，它在动画播放时并不显示。不需要辅助线时，可从舞台上向标尺方向拖动辅助线来进行删除。还可以选择“视图 > 辅助线 > 显示辅助线”命令显示出辅助线，选择“视图 > 辅助线 > 编辑辅助线”命令修改辅助线的颜色等属性。

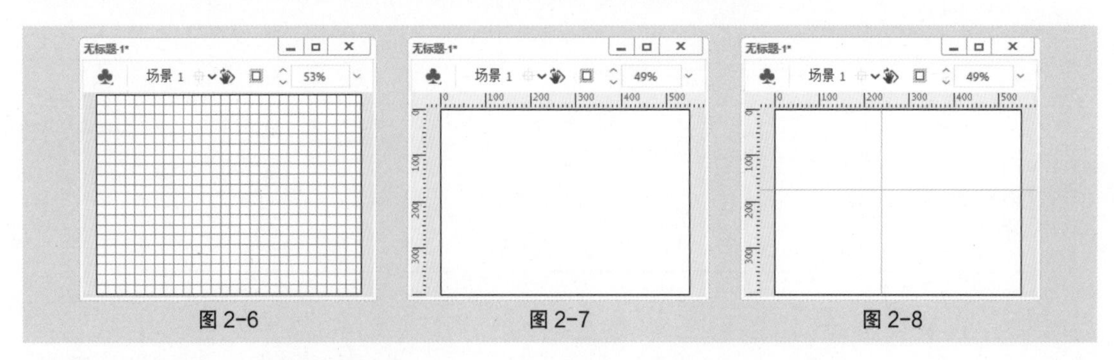

图 2-6　　图 2-7　　图 2-8

2.1.5 “属性”面板

对于正在使用的工具或资源，使用“属性”面板可以很容易地查看和更改它们的属性，从而简化项目的创建过程。当选定某个工具时，“属性”面板“工具”选项卡中会显示该工具的属性设置，如图 2-9 所示；选定文本、组件、形状、位图、视频、组等时，“属性”面板自动切换到“对象”选项卡，选项组中显示相应的信息和设置，如图 2-10 所示；选定某帧时，“属性”面板自动切换到“帧”选项卡，如图 2-11 所示。

图 2-9　　图 2-10　　图 2-11

2.1.6　浮动面板

使用面板可以查看、组合和更改资源。但屏幕的大小有限，为了使工作区尽量大，Animate 2020 提供了许多自定义工作区的方式，如可以通过“窗口”菜单显示、隐藏面板，还可以通过拖动鼠标来调整面板的大小以及重新组合面板，如图 2-12 和图 2-13 所示。

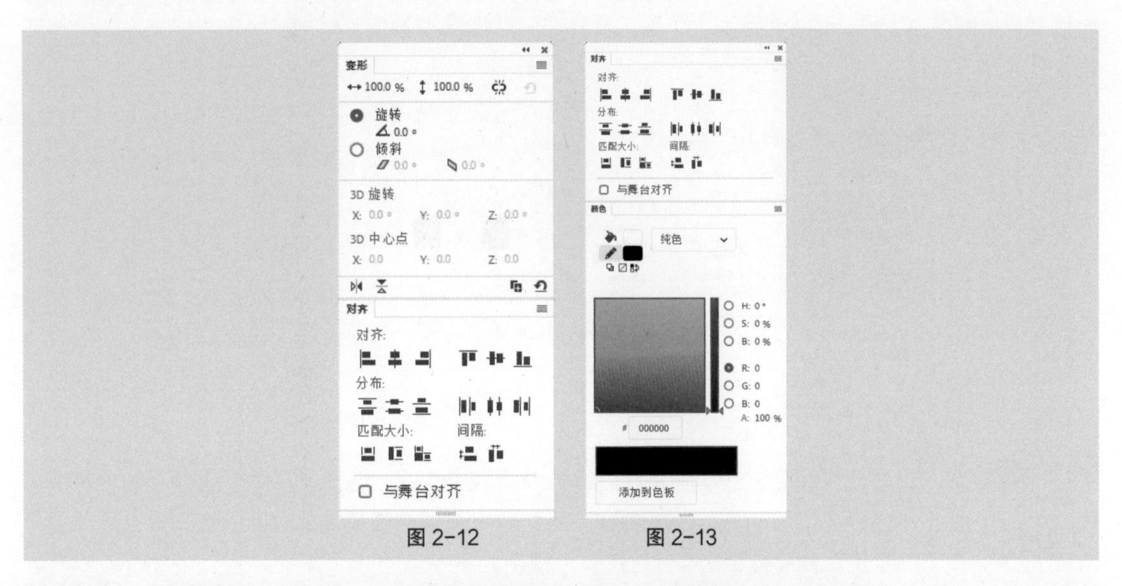
图 2-12　　图 2-13

2.2　Animate 2020 的文件操作

2.2.1　新建文件

选择“文件 > 新建”命令，弹出“新建文档”对话框，如图 2-14 所示。在对话框的顶部选择要创建的文档的类型，在“预设”选项组中选择需要的尺寸，也可以在“详

细信息”选项组中自定义尺寸、单位和平台类型等，设置完成后，单击“创建”按钮，即可完成文件的新建，如图 2-15 所示。

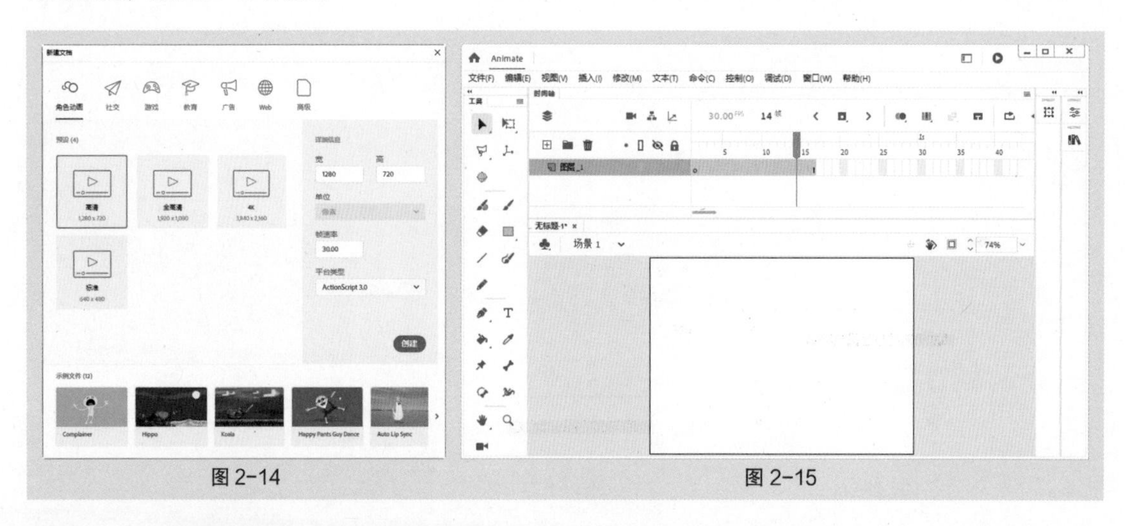

图 2-14　　图 2-15

2.2.2　保存文件

编辑和制作完动画后，就需要将动画文件进行保存。

选择“文件 > 保存”“文件 > 另存为”等命令可以将文件保存在磁盘上，如图 2-16 所示。当设计好作品进行第一次存储时，选择“文件 > 保存”命令，或按 Ctrl+S 组合键，将弹出“另存为”对话框，如图 2-17 所示。在对话框中，输入文件名，选择保存类型，单击“保存”按钮，即可将动画文件保存。

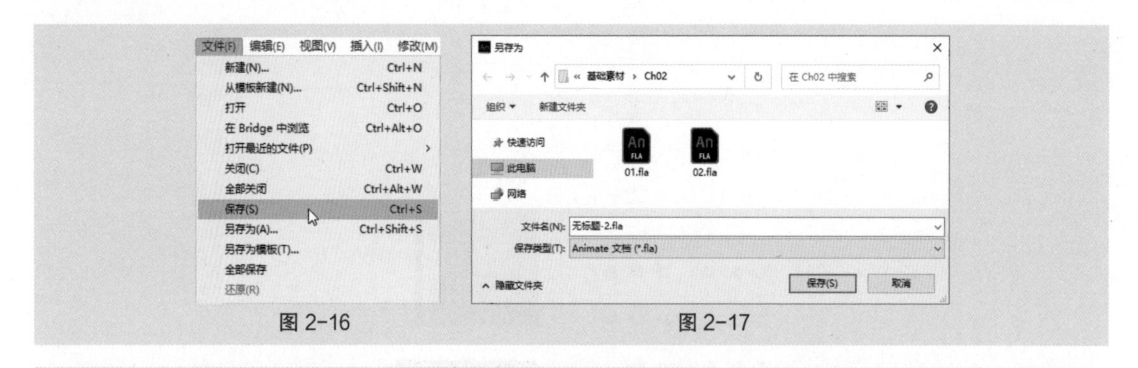

图 2-16　　图 2-17

> **知识提示**　当对已经保存过的动画文件进行各种编辑操作后，选择“文件 > 保存”命令将不弹出“另存为”对话框，计算机直接保留最终确认的结果，并覆盖原始文件。因此，在未确定是否要放弃原始文件之前，应慎用此命令。

若既要保留修改过的文件，又不想放弃原文件，可以选择“文件 > 另存为”命令，或按 Ctrl+Shift+S 组合键，打开“另存为”对话框。在对话框中，可以为更改过的文件重新命名、选择路径、设定保存类型，然后进行保存。

2.2.3　打开文件

选择“文件 > 打开”命令，弹出“打开”对话框，在对话框中搜索路径和文件，确认文件类型和名称，如图 2-18 所示。然后单击“打开”按钮，或直接双击文件，即可打开指定的动画文件，如图 2-19 所示。

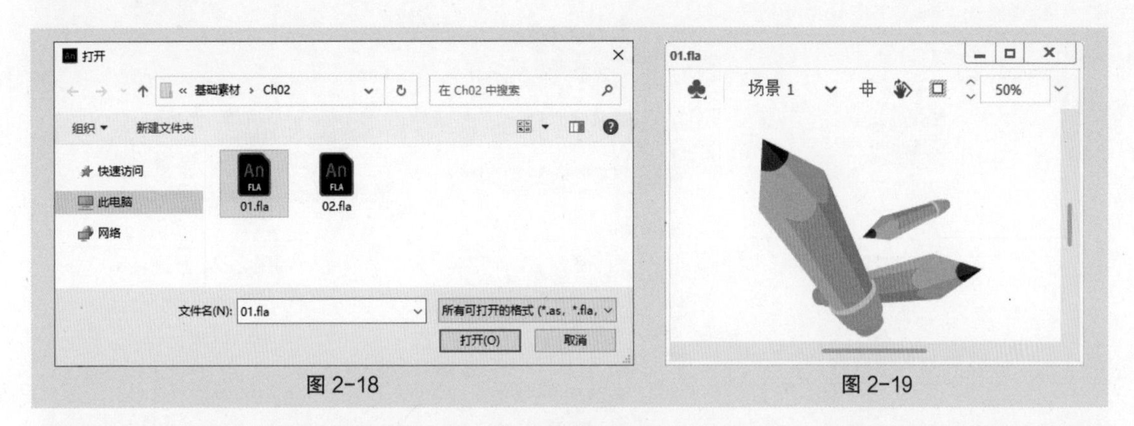

图 2-18　　图 2-19

在“打开”对话框中，可以一次同时打开多个文件，只要在文件列表中将所需的几个文件选中，并单击“打开”按钮，系统就逐个打开这些文件，以免反复调用“打开”对话框。在“打开”对话框中，按住 Ctrl 键的同时用鼠标单击可以选择不连续的多个文件，按住 Shift 键的同时用鼠标单击可以选择连续的多个文件。

2.2.4　导入文件

在 Animate 2020 中，可以导入各种格式的矢量图形、位图以及视频文件。矢量格式包括 AI、EPS 和 PDF 等。位图格式包括 JPG、GIF、PNG、BMP 等。视频格式包括 F4V 和 FLV 等。

1. 导入舞台

（1）导入位图到舞台：导入位图到舞台后，舞台上显示该位图，位图同时被保存在“库”面板中。

选择“文件 > 导入 > 导入到舞台”命令，弹出“导入”对话框，在对话框中选择云盘中的“基础素材 > Ch02 > 03”文件，如图 2-20 所示。单击“打开”按钮，弹出提示对话框，如图 2-21 所示。

图 2-20　　图 2-21

单击“否”按钮，选择的位图“03”被导入舞台，这时，舞台、“库”面板和“时间轴”面板如图 2-22、图 2-23 和图 2-24 所示。

当单击“是”按钮，位图“03”“04”“05”全部被导入舞台，这时，舞台、“库”面板和“时间轴”面板如图 2-25、图 2-26 和图 2-27 所示。

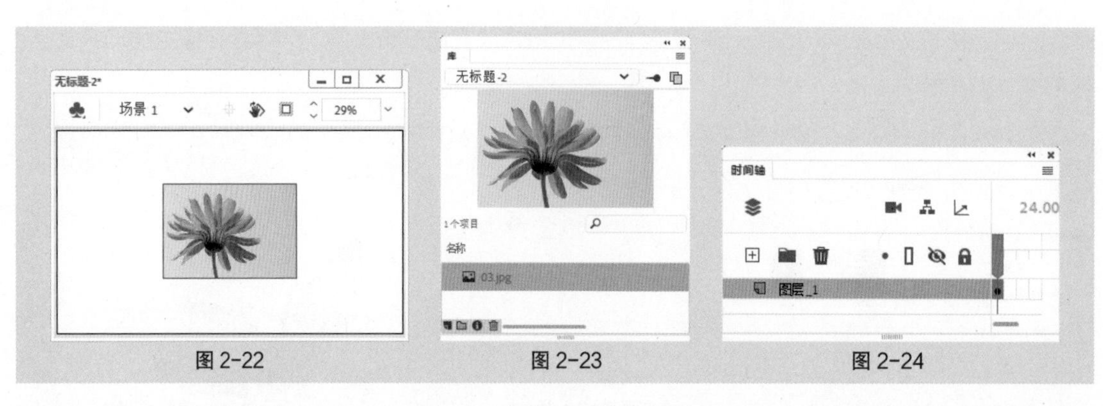

图 2-22　　图 2-23　　图 2-24

图 2-25　　图 2-26　　图 2-27

知识提示　可以用各种方式将多种位图导入 Animate 2020 中，并且可以从 Animate 2020 中启动 Photoshop 或其他外部图像编辑器，从而在这些编辑应用程序中修改导入的位图。可以对导入位图应用压缩和消除锯齿功能，以控制位图在 Animate 2020 中的大小和外观，还可以将导入的位图填充到对象中。

（2）导入矢量图到舞台：当导入矢量图到舞台上时，舞台上显示该矢量图，但矢量图并不会被保存到“库”面板中。

选择“文件 > 导入 > 导入到舞台”命令，弹出“导入”对话框，在对话框中选择云盘中的“基础素材 > Ch02 > 05.ai”文件，如图 2-28 所示。单击“打开”按钮，弹出“将‘05.ai’导入到舞台”对话框，如图 2-29 所示。单击“确定”按钮，矢量图被导入舞台，如图 2-30 所示。此时，“库”面板并没有保存矢量图“05.ai”，如图 2-31 所示。

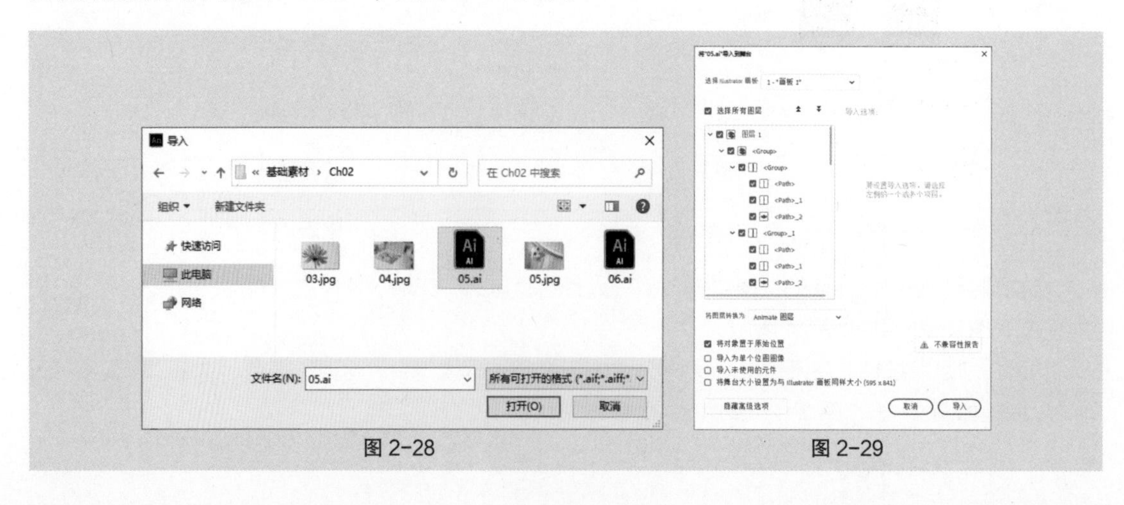

图 2-28　　图 2-29

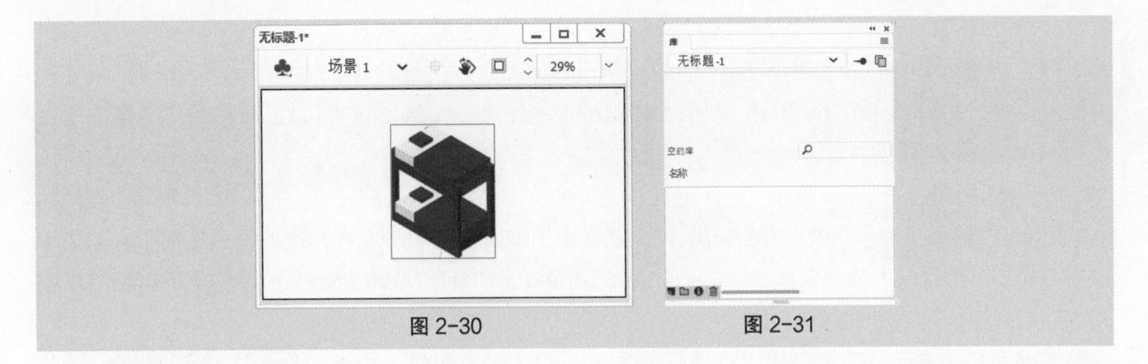

图 2-30　　图 2-31

2. 导入“库”面板

（1）导入位图到“库”面板：当导入位图到“库”面板时，该位图不在舞台上显示，只在“库”面板中显示。

选择“文件 > 导入 > 导入到库”命令，弹出“导入到库”对话框，在对话框中选择云盘中的“基础素材 > Ch02 > 03”文件，如图 2-32 所示。单击“打开”按钮，位图被导入“库”面板中，如图 2-33 所示。

图 2-32　　图 2-33

（2）导入矢量图到“库”面板：当导入矢量图到“库”面板时，该矢量图不在舞台上显示，只在“库”面板中显示。

选择“文件 > 导入 > 导入到库”命令，弹出“导入到库”对话框，在对话框中选择云盘中的“基础素材 > Ch02 > 06”文件。单击“打开”按钮，弹出“将‘06.ai’导入到库”对话框，如图 2-34 所示。单击“导入”按钮，矢量图被导入“库”面板中，如图 2-35 所示。

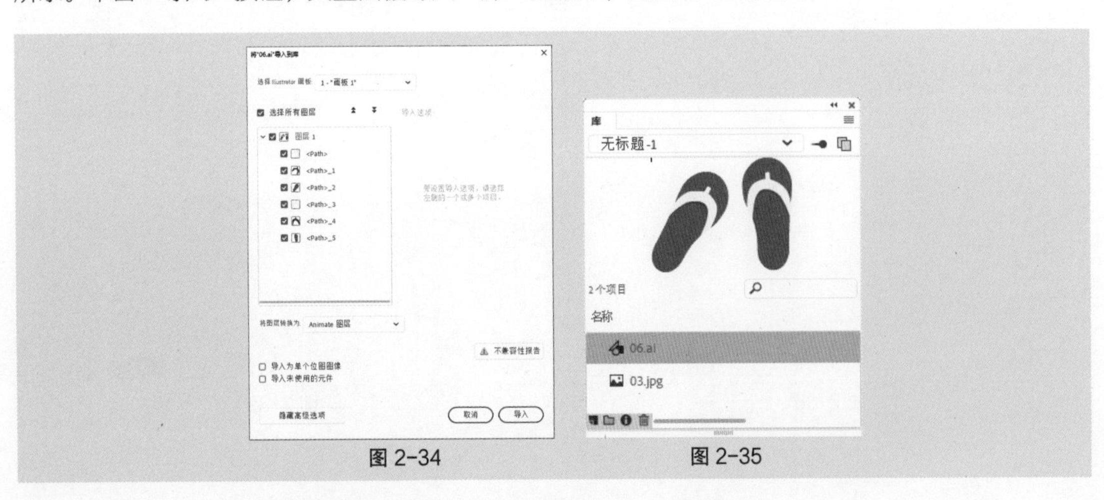

图 2-34　　图 2-35

3. 外部粘贴

可以将其他程序或文档中的图像粘贴到 Animate 2020 的舞台中。方法为在其他程序或文档中复制图像，打开 Animate 2020 文档，按 Ctrl+V 组合键，将复制的图像进行粘贴，图像出现在 Animate 2020 的舞台中。

4. 导入视频

Flash Video（FLV）文件格式可以导入或导出带编码音频的静态视频流此格式适用于通信应用程序（例如视频会议）及包含从 Adobe 的 Macromedia Flash Media Server 中导出的屏幕共享编码数据的文件。

要导入 FLV 格式的文件，可以选择“文件 > 导入 > 导入视频”命令，弹出“导入视频”对话框。单击“浏览”按钮，弹出“打开”对话框，在对话框中选择云盘中的“基础素材 > Ch02 > 07”文件，如图 2-36 所示。单击“打开”按钮，返回到“导入视频”对话框，在对话框中选择“在 SWF 中嵌入 FLV 并在时间轴中播放”单选项，如图 2-37 所示，单击“下一步”按钮。

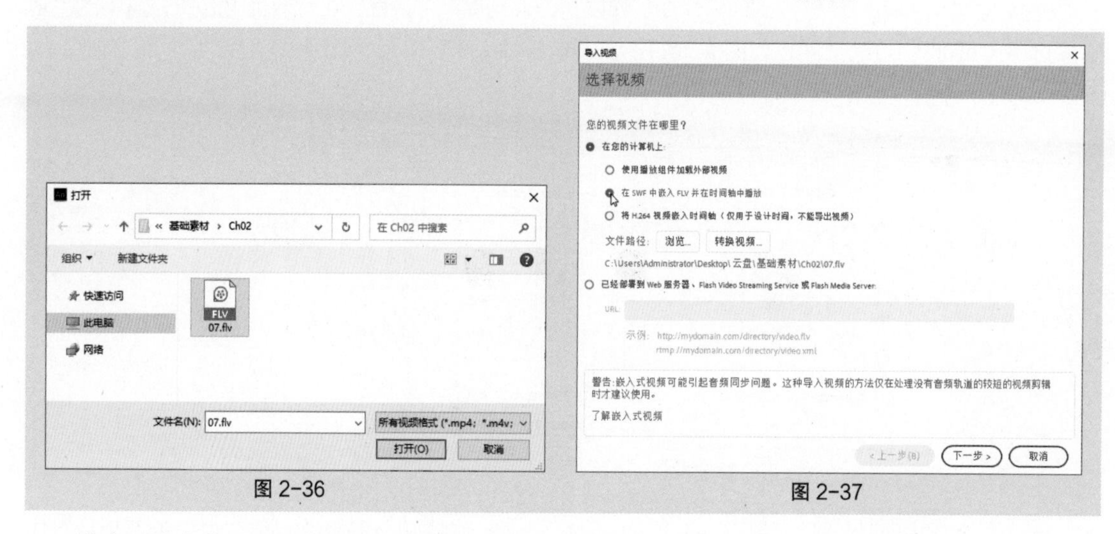

图 2-36　　图 2-37

进入“嵌入”界面，如图 2-38 所示。单击“下一步”按钮，进入“完成视频导入”界面，如图 2-39 所示，单击“完成”按钮完成视频的导入。

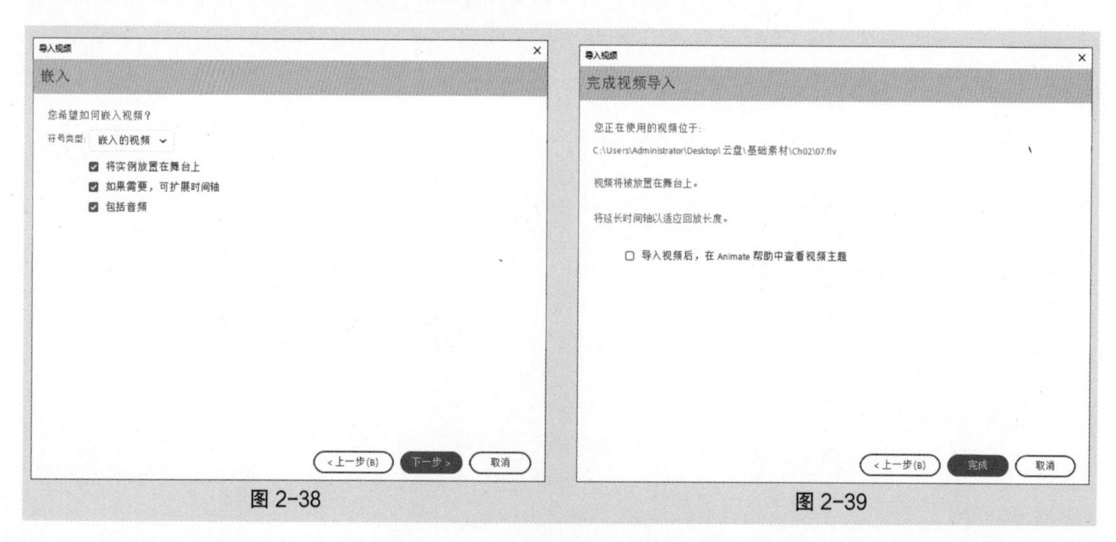

图 2-38　　图 2-39

此时，舞台、“时间轴”面板和“库”面板如图 2-40、图 2-41 和图 2-42 所示。

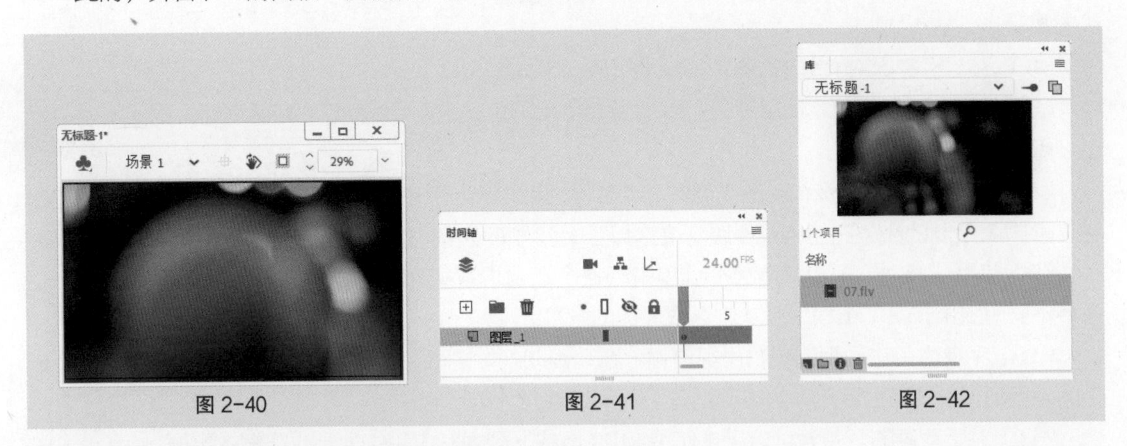

图 2-40　　图 2-41　　图 2-42

2.3 影片的测试与优化

在动画的设计过程中，经常要测试当前编辑的动画，以便了解作品效果是否达到预期。如果动画要在网络环境中播放，还要考虑动画文件的大小。要在保证动画效果的前提下优化动画文件，以获得最好的网络播放效果。

影片的测试与优化

2.3.1 影片测试窗口

选择“控制 > 测试”命令，或按 Ctrl+Enter 组合键，打开影片测试窗口，如图 2-43 所示。

图 2-43

2.3.2 作品优化

动画文件越大，在网络上播放时加载的时间就越长。虽然动画作品在发布时会自动进行一些优化，但是还是要在制作动画时从整体上对动画进行优化，以减小文件量。

动画的优化包括以下几个方面。

（1）将动画中所有相同的对象用同一个符号引用，这样，相同的对象在作品中只保存一次。

（2）在动画中尽量避免使用逐帧动画，多使用补间动画。因为补间动画中的过渡帧是计算所得，所以其文件量大大小于逐帧动画。

（3）使用导入的位图时，最好将位图作为背景或静止元素，尽量避免使用位图作为动画元素。

（4）对舞台中多个相对位置固定的对象建组。

（5）尽量用矢量线条代替矢量色块。降低矢量图形的复杂程度，如减少图形的边数或曲线上折线的数量。

（6）尽量不将文字打散成轮廓，尽量少用嵌入字体。

（7）尽量少用渐变色，使用单色，因为渐变色比单色多占用 50 字节的存储空间。少使用不透明度，因为会减慢回放速度。

（8）尽量限制使用特殊线条的类型数，如虚线、点线等。实线比特殊线条占用的空间小。使用“铅笔工具”✎绘制的线条比使用“传统画笔工具”✎绘制的线条占用的空间小。

（9）使用“属性”面板“颜色”选项中的各个选项设置实例，可以使同一元件的不同实例产生多种不同的效果，实际工程中应从中选取最优的效果。

（10）尽量避免在动画的开始出现停顿。在动画的开始阶段，要在文件量大的帧前面设计一些较小的帧序列，以便在播放这些帧的同时预载后面文件量大的内容。

（11）对于动画的音频素材，尽量使用 MP3 格式，因为其占用空间小、压缩效果好。

（12）音频引用对象和位图引用对象包含的文件量大，因此，避免在同一关键帧中同时包含这两种引用对象，否则可能会出现停顿帧。

2.4 影片的输出与发布

动画作品设计完成后，要通过输出或发布的方式将其制作成可以脱离 Animate 2020 环境播放的动画文件。并不是所有应用系统都支持 Animate 文件格式，如果要在网页、应用程序、多媒体中编辑动画作品，可以将它们导出成通用的文件格式，如 GIF、JPEG、PNG 或 MOV。

影片的输出与发布

2.4.1 影片输出设置

选择“文件 > 导出”命令，弹出的子菜单如图 2-44 所示。可以选择将文件导出为图像、动画、视频或影片。

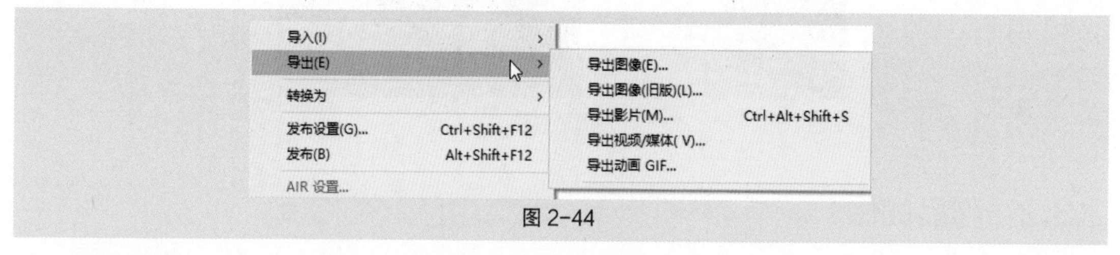

图 2-44

“导出图像”命令：可以将当前帧或所选图像导出为某种静止图像格式，同时在导出时对图像进行优化处理。

“导出图像（旧版）”命令：可以将当前帧或所选图像导出为某种静止图像格式。

“导出影片”命令：可以将动画导出为包含一系列图片、音频的动画格式或静止帧；当导出静止图像时，可以为文档中的每一帧都创建一个带有编号的图像文件；还可以将文档中的音频导出为 WAV 文件。

“导出视频 / 媒体”命令：可以将做好的动画导出为 MOV 格式的视频文件。

“导出动画 GIF”命令：可以将做好的动画导出为 GIF 动画。

知识提示　将 Animate 图像保存为位图、GIF、JPEG、PNG 文件时，会丢失其矢量信息，仅保存像素信息。

2.4.2　影片输出格式

Animate 2020 可以输出多种格式的动画或图形文件，下面介绍常用的格式。

1. SWF 影片 (*.swf)

SWF 是浏览网页时常见的动画格式，它以 .swf 为扩展名，集动画、声音等多媒体信息和交互性于一体，需要在浏览器中安装 Flash 播放器插件才能观看。将整个 Animate 文档导出为具有动画效果和交互功能的 SWF 文件，可便于将 Animate 内容导入其他应用程序中，如 Dreamweaver。

选择“文件 > 导出 > 导出影片”命令，弹出“导出影片”对话框，在“文件名”文本框中输入要导出动画的名称，在“保存类型”下拉列表中选择“SWF 影片 (*.swf)”，如图 2-45 所示，单击“保存”按钮，即可导出影片。

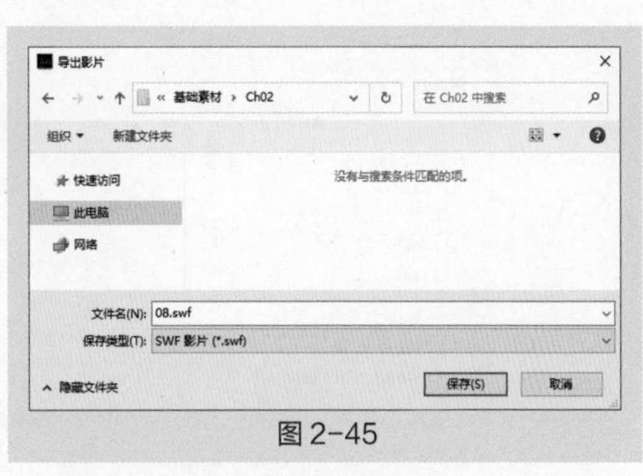

图 2-45

知识提示　在以 SWF 格式导出 Animate 文档时，文本以 Unicode 格式进行编码。Unicode 是一种文字信息的通用字符集编码标准，是一种 16 位编码格式。也就是说，Animate 文档中的文字使用双位元组字符集进行编码。

2. JPEG 序列 (*.jpg；*.jpeg)

可以将 Animate 文档中当前帧上的对象导出成 JPEG 位图文件。JPEG 格式图像为高压缩比的 24 位位图。JPEG 格式适合显示包含连续色调（如照片、渐变色或嵌入位图）的图像。

选择“文件 > 导出 > 导出影片”命令，弹出“导出影片”对话框，在“文件名”文本框中输入要导出序列文件的名称，在“保存类型”下拉列表中选择“JPEG 序列 (*.jpg；*.jpeg)”，如图 2-46 所示，单击“保存”按钮，弹出“导出 JPEG”对话框，如图 2-47 所示。

图 2-46　　图 2-47

“宽度”和“高度”选项：设置 JPEG 图片的尺寸。

“分辨率”选项：设置导出图片的分辨率，并且让 Animate 2020 根据数值大小自动计算宽度和高度。单击“匹配屏幕”按钮，可以将分辨率设置为与显示器相匹配。

“品质”选项：设置 JPEG 图片的输出品质。

“渐进式显示”选项：勾选此选项，图片以渐进式加载。

3. GIF 序列 (*.gif)

网页中常见的动态图标大部分是 GIF 动画，它由多个连续的 GIF 图像组成。在 Animate 时间轴上的每一帧都会变为 GIF 动画中的一幅图像。GIF 动画不支持声音和交互，并比不含声音的 SWF 动画文件量大。

选择“文件 > 导出 > 导出影片”命令，弹出“导出影片”对话框，在“文件名”文本框中输入要导出序列文件的名称，在“保存类型”下拉列表中选择“GIF 序列 (*.gif)”，如图 2-48 所示，单击“保存”按钮，弹出“导出 GIF”对话框，如图 2-49 所示。

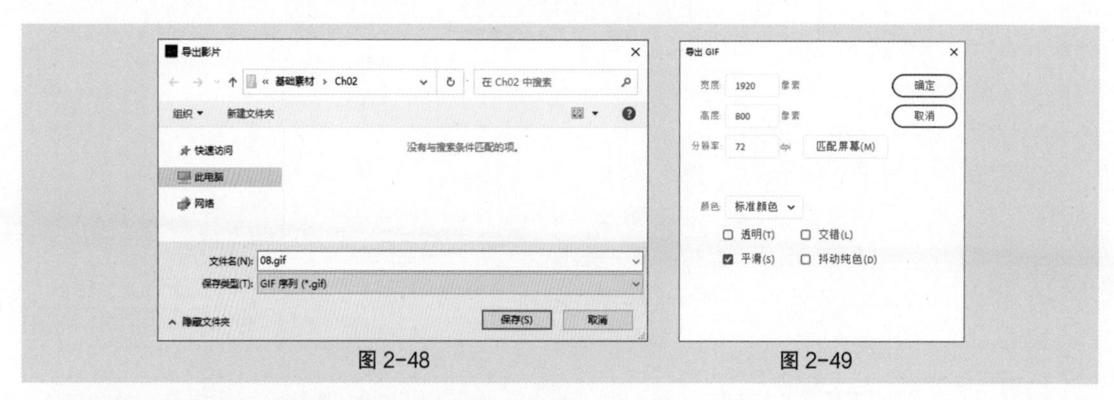

图 2-48　　图 2-49

“宽度”和“高度”选项：设置 GIF 图像的尺寸。

“分辨率”选项：设置导出图片的分辨率，并且让 Animate 2020 根据数值大小自动计算宽度和高度。单击“匹配屏幕”按钮，可以将分辨率设置为与显示器相匹配。

“颜色”选项：设置导出图片的颜色数量。

“透明”选项：勾选此选项，输出的 GIF 动画的背景色为透明。

“交错”选项：勾选此选项，下载过程中动画以交互方式显示。

“平滑”选项：勾选此选项，对输出的 GIF 动画进行平滑处理。

“抖动纯色”选项：勾选此选项，对 GIF 动画中的色块进行抖动处理，以提高画面质量。

4. PNG 序列 (*.png)

PNG 文件格式是一种可以跨平台、支持透明度的图像格式。选择“文件 > 导出 > 导出影片”命令，弹出“导出影片”对话框，在“文件名”文本框中输入要导出序列文件的名称，在“保存类型”下拉列表中选择“PNG 序列 (*.png)”，如图 2-50 所示，单击“保存”按钮，弹出“导出 PNG”对话框，如图 2-51 所示。

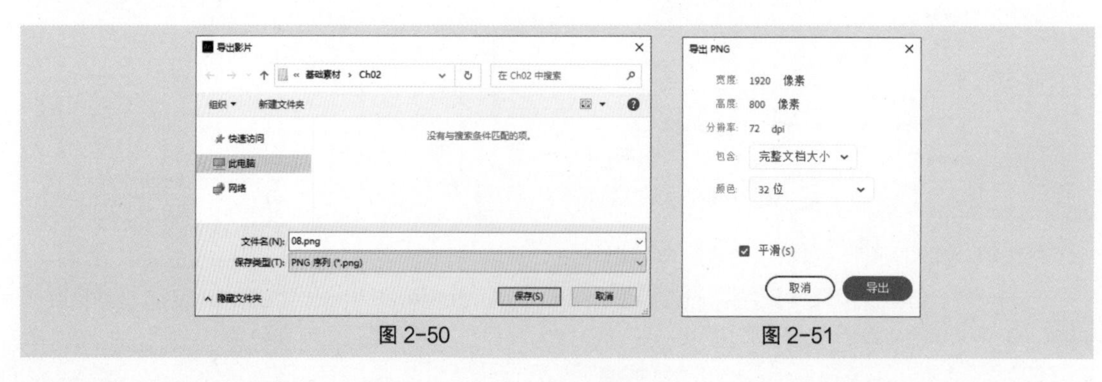

图 2-50　　图 2-51

“宽度”和“高度”选项：设置 PNG 图片的尺寸。

“分辨率”选项：设置导出图片的分辨率，并且让 Animate 2020 根据数值大小自动计算宽度和高度。

“包含”选项：设置导出图片的区域大小。

“颜色”选项：设置导出图片的颜色数量。

“平滑”选项：勾选此选项，对输出的 PNG 图片进行平滑处理。

2.4.3　影片发布设置

选择“文件 > 发布”命令，在 Animate 文件所在的文件夹中生成与 Animate 文件同名的 SWF 文件和 HTML 文件，如图 2-52 所示。

如果要同时输出多种格式的动画作品，选择“文件 > 发布设置”命令，弹出“发布设置”对话框，如图 2-53 所示。在默认状态下，只有两种发布格式。可以勾选对话框左侧的选项增加其他发布格式，并在对话框右侧进行相应的设置，如图 2-54 所示。

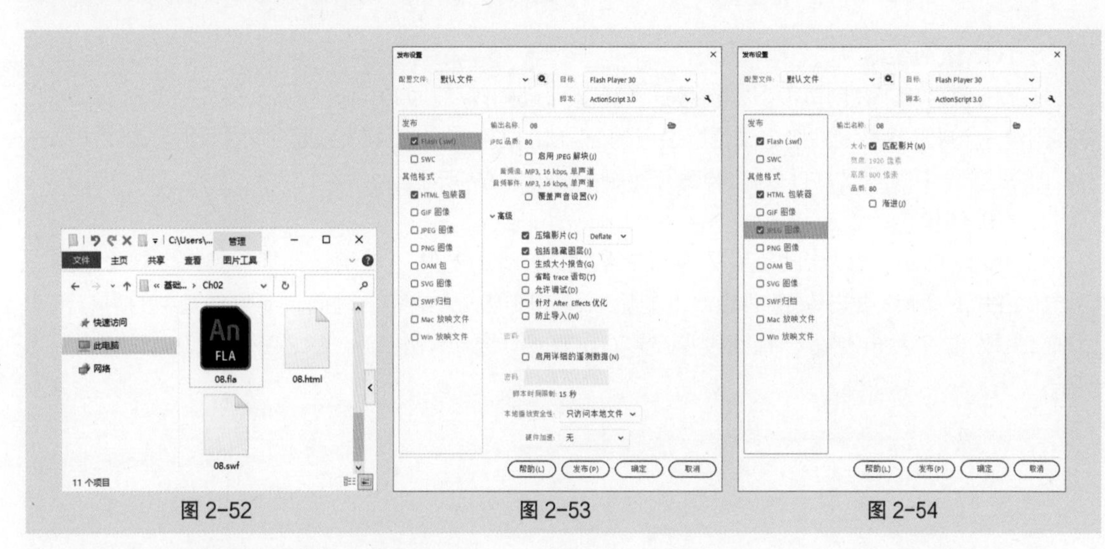

图 2-52　　图 2-53　　图 2-54

可以在每种格式右侧的“输出名称”文本框中为文件重新命名；单击“选择发布目标”按钮，可以为文件重新设置要发布的文件夹。

在“发布设置”对话框中完成设置后，单击“确定”按钮后并不会发布文件，只有单击“发布”按钮后才会发布文件。

2.4.4　影片发布格式

Animate 2020 能够发布多种格式的文件，下面介绍常用的格式。

1．Flash(.swf)

SWF 是网络上流行的动画格式。在“发布设置”对话框中勾选“Flash(.swf)”选项，切换到“Flash(.swf)”面板，如图 2-55 所示。

2．SWC

SWC 文件用于分发组件，该文件包含编译剪辑、组件的 Action Script 类文件以及描述组件的其他文件，如图 2-56 所示。

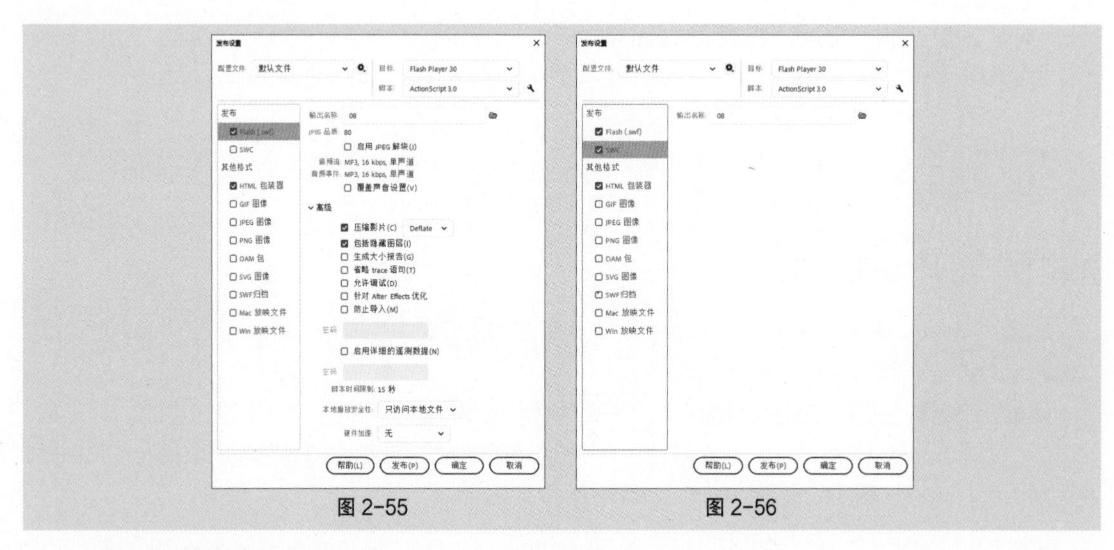

图 2-55　　图 2-56

3. HTML 包装器

HTML 文件用于在网页中引导和播放 Animate 动画作品。如果要在网络上播放 Animate 动画，需要创建一个能激活动画并指定浏览器设置的 HTML 文件。在“发布设置”对话框中勾选“HTML 包装器”选项，切换到“HTML 包装器”面板，如图 2-57 所示。

4. GIF 图像

Animate 2020 可以将动画发布为 GIF 格式的动画，这样不使用任何插件就可以观看动画。但 GIF 格式的动画不属于矢量动画，不能随意、无损地放大或缩小画面，而且动画中的声音和动作都会失效。在“发布设置”对话框中勾选“GIF 图像”选项，切换到“GIF 图像”面板，如图 2-58 所示。

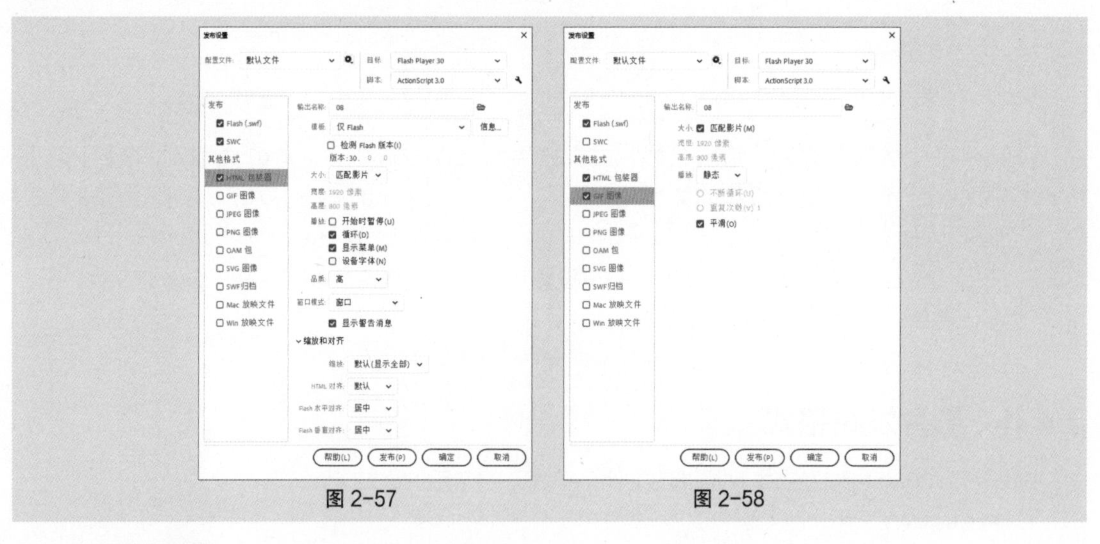

图 2-57　　图 2-58

5. JPEG 图像

在“发布设置”对话框中勾选“JPEG 图像”选项，切换到“JPEG 图像”面板，如图 2-59 所示。

6. PNG 图像

PNG 文件格式是一种可以跨平台、支持透明度的图像格式。在“发布设置”对话框中勾选“PNG 图像”选项，切换到“PNG 图像”面板，如图 2-60 所示。

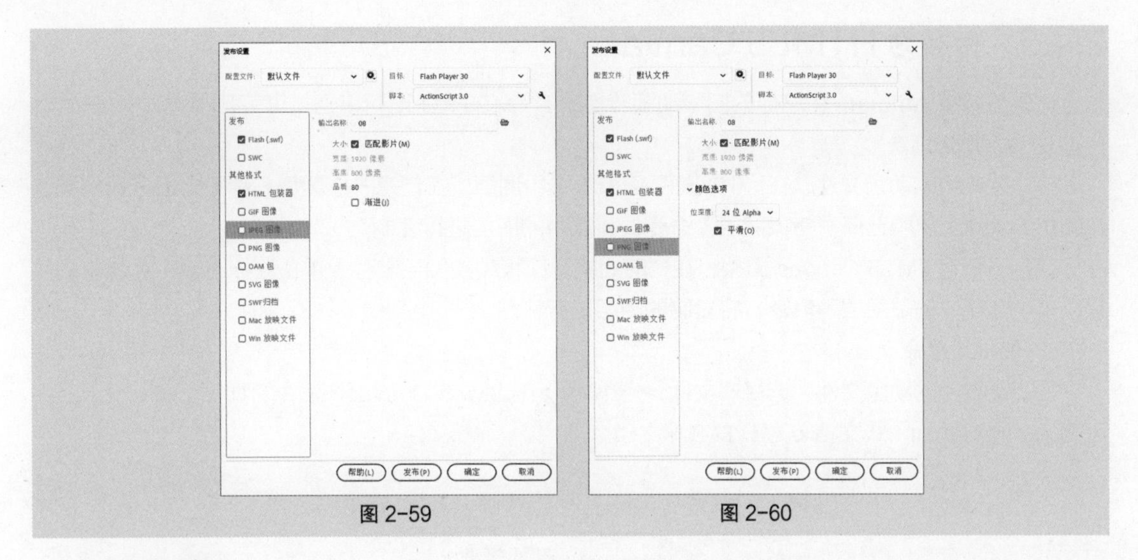

图 2-59　　图 2-60

7. OAM 包

可以将 ActionScript、WebGL 或 HTML5 Canvas 中的 Animate 内容导出为带动画组件的 OAM（.oam）文件，而通过 Animate 生成的 OAM 文件可以在 Dreamweaver、Muse 和 InDesign 中使用。在“发布设置”对话框中勾选“OAM 包”选项，切换到“OAM 包”面板，如图 2-61 所示。

8. SVG 图像

SVG 是一种 XML 标记语言，又称为可缩放矢量图形。可缩放矢量图形在缩放和改变尺寸的情况下图像质量保持不变，在任何分辨率下都可以高质量地打印出来，与 JPEG 和 GIF 图像相比可压缩性更强、尺寸更小。同时可缩放矢量图形又是可交互和动态的，可以嵌入动画元素或通过脚本来定义动画，可用于 Web、印刷及移动设备。在“发布设置”对话框中勾选“SVG 图像”选项，切换到“SVG 图像”面板，如图 2-62 所示。

9. SWF 归档

SWF 归档文件与 SWF 文件不同，它可以将不同的图层作为单独的 SWF 文件进行打包，再导入 Adobe After Effects 中快速设计动画。在“发布设置”对话框中勾选“SWF 归档”选项，切换到“SWF 归档”面板，如图 2-63 所示。

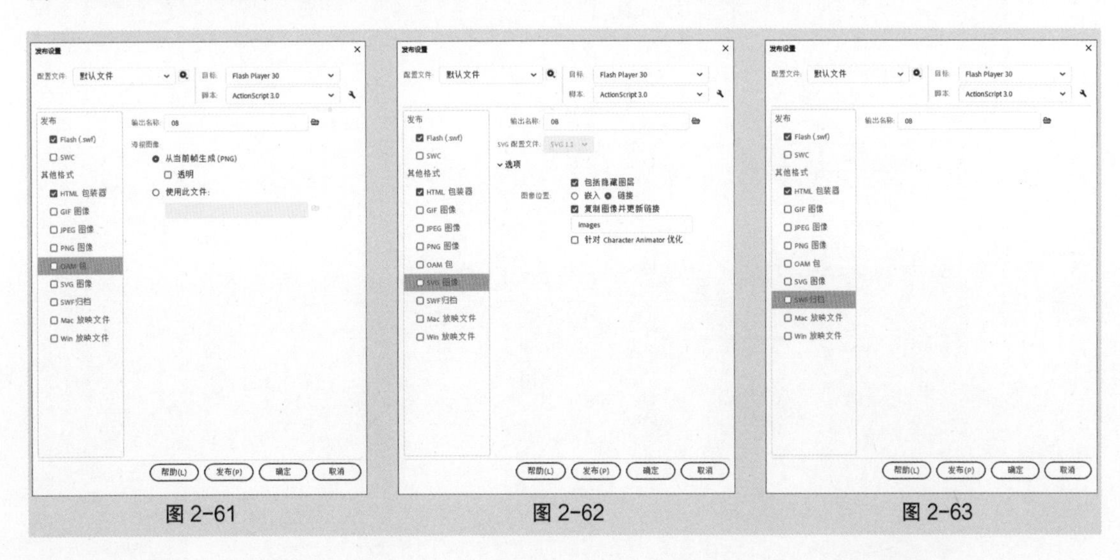

图 2-61　　图 2-62　　图 2-63

2.4.5 转换为 HTML5 Canvas

如果想要将 Animate 中制作的旧版动画转换为 HTML5 动画，可以通过以下几种方式进行转换。

1. 复制图层

打开要转换的动画文件，在“时间轴”面板中选中图层，在任意一个图层名称上单击鼠标右键，在弹出的快捷菜单中选择“拷贝图层”命令，将选中的图层进行复制。

新建一个 HTML5 Canvas 文档，在“时间轴”面板中的图层名称上单击鼠标右键，在弹出的快捷菜单中选择“粘贴图层”命令，将复制的图层进行粘贴。

2. 使用菜单命令

打开要转换的动画文件，选择“文件 > 转换为 > HTML5 Canvas”命令，如图 2-64 所示，即可将 ActionScript 3.0 文档转为 HTML5 文档。

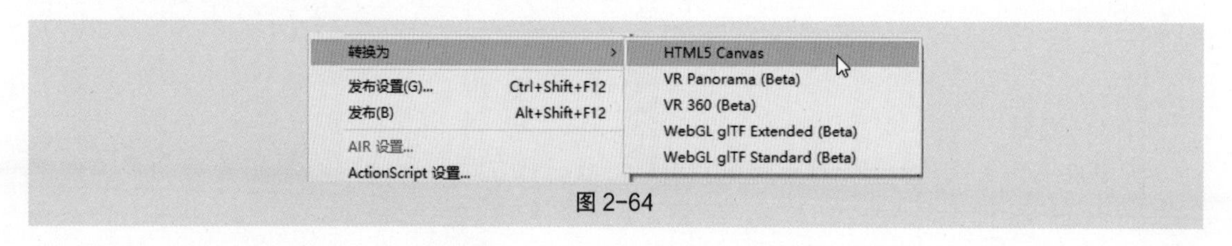

图 2-64

2.4.6 针对 HTML5 的发布

HTML5 是构建 Web 内容的一种语言描述方式，是网页创建内容的最新标准。在 Animate 2020 中，选择 HTML5 Canvas 文档类型可以进入 HTML5 发布环境，输出发布即可。

选择“文件 > 发布设置”命令，弹出“发布设置”对话框，如图 2-65 所示，在对话框中进行设置，单击“发布”按钮即可发布文件。

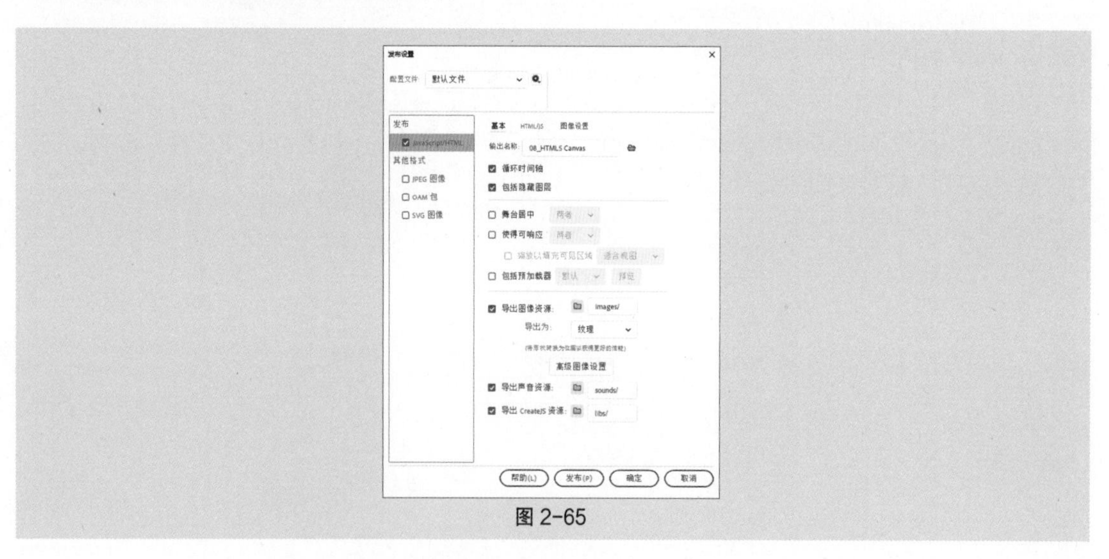

图 2-65

第3章 03 常用工具

本章介绍

本章介绍 Animate 2020 图形绘制功能和图形编辑技巧，讲解多种选择图形的方法以及设置图形颜色的技巧。通过学习本章，读者能掌握绘制图形、编辑图形的方法和技巧，能独立绘制出所需的各种图形并对其进行编辑，为进一步学习 Animate 2020 打下坚实的基础。

学习目标

- 熟练掌握选择工具的使用方法。
- 熟练掌握图形绘制工具的使用方法。
- 熟练掌握图形编辑工具的使用方法和技巧。
- 掌握常用的上色工具。
- 掌握“文本工具”的使用方法及文本属性设置方法。

技能目标

- 掌握“小图标”的制作方法和技巧。
- 掌握“咖啡图标”的绘制方法和技巧。
- 掌握“美食 App 图标”的绘制方法和技巧。
- 掌握“耳机网站首页”的制作方法和技巧。

3.1 选择工具

在 Animate 2020 中，如果要对舞台上的图形对象进行修改，需要先使用选择工具选择对象。

3.1.1 课堂案例——制作小图标

【案例学习目标】使用不同的选择工具制作图形。

【案例知识要点】使用“选择工具”“部分选取工具”来完成小图标的制作，效果如图 3-1 所示。

【效果文件所在位置】云盘 /Ch03/ 效果 / 制作小图标 .fla。

图 3-1

（1）选择“文件 > 打开”命令，在弹出的“打开”对话框中选择云盘中的“Ch03 > 素材 > 制作小图标 > 01”文件，单击“打开”按钮打开文件，效果如图 3-2 所示。

（2）选择“选择工具”▶，在舞台的外侧单击图 3-3 所示的图形，将其选中。按 Ctrl+X 组合键，将其剪切。单击“时间轴”面板中的“新建图层”按钮⊞，创建新图层并将其命名为“碗”，如图 3-4 所示。

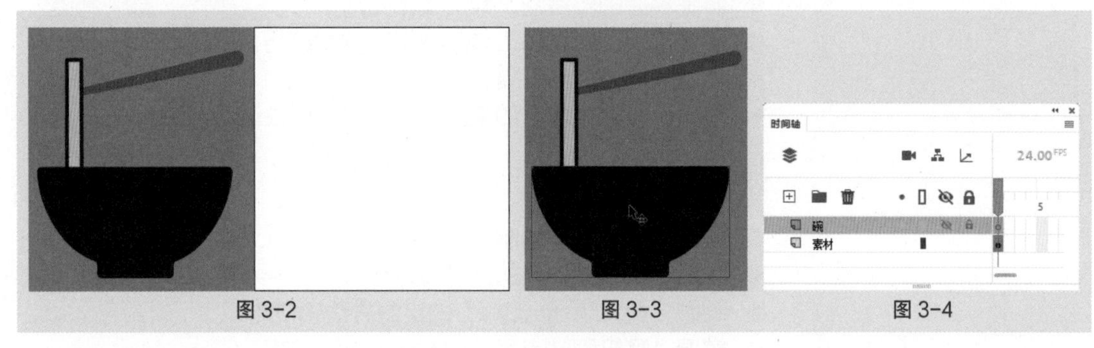

图 3-2　　图 3-3　　图 3-4

（3）按 Ctrl+V 组合键，将剪贴板中的图形粘贴到“碗”图层中，如图 3-5 所示。在舞台中单击碗图形，在“属性”面板“对象”选项卡中，将“X”设为 28、“Y”设为 156，如图 3-6 所示，效果如图 3-7 所示。

（4）单击“时间轴”面板中的“新建图层”按钮⊞，创建新图层并将其命名为“筷子”。在舞台的外侧单击图 3-8 所示的图形，将其选中。按 Ctrl+X 组合键，将其剪切。

（5）选中“筷子”图层的第 1 帧，按 Ctrl+V 组合键，将剪贴板中的图形粘贴到“筷子”图层中，如图 3-9 所示。在舞台中单击筷子图形，在“属性”面板“对象”选项卡中，将“X”设为 54、“Y”设为 17，效果如图 3-10 所示。

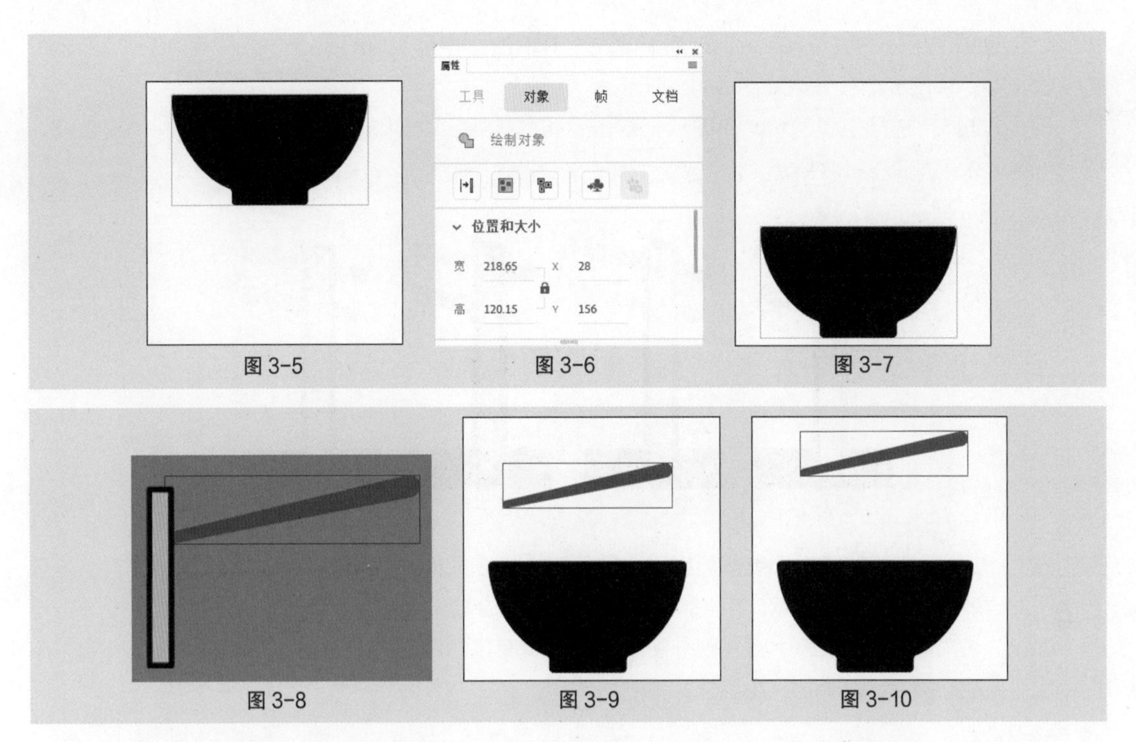

图 3-5　图 3-6　图 3-7

图 3-8　图 3-9　图 3-10

（6）选中筷子图形，按住 Alt 键的同时拖曳鼠标到适当的位置，复制筷子图形，效果如图 3-11 所示。

（7）在“时间轴”面板中将“素材”图层重命名为“面条”，如图 3-12 所示。将“面条”图层拖曳到“筷子”图层的上方，如图 3-13 所示。

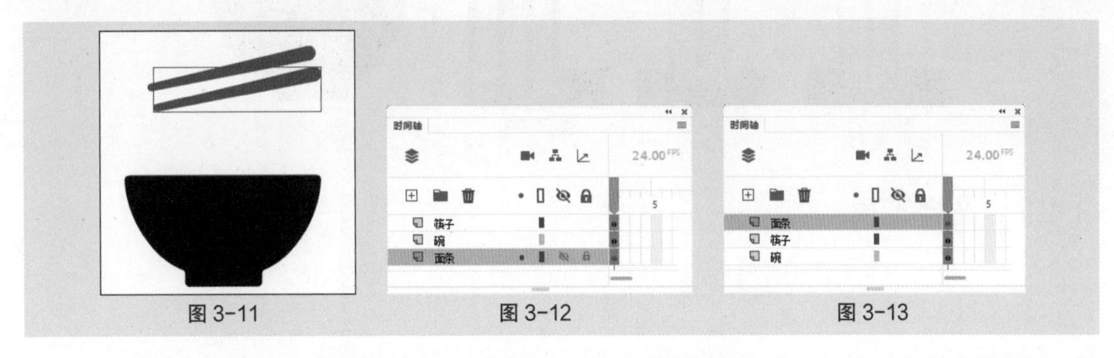

图 3-11　图 3-12　图 3-13

（8）在舞台的外侧选中图 3-14 所示的图形，将其拖曳到舞台中，并放置在适当的位置，如图 3-15 所示。按 Ctrl+B 组合键，将其打散，效果如图 3-16 所示。

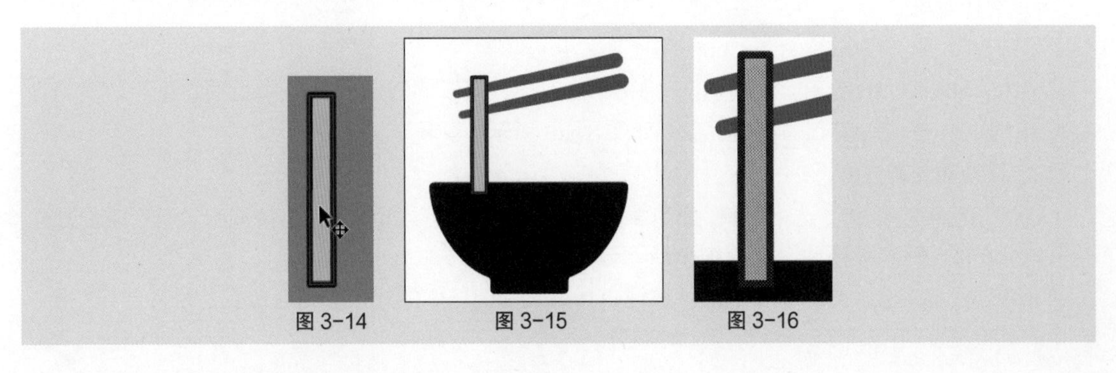

图 3-14　图 3-15　图 3-16

（9）选择“部分选取工具”▷，在图形的左上方单击，将左上角的锚点选中，如图 3-17 所示。按 5 次↓键，移动锚点，效果如图 3-18 所示。

（10）选择“选择工具”▶，在图形上双击，将其选中，如图 3-19 所示。按 Ctrl+G 组合键，将其编组，效果如图 3-20 所示。

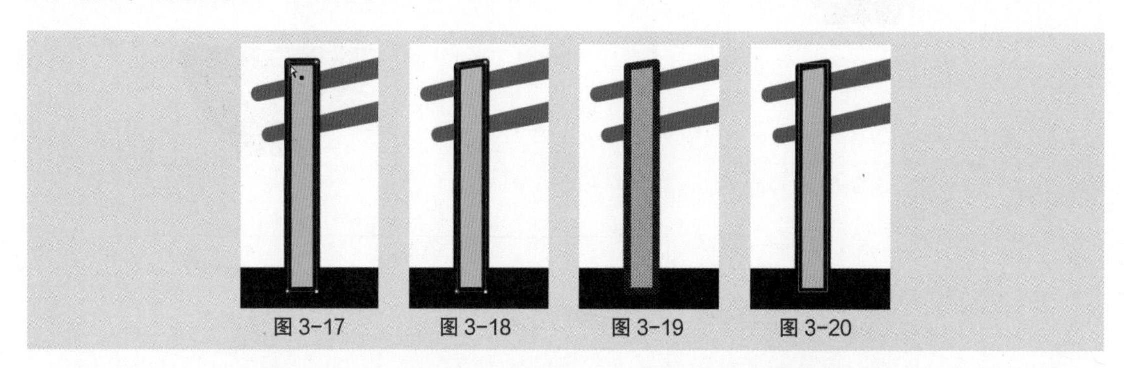

图 3-17　图 3-18　图 3-19　图 3-20

（11）按住 Alt 键的同时拖曳鼠标到适当的位置，复制图形，效果如图 3-21 所示。按↑键多次移动图形，效果如图 3-22 所示。用相同的方法制作出图 3-23 所示的效果。

（12）在“时间轴”面板中将“碗”图层拖曳到“面条”图层的上方，效果如图 3-24 所示。小图标制作完成，按 Ctrl+Enter 组合键查看效果。

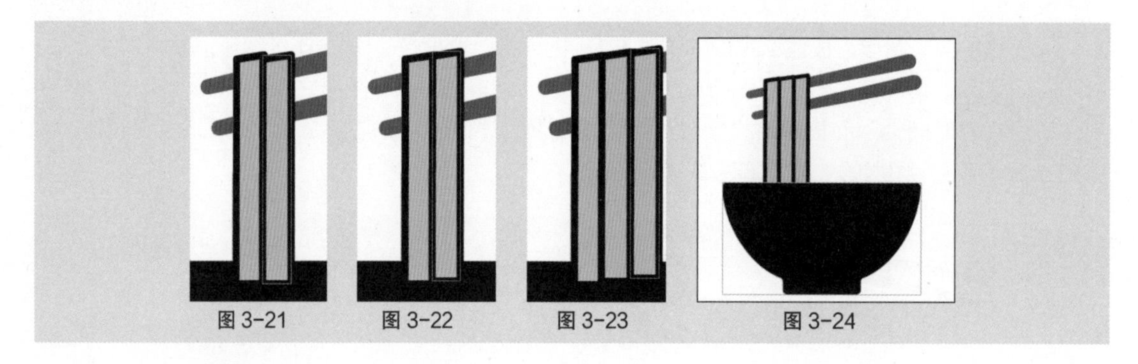

图 3-21　图 3-22　图 3-23　图 3-24

3.1.2　选择工具

使用“选择工具”▶选中对象后，工具箱底部出现图 3-25 所示的按钮，利用这些按钮可以完成不同的工作。

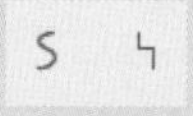

图 3-25

“平滑”按钮 ：可以柔化选择的曲线。当选中对象时，此按钮可用。

“伸直”按钮 ：可以锐化选择的曲线。当选中对象时，此按钮可用。

1．选择对象

打开云盘中的“基础素材 > Ch03 > 01”文件。选择“选择工具”▶，在舞台中的对象上单击，将其选中，如图 3-26 所示。按住 Shift 键再单击对象，可以同时选中多个对象，如图 3-27 所示。在舞台中拖曳出一个矩形可以框选对象，如图 3-28 所示。

2．移动和复制对象

选择“选择工具”▶，选中对象，如图 3-29 所示。按住鼠标左键不放，直接拖曳对象到任意位置，松开鼠标左键，对象被移动，如图 3-30 所示。

选择“选择工具”▶，选中对象，按住 Alt 键，拖曳选中的对象到任意位置，松开鼠标左键，选中的对象被复制，如图 3-31 所示。

图 3-26　　图 3-27　　图 3-28

图 3-29　　图 3-30　　图 3-31

3．调整矢量线条和色块

选择“选择工具”▶，将鼠标指针移至对象边缘，鼠标指针下方出现圆弧，如图 3-32 所示。拖动鼠标，对矢量线条和色块进行调整，如图 3-33 所示。

图 3-32　　图 3-33

3.1.3　部分选取工具

打开云盘中的“基础素材 > Ch03 > 02”文件。选择“部分选取工具”▷，在对象的外边线上单击，对象上出现多个锚点，如图 3-34 所示。拖动锚点可以调整锚点的位置，从而改变对象的形状，如图 3-35 所示。

知识提示

若想增加图形上的锚点，可用“钢笔工具”✒在图形上单击。

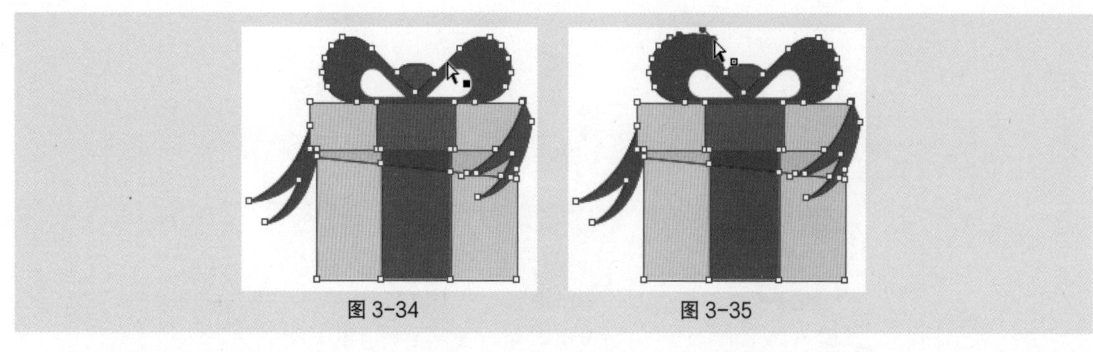

图 3-34　　图 3-35

在改变对象的形状时，“部分选取工具”的鼠标指针会产生不同的变化，其表示的含义也有所不同。

带黑色方块的鼠标指针：当将鼠标指针放置在锚点以外的线段上时，鼠标指针变为，如图 3-36 所示。这时可以移动对象，如图 3-37 所示，松开鼠标左键，对象被移动，如图 3-38 所示。

图 3-36　　图 3-37　　图 3-38

带白色方块的鼠标指针：当将鼠标指针放置在锚点上时，鼠标指针变为，如图 3-39 所示。这时可以移动单个锚点，如图 3-40 所示，松开鼠标左键，锚点被移动，如图 3-41 所示。

图 3-39　　图 3-40　　图 3-41

变为小箭头的鼠标指针：当将鼠标指针放置在锚点手柄的尽头时，鼠标指针变为，如图 3-42 所示。这时可以按住鼠标左键拖曳，如图 3-43 所示，松开鼠标左键，与该锚点相连的线段的弯曲程度改变，如图 3-44 所示。

知识提示

在调整锚点的手柄时，调整一个手柄，另一个相对的手柄会随之发生变化。如果只想调整其中的一个手柄，按住 Alt 键再进行调整即可。

可以将直线锚点转换为曲线锚点，并进行弯曲程度调节。选择“部分选取工具”，在对象的外边线上单击，对象上显示出锚点，如图 3-45 所示。单击要转换的锚点，锚点从空心变为实心，表示可编辑，如图 3-46 所示。

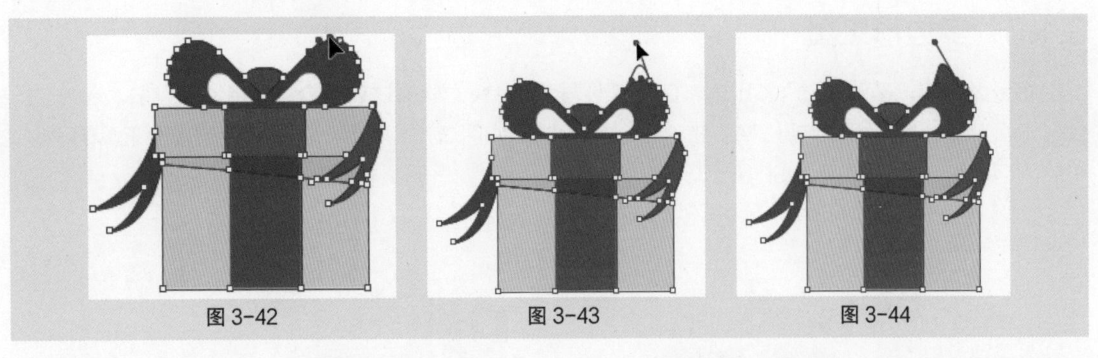

图 3-42　　图 3-43　　图 3-44

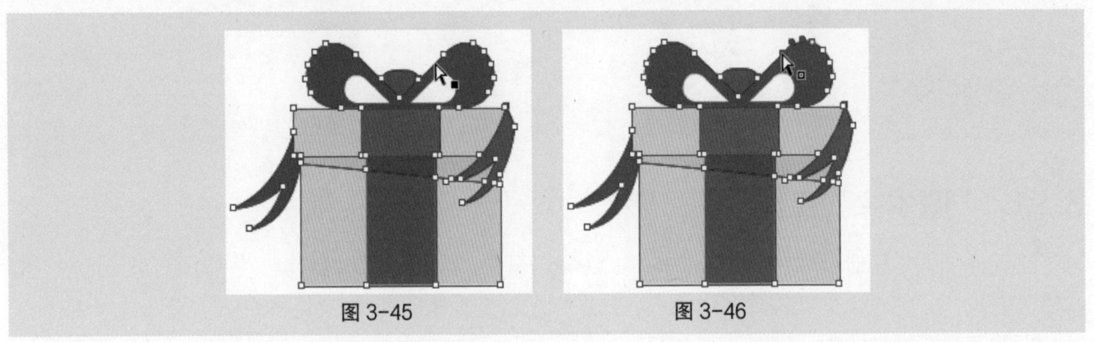

图 3-45　　图 3-46

按住 Alt 键，用鼠标将锚点手柄拖曳到适当的位置，如图 3-47 所示。调节手柄可改变线段的弯曲程度，如图 3-48 所示。

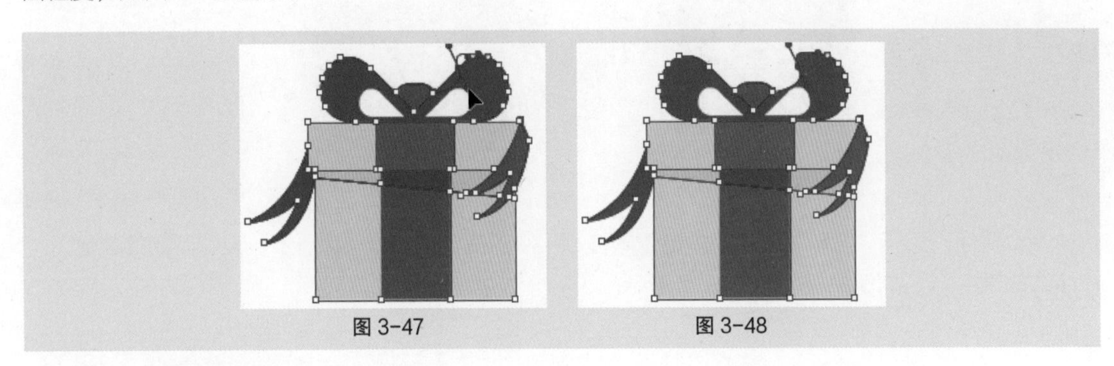

图 3-47　　图 3-48

3.1.4　套索工具

将云盘中的“基础素材 > Ch03 > 03”文件导入舞台，按 Ctrl+B 组合键，将位图打散。选择“套索工具”，用鼠标在位图上任意勾画，形成一个封闭的选区，如图 3-49 所示。选区中的图像被选中，如图 3-50 所示。

图 3-49　　图 3-50

3.1.5 多边形工具

将云盘中的“基础素材 > Ch03 > 04”文件导入舞台，按Ctrl+B组合键，将位图打散。选择“多边形工具”，用鼠标在字母“A”的边缘进行绘制，如图3-51所示。双击结束多边形工具的绘制，绘制的区域被选中，如图3-52所示。

图3-51　　图3-52

3.1.6 “魔术棒”工具

将云盘中的“基础素材 > Ch03 > 05”文件导入舞台，按Ctrl+B组合键，将位图打散。选择“魔术棒”工具，将鼠标指针放置在位图上，当鼠标指针变为时单击，如图3-53所示。与点取点颜色相近的图像区域被选中，如图3-54所示。

图3-53　　图3-54

在“属性”面板“工具”选项卡中设置阈值和平滑程度，如图3-55所示。设置不同的数值，所产生的效果不同，如图3-56和图3-57所示。

阈值为10时选取的图像　　阈值为30时选取的图像

图3-55　　图3-56　　图3-57

3.2 绘图工具

在Animate 2020中创造的充满活力的设计作品都是由基本图形组成的，Animate 2020提供了各种工具来绘制线条和图形。使用绘图工具可以绘制多变的图形与路径。

3.2.1 课堂案例——绘制咖啡图标

【案例学习目标】使用不同的绘图工具绘制图形。

【案例知识要点】使用“椭圆工具”“基本矩形工具”“矩形工具”“钢笔工具”“线条工具”“多角星形工具”完成咖啡图标的绘制，效果如图 3-58 所示。

【效果文件所在位置】云盘 /Ch03/ 效果 / 绘制咖啡图标 .fla。

图 3-58

（1）选择“文件 > 新建”命令，弹出“新建文档”对话框，将“宽”设为 284、“高”设为 284、“平台类型”设为“ActionScript 3.0”，如图 3-59 所示，单击“创建”按钮，完成文档的创建，如图 3-60 所示。

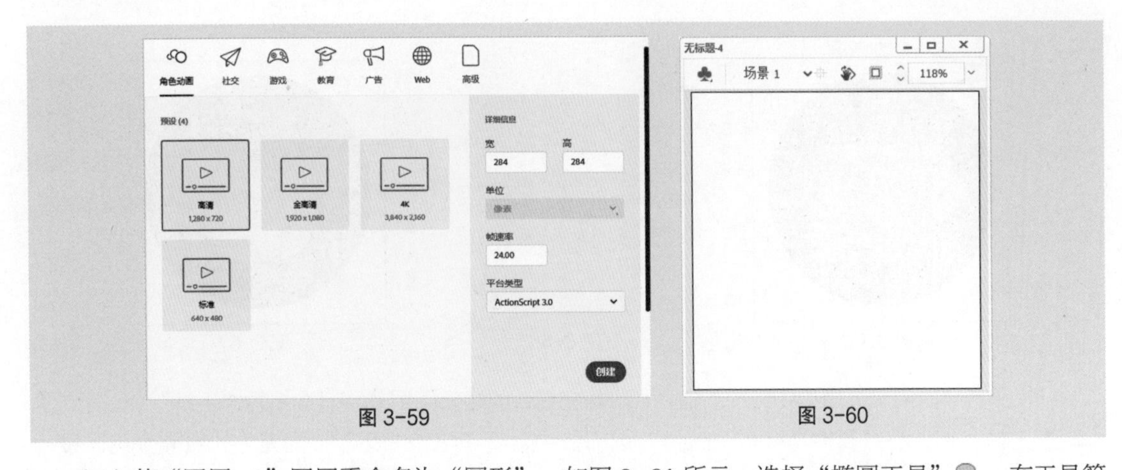

图 3-59　　图 3-60

（2）将“图层_1”图层重命名为“圆形”，如图 3-61 所示。选择“椭圆工具”，在工具箱中将“笔触颜色”设为无、“填充颜色”设为深紫色（#661738），单击工具箱底部的“对象绘制”按钮，按住 Shift 键在舞台中绘制 1 个圆形，如图 3-62 所示。

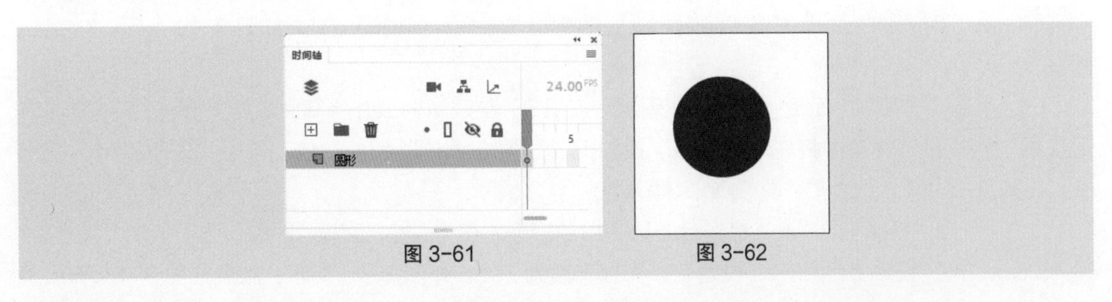

图 3-61　　图 3-62

（3）选择“选择工具”▶，在舞台中选中圆形，在“属性”面板“对象”选项卡中，将“宽”和“高”均设为 252、“X”和“Y”均设为 16，如图 3-63 所示，效果如图 3-64 所示。

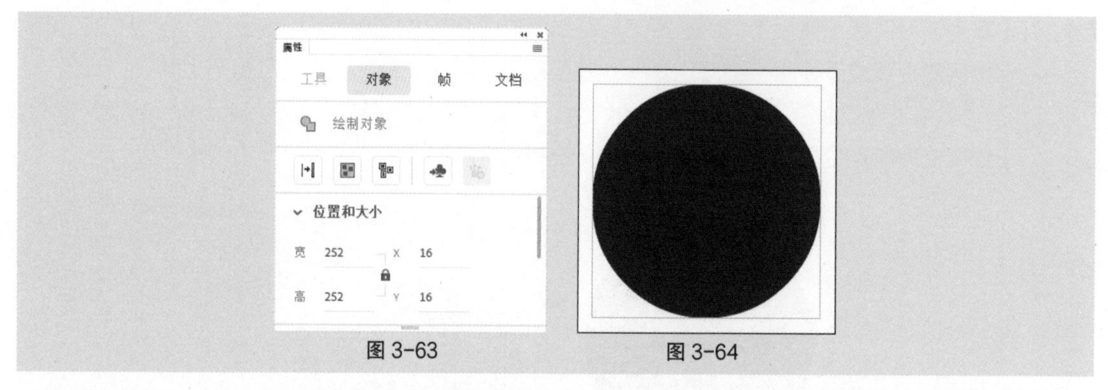

图 3-63　　图 3-64

（4）单击“时间轴”面板中的“新建图层”按钮⊞，创建新图层并将其命名为“杯体”。选择“基本矩形工具”，在工具箱中将“笔触颜色”设为无、“填充颜色”设为橘红色（#FF5451），在舞台中绘制 1 个矩形，如图 3-65 所示。

（5）保持矩形的选取状态，在矩形的“属性”面板中，将“宽”设为 121、“高”设为 94、“X”设为 79、“Y”设为 121，其他选项的设置如图 3-66 所示，效果如图 3-67 所示。

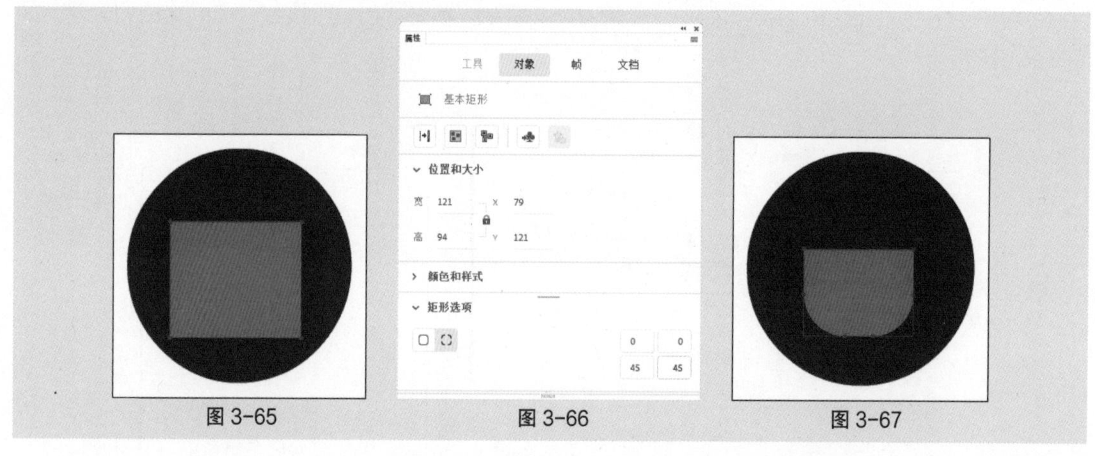

图 3-65　　图 3-66　　图 3-67

（6）单击“时间轴”面板中的“新建图层”按钮⊞，创建新图层并将其命名为“手柄”。选择“基本矩形工具”，在“属性”面板“工具”选项卡中，将“笔触颜色”设为无、“填充颜色”设为橘红色（#EA5550）、“笔触大小”设为 9.5，在舞台中绘制 1 个矩形，如图 3-68 所示。

（7）保持矩形的选取状态，在矩形的“属性”面板中，将“宽”设为 70、“高”设为 45、“X”设为 169、“Y”设为 141，其他选项的设置如图 3-69 所示，效果如图 3-70 所示。

（8）在“时间轴”面板中将“杯体”图层拖曳到“手柄”图层的上方，如图 3-71 所示，效果如图 3-72 所示。

（9）单击“时间轴”面板中的“新建图层”按钮⊞，创建新图层并将其命名为“吊牌”。选择“矩形工具”，在工具箱中将“笔触颜色”设为无、“填充颜色”设为白色，禁用“对象绘制”按钮，在舞台中绘制 1 个矩形，如图 3-73 所示。

（10）选择“选择工具”▶，在舞台中选中白色矩形，在“属性”面板“对象”选项卡中，将“宽”设为 25、“高”设为 31、“X”设为 99、“Y”设为 157，如图 3-74 所示，效果如图 3-75 所示。

图 3-68　　图 3-69　　图 3-70

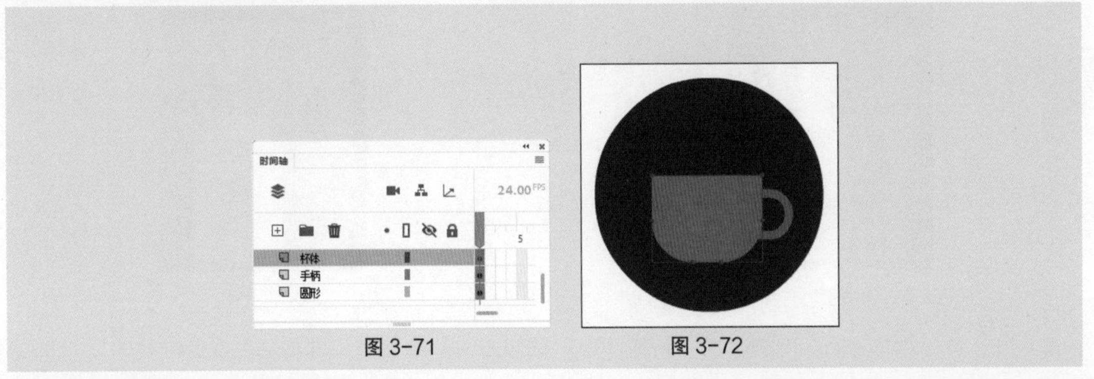

图 3-71　　图 3-72

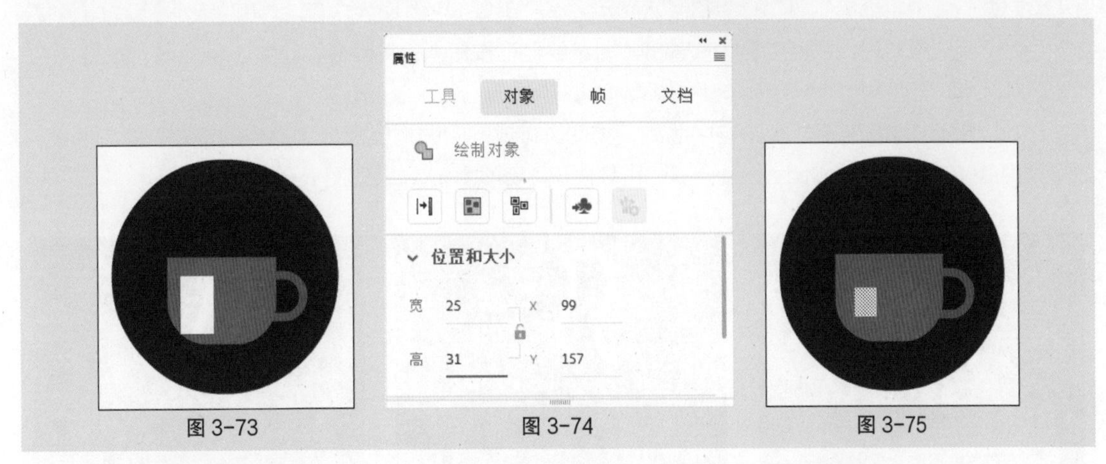

图 3-73　　图 3-74　　图 3-75

（11）选择“钢笔工具”，在白色矩形的顶部边线上单击，添加 1 个锚点，如图 3-76 所示。用相同的方法再次添加 1 个锚点，效果如图 3-77 所示。选择“部分选取工具”，按住 Shift 键选中需要的锚点，如图 3-78 所示。按↑键多次，移动锚点，效果如图 3-79 所示。

（12）选择“线条工具”，在“线条工具”的“属性”面板中，将“笔触颜色”设为白色、“笔触大小”设为 1，“端点”设为“平头端点”，在舞台中绘制 1 条直线段，如图 3-80 所示。

（13）选择“多角星形工具”，在“属性”面板“工具”选项卡中，将“笔触颜色”设为无、“填充颜色”设为橘红色（#FF5451），在“工具设置”选项组中进行设置，如图 3-81 所示。在舞台中绘制 1 个五角星，如图 3-82 所示。

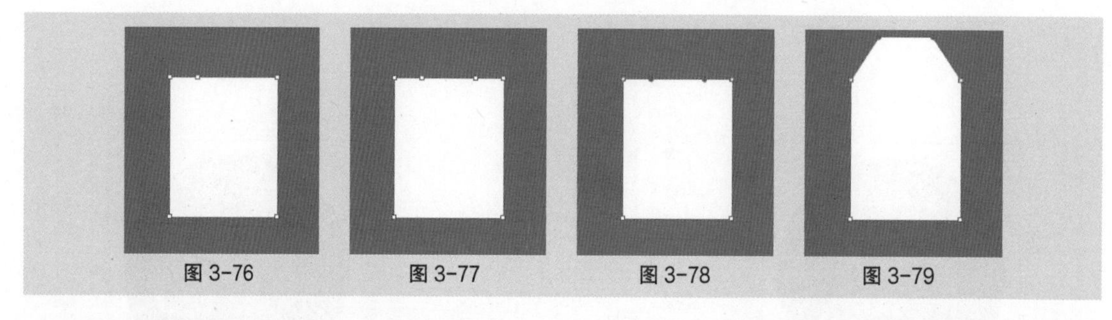
图 3-76　图 3-77　图 3-78　图 3-79

图 3-80　图 3-81　图 3-82

（14）单击“时间轴”面板中的“新建图层”按钮⊞，创建新图层并将其命名为“热气”。选择“钢笔工具”，在“钢笔工具”的“属性”面板中，将“笔触颜色”设为白色、“笔触大小”设为 4、“端点”设为“圆头端点”，单击工具箱底部的“对象绘制”按钮，在舞台中绘制 1 条曲线，如图 3-83 所示。

（15）选择“选择工具”，选中曲线，按住 Alt 键的同时拖曳鼠标到适当的位置，复制曲线，效果如图 3-84 所示。按 Ctrl+Y 组合键，再复制出 1 条曲线，效果如图 3-85 所示。

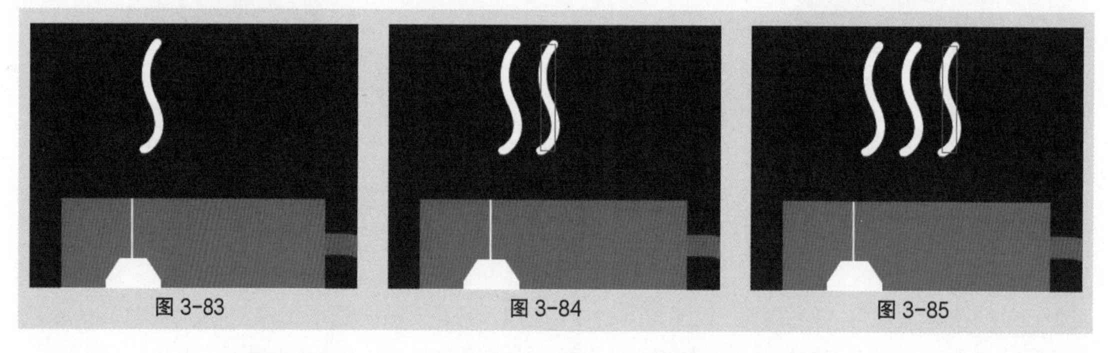
图 3-83　图 3-84　图 3-85

（16）单击“时间轴”面板中的“新建图层”按钮⊞，创建新图层并将其命名为“线条”。选择“线条工具”／，在“属性”面板“工具”选项卡中，将“笔触颜色”设为白色、“笔触大小”设为 2，在舞台中绘制 1 条直线段，如图 3-86 所示。

（17）选择“选择工具”，选中绘制的直线段，在其“属性”面板中，将“宽”设为 121、“X”设为 79、“Y”设为 224，效果如图 3-87 所示。咖啡标绘制完成，按 Ctrl+Enter 组合键查看效果，如图 3-88 所示。

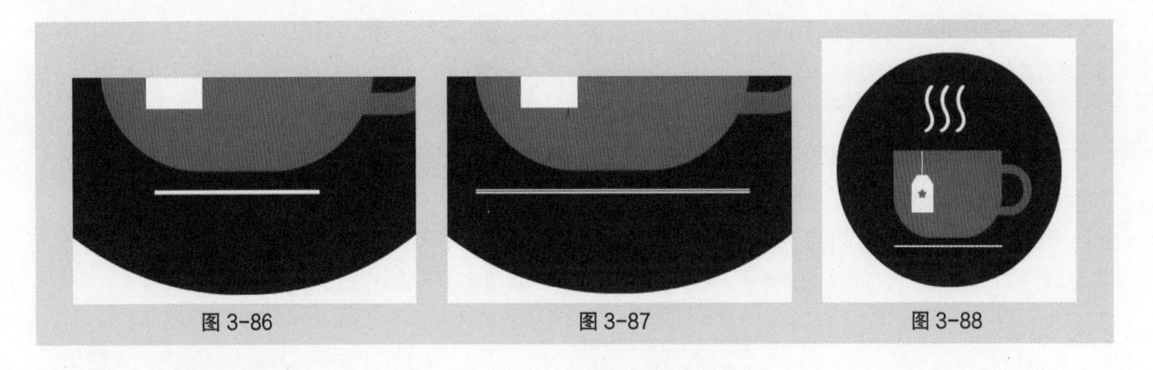

图 3-86　　图 3-87　　图 3-88

3.2.2　线条工具

选择“线条工具”／，在舞台上按住鼠标左键不放并向右拖动，绘制出 1 条直线段，松开鼠标左键，直线段效果如图 3-89 所示。在“属性”面板“工具”选项卡中可以设置笔触颜色、笔触大小、笔触样式和笔触宽度，如图 3-90 所示。

设置不同的笔触属性后，绘制的线条如图 3-91 所示。

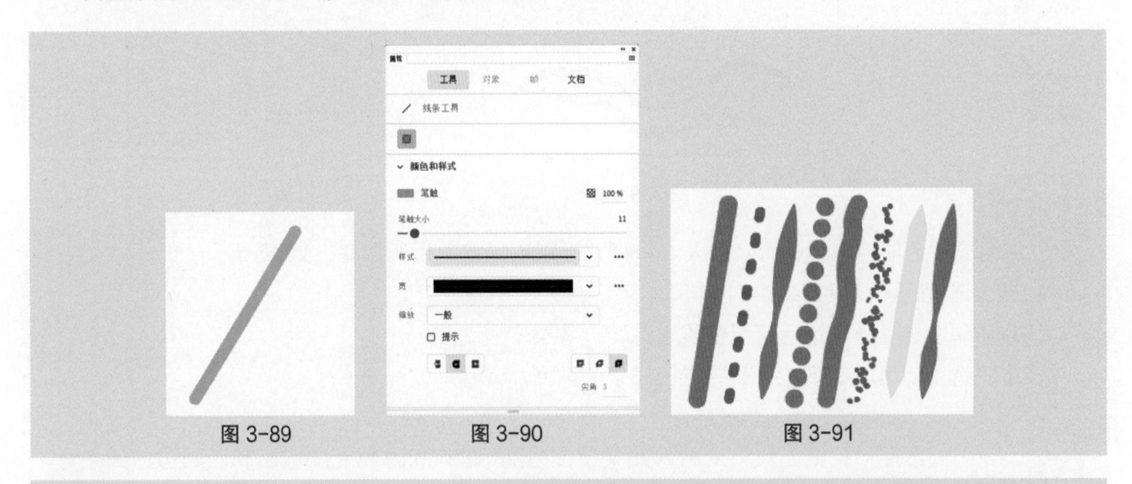

图 3-89　　图 3-90　　图 3-91

知识提示

使用“线条工具”／时，如果按住 Shift 键的同时拖曳鼠标绘制，则只能以 45° 或 45° 的倍数绘制直线。无法为“线条工具”／设置填充属性。

3.2.3　铅笔工具

选择“铅笔工具”✎，在舞台上按住鼠标左键不放，随意绘制出线条，松开鼠标左键，线条效果如图 3-92 所示。如果想要绘制出平滑或伸直的线条和形状，可以在工具箱底部的“选项”区中为“铅笔工具”✎选择一种绘画模式，如图 3-93 所示。

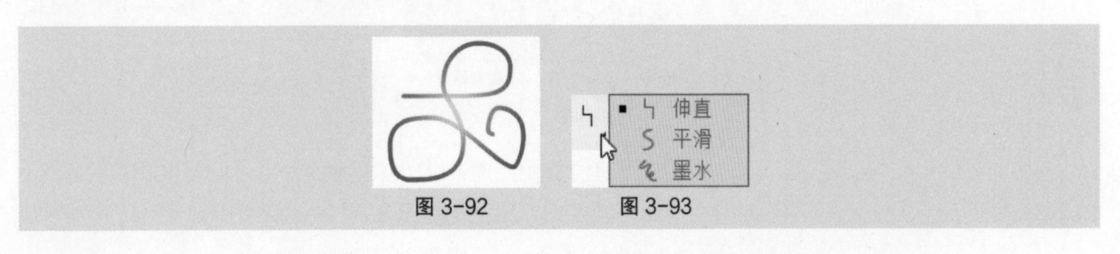

图 3-92　　图 3-93

"伸直"选项：可以绘制直线，并将接近三角形、椭圆、圆形、矩形和正方形的形状转换为这些常见的几何形状。"平滑"选项：可以绘制平滑曲线。"墨水"选项：对绘制的线条不做修改，接近手绘线条。

在"属性"面板"工具"选项卡中设置不同的笔触颜色、笔触大小、笔触样式，如图 3-94 所示。设置不同的笔触属性后，绘制的图形如图 3-95 所示。

单击"样式"选项右侧的"样式选项"按钮 ···，在弹出的菜单中选择"编辑笔触样式"命令，弹出"笔触样式"对话框，如图 3-96 所示，在对话框中可以自定义笔触样式。

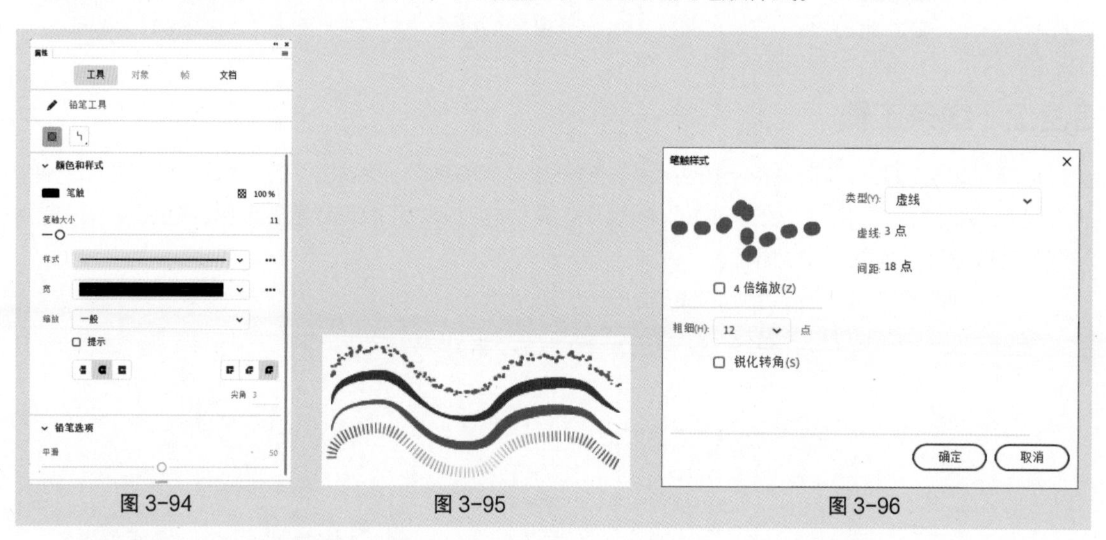

图 3-94　　图 3-95　　图 3-96

"4 倍缩放"选项：勾选后可以放大 4 倍预览设置不同选项后所产生的效果。

"粗细"选项：可以设置线条的粗细。

"锐化转角"选项：勾选后可以使线条的转折效果变得明显。

"类型"选项：可以在下拉列表中选择线条的类型。

知识提示

选择"铅笔工具" 时，如果按住 Shift 键的同时拖曳鼠标绘制，则可将线条方向限制为竖直或水平方向。

3.2.4　椭圆工具

选择"椭圆工具" ，在舞台上按住鼠标左键不放，拖曳鼠标绘制出椭圆，松开鼠标左键，图形效果如图 3-97 所示。按住 Shift 键绘制，可以绘制出圆形，效果如图 3-98 所示。

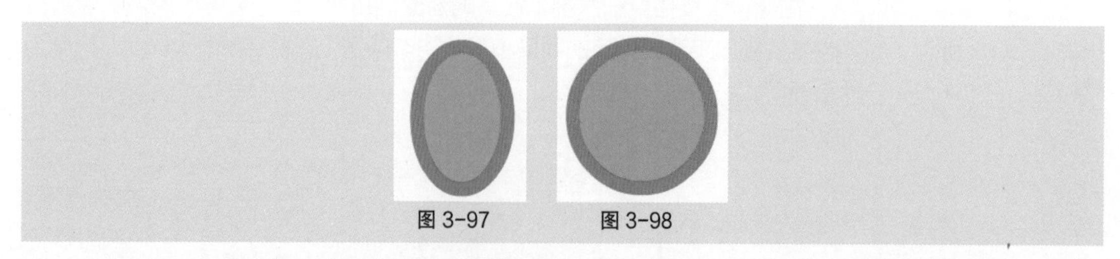

图 3-97　　图 3-98

在"属性"面板"工具"选项卡中可以设置笔触颜色、笔触大小、笔触样式、笔触宽度和填充颜色，如图 3-99 所示。设置不同的笔触属性和填充颜色后，绘制的图形如图 3-100 所示。

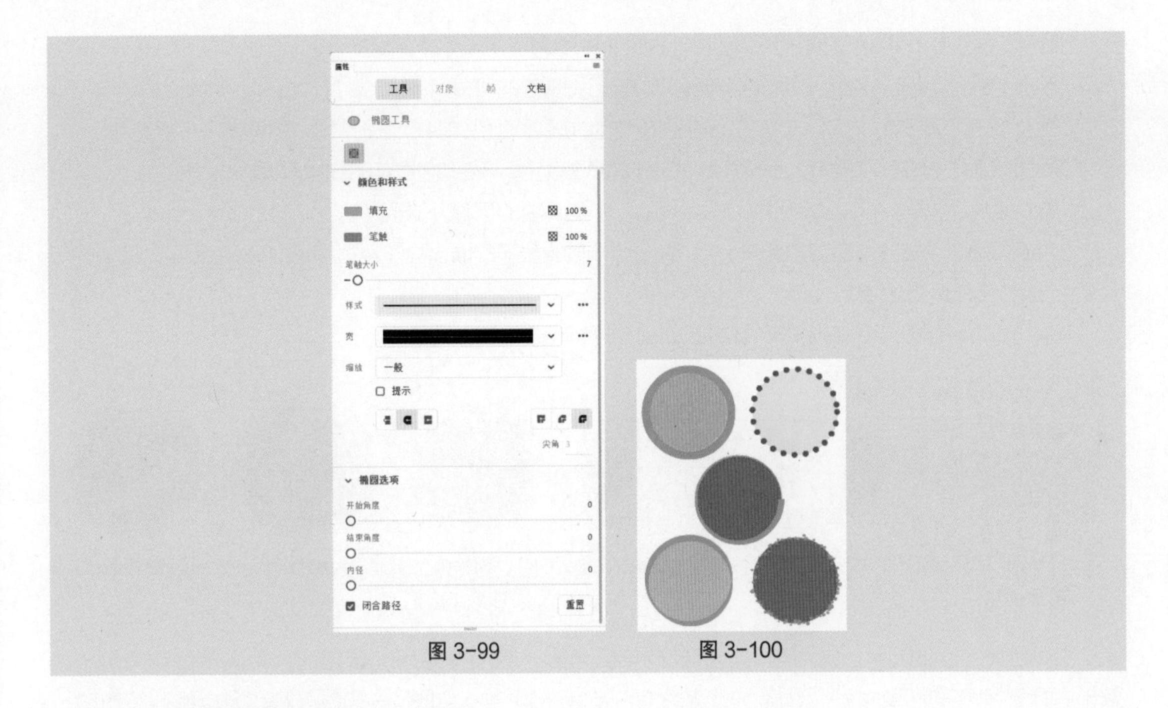

图 3-99　　图 3-100

3.2.5　基本椭圆工具

“基本椭圆工具” 的使用方法和功能与“椭圆工具” 类似，唯一的区别在于使用“椭圆工具” 时必须先设置椭圆属性，然后再绘制，绘制好之后不可以再次更改椭圆属性。而使用“基本椭圆工具” 时，在绘制前设置属性和绘制后设置属性都是可以的。

3.2.6　画笔工具

1. 使用填充颜色绘制

选择“传统画笔工具” ，在舞台上按住鼠标左键不放，绘制图形，松开鼠标左键，图形效果如图 3-101 所示。可以在其“属性”面板中设置不同的填充颜色和笔触平滑度，如图 3-102 所示。

在“属性”面板“工具”选项卡中有“画笔类型”选项 和“大小”选项，可以利用它们设置画笔的形状与大小。设置不同画笔形状后的笔触效果如图 3-103 所示。

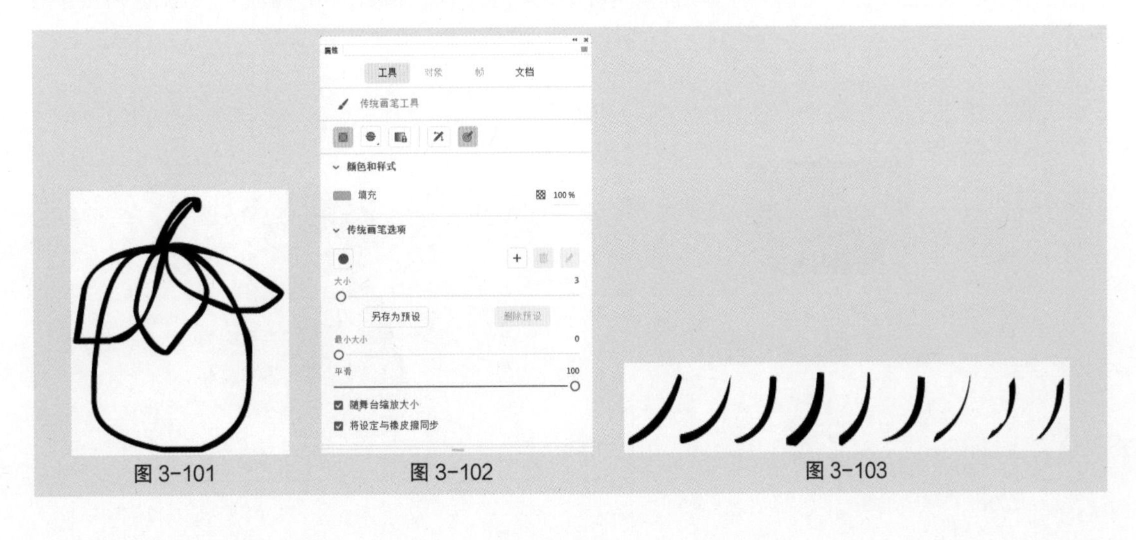

图 3-101　　图 3-102　　图 3-103

工具箱底部有 5 种画笔模式可以选择，如图 3-104 所示。

“标准绘画”模式：在同一层的线条和填充上以覆盖的方式涂色。

“颜料填充”模式：对同一层的填充区域和空白区域涂色，其他部分（如边框线）不受影响。

“后面绘画”模式：在舞台上同一层的空白区域涂色，不影响原有的线条和填充。

“颜料选择”模式：在选定的区域内涂色，未被选中的区域不能涂色。

“内部绘画”模式：在内部填充上绘图，但不影响线条。如果在空白区域中开始涂色，该填充不会影响任何现有填充区域。

应用不同画笔模式绘制出的效果如图 3-105 所示。

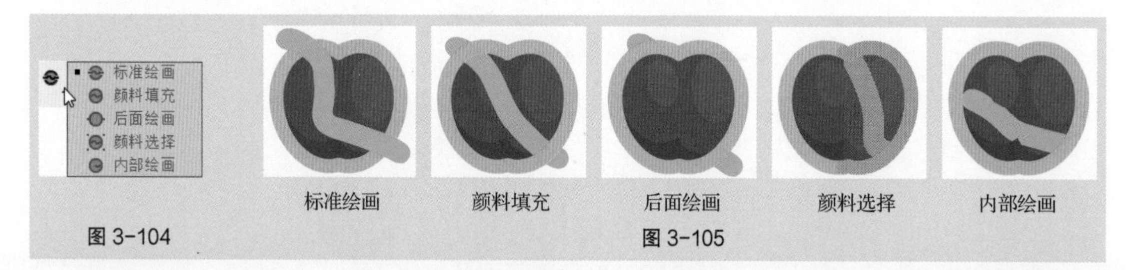

图 3-104　　图 3-105

“锁定填充”按钮：先为画笔选择径向渐变色彩，当没有启用此按钮时，用画笔绘制的每个线条都有自己完整的渐变过程，线条与线条之间不会互相影响，如图 3-106 所示；当启用此按钮时，颜色在所有线条形成的固定区域内渐变，如图 3-107 所示。

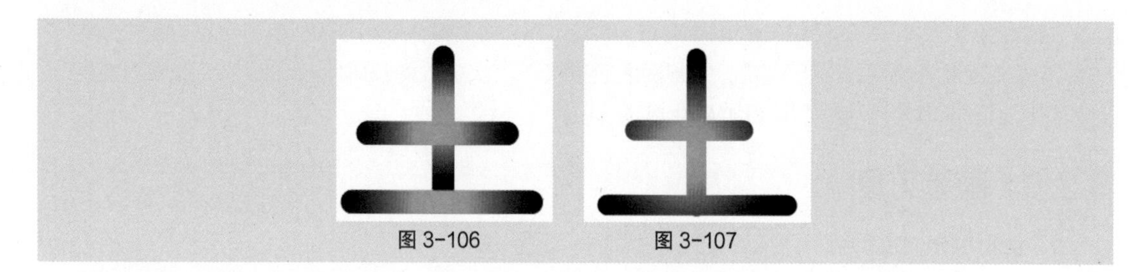
图 3-106　　图 3-107

在使用画笔工具涂色时，可以使用导入的位图作为填充图案。

将云盘中的“基础素材 > Ch03 > 05”文件导入“库”面板，如图 3-108 所示。选择“窗口 > 颜色”命令，弹出“颜色”面板，单击“填充颜色”按钮，将“颜色类型”设为“位图填充”，如图 3-109 所示，用刚才导入的位图作为填充图案。选择“传统画笔工具”，在舞台中随意绘制，效果如图 3-110 所示。

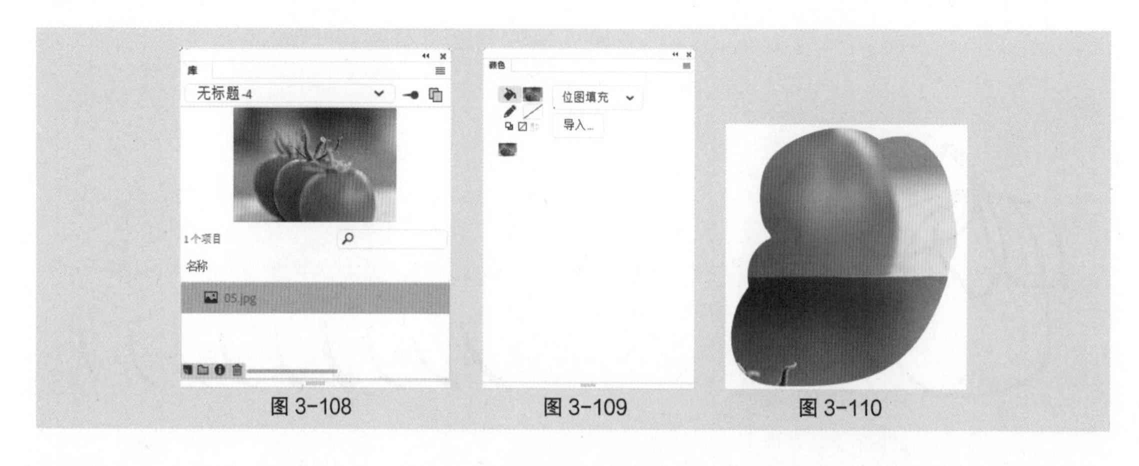

图 3-108　　图 3-109　　图 3-110

2. 使用笔触颜色绘制

选择“画笔工具”，在舞台上按住鼠标左键不放，绘制图形，松开鼠标左键，图形效果如图3-111所示。可以在“属性”面板“工具”选项卡中设置不同的填充颜色和笔触平滑度，如图 3-112 所示。

设置不同画笔形状后的笔触效果如图 3-113 所示。

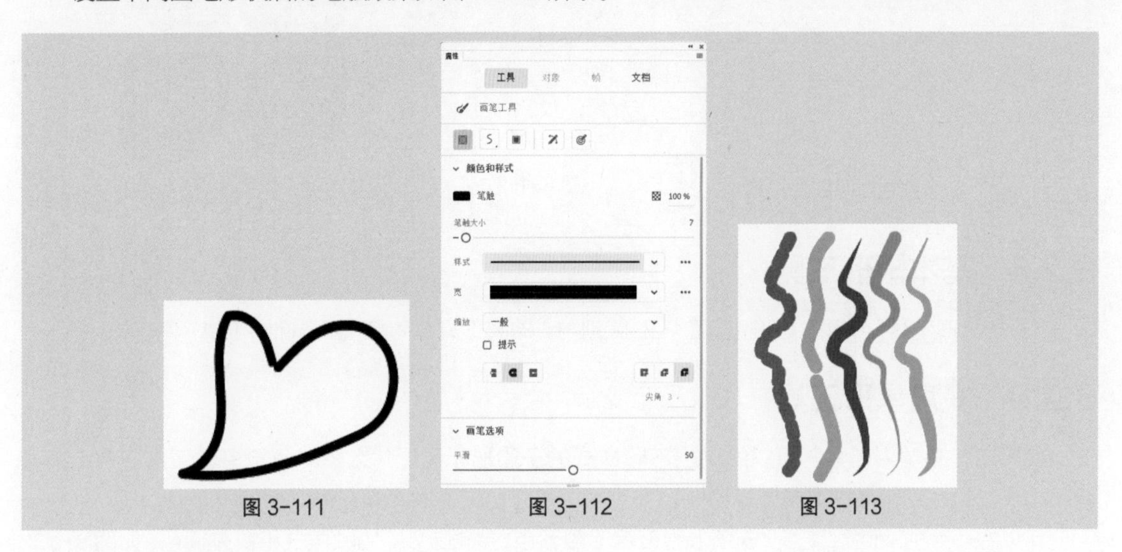

图 3-111　　图 3-112　　图 3-113

3.2.7 矩形工具

选择“矩形工具”，在舞台上按住鼠标左键不放，拖曳鼠标绘制出矩形，松开鼠标左键，矩形效果如图 3-114 所示。按住 Shift 键绘制，可以绘制出正方形，如图 3-115 所示。

可以在“属性”面板“工具”选项卡中设置笔触颜色、笔触大小、笔触样式、笔触宽度和填充颜色，如图 3-116 所示。设置不同的笔触属性和填充颜色后，绘制的图形如图 3-117 所示。

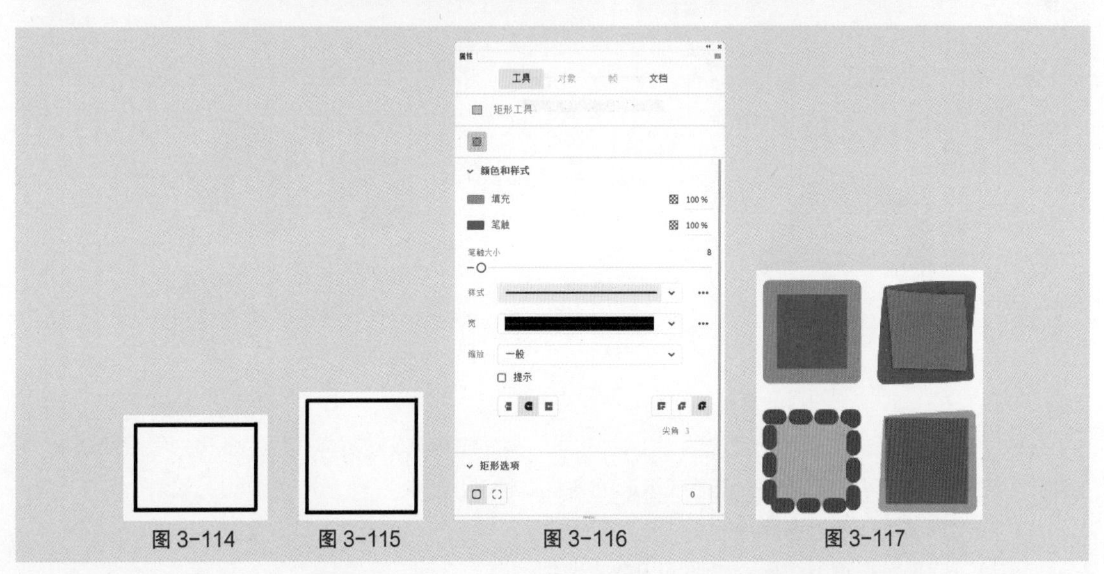

图 3-114　　图 3-115　　图 3-116　　图 3-117

可以使用“矩形工具”绘制圆角矩形。在“属性”面板“工具”选项卡的“矩形选项”选项组中，可以通过“矩形边角半径”按钮和“单个矩形边角半径”按钮来设置圆角，如图 3-118 所示和图 3-119 所示。输入的数值不同，绘制出的圆角矩形也不同，如图 3-120 所示。

图 3-118　图 3-119　图 3-120

3.2.8　基本矩形工具

"基本矩形工具"和"矩形工具"的区别与"椭圆工具"和"基本椭圆工具"的区别相同。

3.2.9　多角星形工具

使用"多角星形工具"可以绘制出不同样式的多边形和星形。选择"多角星形工具"，在舞台上按住鼠标左键不放，拖曳鼠标绘制出多边形，松开鼠标左键，多边形效果如图 3-121 所示。

可以在"属性"面板"工具"选项卡中设置笔触颜色、笔触大小、笔触样式和填充颜色，如图 3-122 所示。设置不同的笔触属性和填充颜色后，绘制的图形如图 3-123 所示。

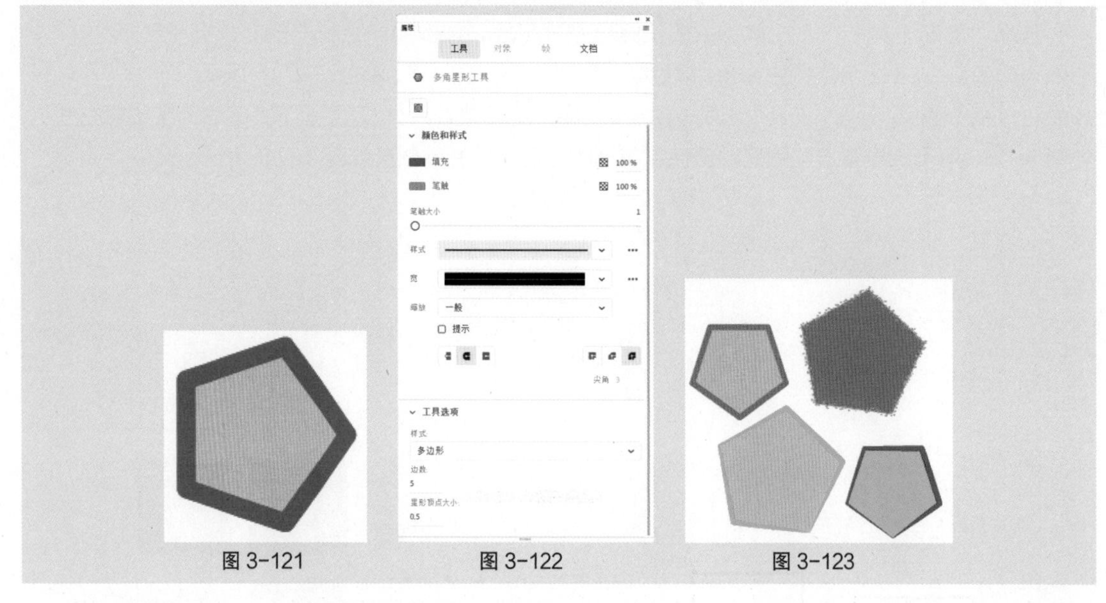

图 3-121　图 3-122　图 3-123

在"属性"面板"工具"选项卡的"工具选项"选项组中可以设置样式为"多边形"或"星形"，如图 3-124 所示，可以自定义多边形或星形的各种属性。

"样式"选项：在此处选择绘制多边形或星形。

"边数"选项：设置多边形或星形的边数，取值范围为 3 ～ 32。

"星形顶点大小"选项：输入一个 0 ～ 1 的值以指定星形顶点的深度。此值越接近 0，创建的顶点就越深。此选项在绘制多边形时不起作用。

输入的数值不同，绘制出的多边形和星形也不同，如图 3-125 所示。

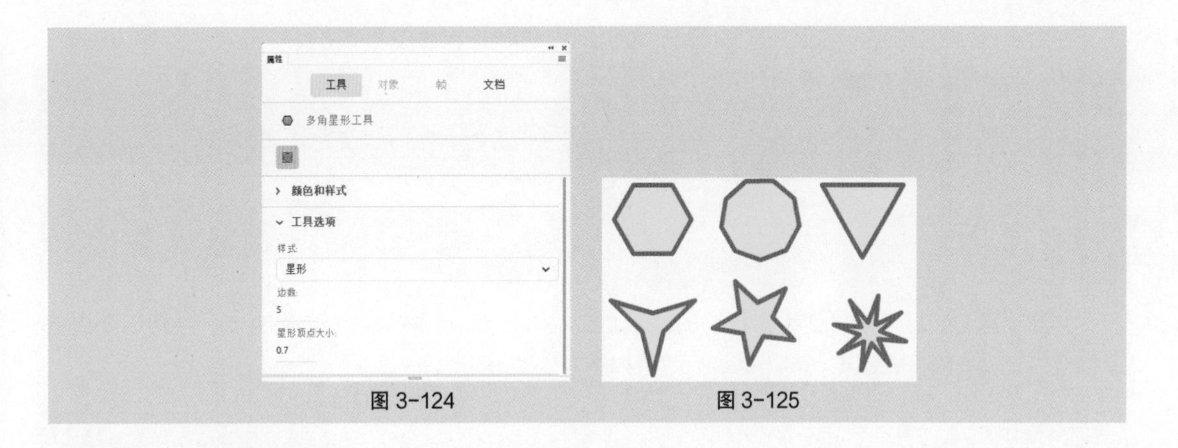

图 3-124　　图 3-125

3.2.10 钢笔工具

选择“钢笔工具”，将鼠标指针放置在舞台上，然后单击鼠标左键，此时出现第一个锚点，如图 3-126 所示。移动鼠标指针，单击鼠标左键，绘制出一条直线段，如图 3-127 所示。如果在绘制第二个锚点时按住鼠标左键不放并向其他方向拖曳，可将直线转换为曲线，如图 3-128 所示。松开鼠标左键，一条曲线绘制完成，如图 3-129 所示。

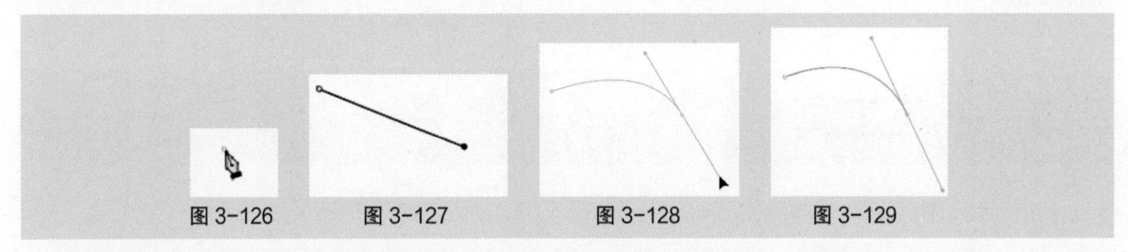

图 3-126　　图 3-127　　图 3-128　　图 3-129

用相同的方法可以绘制出多条曲线段组合而成的不同样式的曲线，如图 3-130 所示。

在绘制线段时，如果按住 Shift 键进行绘制，绘制出的线段角度将被限制为 45° 的倍数，如图 3-131 所示。

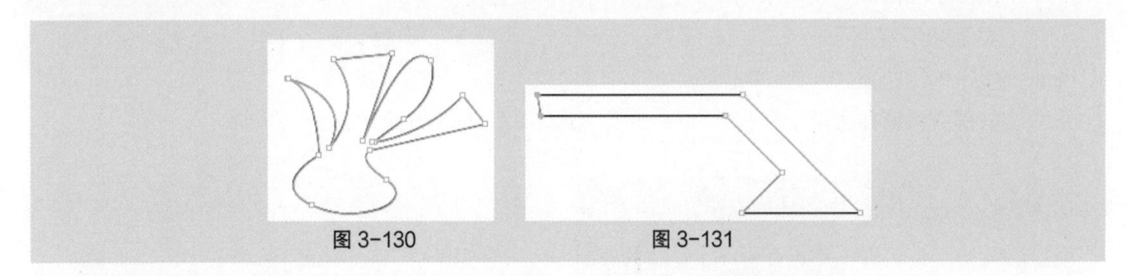

图 3-130　　图 3-131

在绘制线段时，“钢笔工具”的鼠标指针的形状会产生不同的变化。

增加锚点：当鼠标指针变为带加号的，如图 3-132 所示，在线段上单击一次会增加一个锚点，这样有助于精确地调整线段。增加锚点后效果如图 3-133 所示。

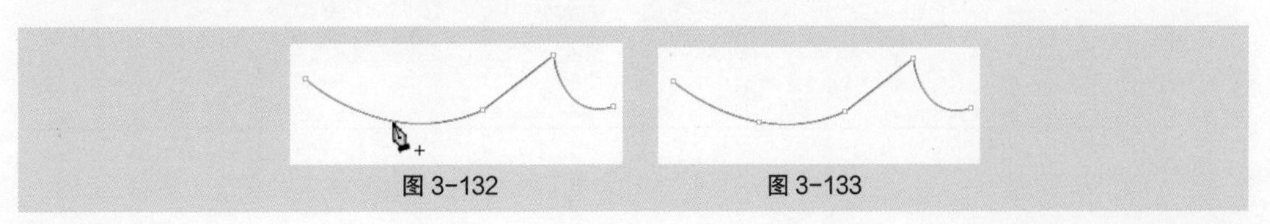

图 3-132　　图 3-133

删除锚点：当鼠标指针变为带减号的，如图 3-134 所示，在线段上单击锚点，会将这个锚点删除。删除锚点后效果如图 3-135 所示。

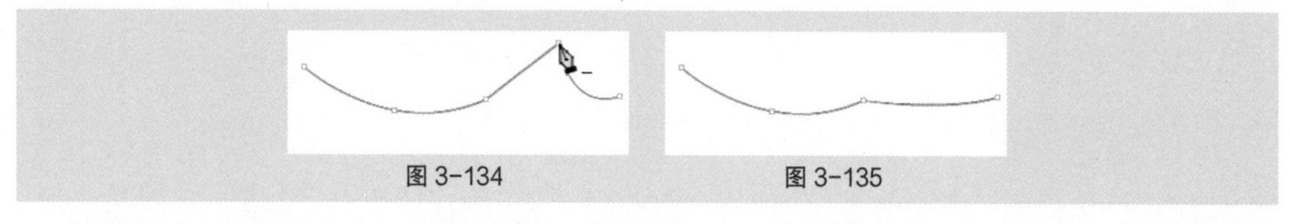
图 3-134　　图 3-135

转换锚点：当鼠标指针变为带折线的，如图 3-136 所示，在线段上单击锚点，会将这个锚点从曲线锚点转换为直线锚点。转换锚点后效果如图 3-137 所示。

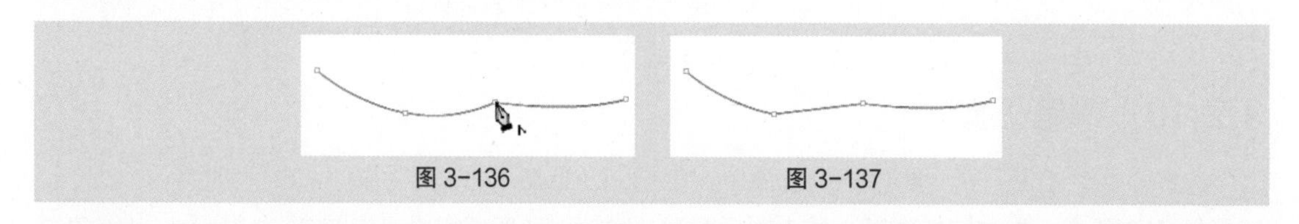
图 3-136　　图 3-137

当使用“钢笔工具”绘画时，若在用“铅笔工具”“画笔工具”“线条工具”“椭圆工具”“矩形工具”创建的对象上单击，可以调整对象的锚点，以改变这些对象的形状。

3.3 上色工具

使用上色工具可以改变图形的色彩、线条、形态等，创建出多样的图形效果。

3.3.1 课堂案例——绘制美食 App 图标

【案例学习目标】使用不同的上色工具为图形上色。

【案例知识要点】使用“选择工具”“颜色”面板和“渐变变形”工具完成美食 App 图标的绘制，效果如图 3-138 所示。

【效果文件所在位置】云盘 /Ch03/ 效果 / 绘制美食 App 图标 .fla。

图 3-138

（1）选择“文件 > 打开”命令，在弹出的“打开”对话框中选择云盘中的“Ch03 > 素材 > 3.3.1-

绘制美食 App 图标 > 01”文件，如图 3-139 所示，单击“打开”按钮，将其打开，效果如图 3-140 所示。

图 3-139　　图 3-140

（2）选择“选择工具”，在舞台中选中灰色矩形，如图 3-141 所示。选择“窗口 > 颜色”命令，弹出“颜色”面板，单击“笔触颜色”按钮，将其设为无，单击“填充颜色”按钮，在“颜色类型”下拉列表中选择“径向渐变”选项，在色带上将左边的颜色控制点设为浅黄色（#FFF100），将右边的颜色控制点设为黄色（#FCC900），生成渐变色，如图 3-142 所示，效果如图 3-143 所示。

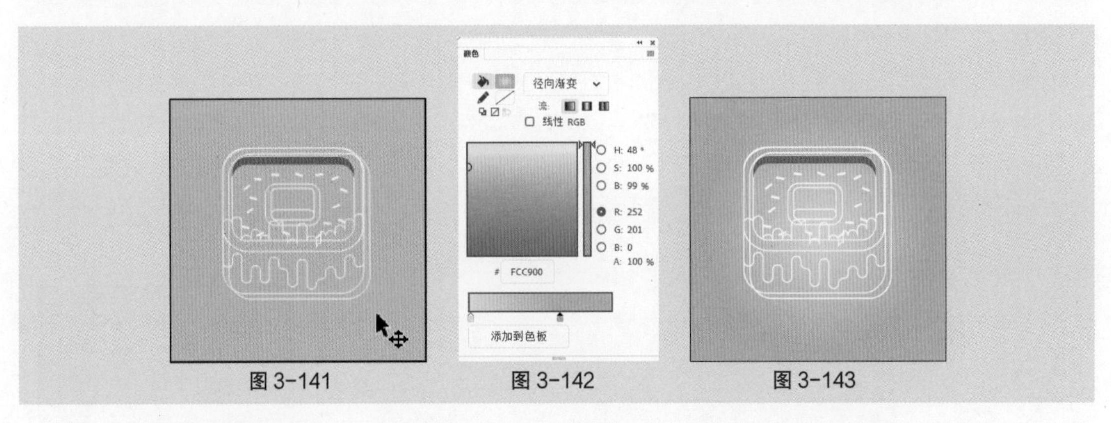

图 3-141　　图 3-142　　图 3-143

（3）选择“文件 > 导入 > 导入到库”命令，在弹出的“导入到库”对话框中，选择云盘中的“Ch03 > 素材 > 绘制美食 App 图标 > 02”文件，单击“打开”按钮，将选中的文件导入“库”面板中，如图 3-144 所示。单击“时间轴”面板中的“新建图层”按钮⊞，创建新图层并将其命名为“图案”，如图 3-145 所示。

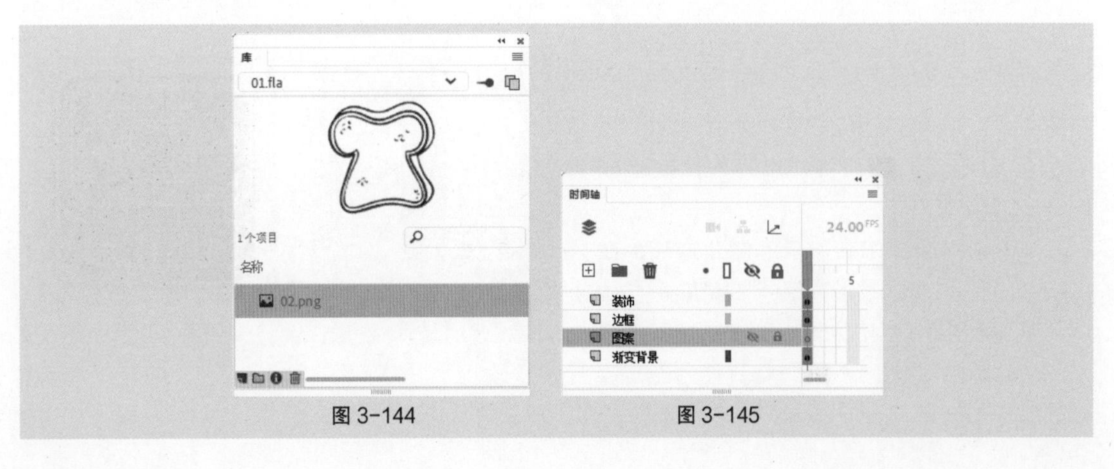

图 3-144　　图 3-145

（4）在“颜色”面板中，单击“填充颜色”按钮，在“颜色类型”下拉列表中选择“位图填充”选项，如图 3-146 所示。选择“基本矩形工具”，在舞台中绘制 1 个与舞台大小相同的矩形，效果如图 3-147 所示。

（5）选择“渐变变形工具”，在填充的位图上单击，其周围出现控制框，如图 3-148 所示。向内拖曳左下角的控制点改变位图大小，效果如图 3-149 所示。

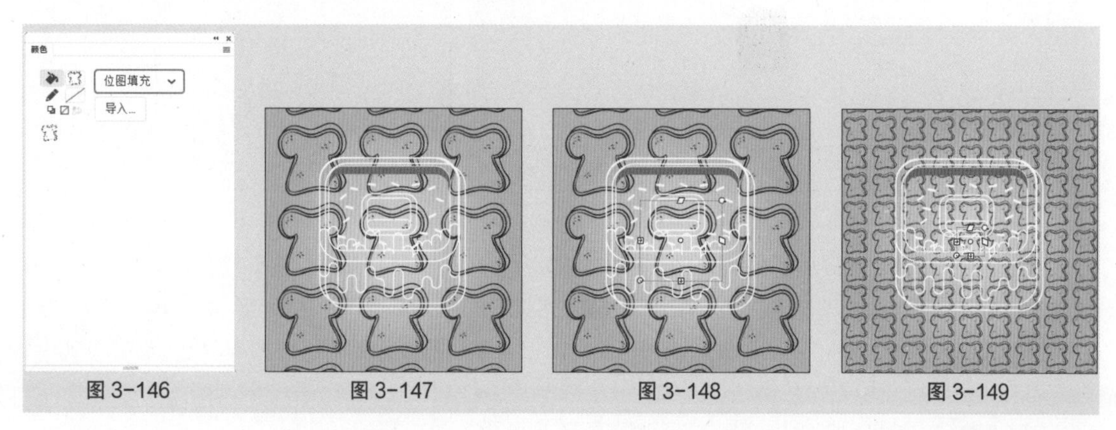

图 3-146　图 3-147　图 3-148　图 3-149

（6）在“时间轴”面板中单击“图案”图层，将该图层中的对象全部选中。按 F8 键，在弹出的“转换为元件”对话框中进行设置，如图 3-150 所示，单击“确定”按钮，将选中的对象转换为图形元件。选择“选择工具”，在舞台中选中“图案”实例，在“属性”面板“对象”选项卡中展开“色彩效果”选项组，在“颜色样式”下拉列表中选择“Alpha”选项，将“Alpha 数量”设为 30%，如图 3-151 所示，效果如图 3-152 所示。

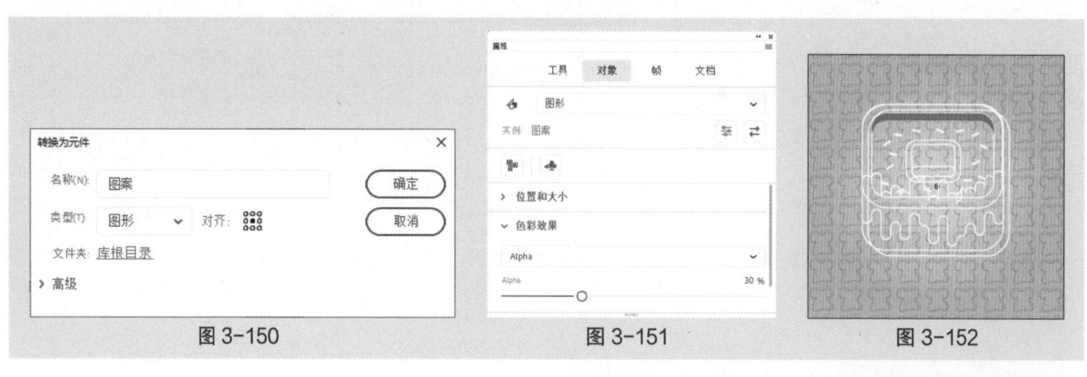

图 3-150　图 3-151　图 3-152

（7）按住 Shift 键，选中图 3-153 所示的圆角矩形，在“颜色”面板中单击“填充颜色”按钮，将“填充颜色”设为黑色，单击“笔触颜色”按钮，将其设为无，效果如图 3-154 所示。

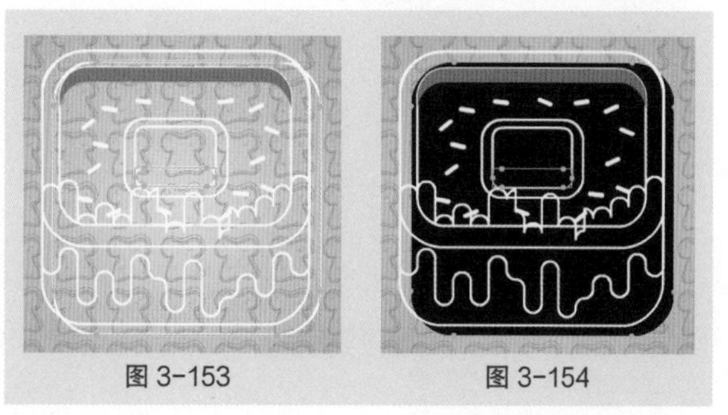
图 3-153　图 3-154

（8）选中图 3-155 所示的圆角矩形，在“颜色”面板中单击“填充颜色”按钮，将“填充颜色”设为深红色（#5E1818），单击“笔触颜色”按钮，将其设为无，效果如图 3-156 所示。

（9）按住 Shift 键，选中图 3-157 所示的图形，在“颜色”面板中单击“填充颜色”按钮，将“填充颜色”设为粉色（#F08D7E），单击“笔触颜色”按钮，将其设为无，效果如图 3-158 所示。

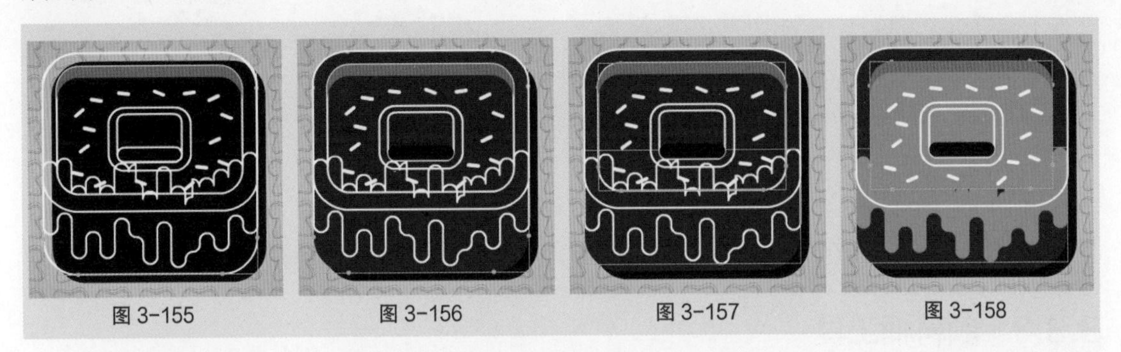

图 3-155　图 3-156　图 3-157　图 3-158

（10）按住 Shift 键，选中图 3-159 所示的圆角矩形，在“颜色”面板中单击“填充颜色”按钮，将“填充颜色”设为粉色（#F3A599），单击“笔触颜色”按钮，将其设为无，效果如图 3-160 所示。

（11）选中图 3-161 所示的圆角矩形，在“颜色”面板中单击“填充颜色”按钮，将“填充颜色”设为橘红色（#E5624B），单击“笔触颜色”按钮，将其设为无，效果如图 3-162 所示。美食 App 图标绘制完成，按 Ctrl+Enter 组合键查看效果。

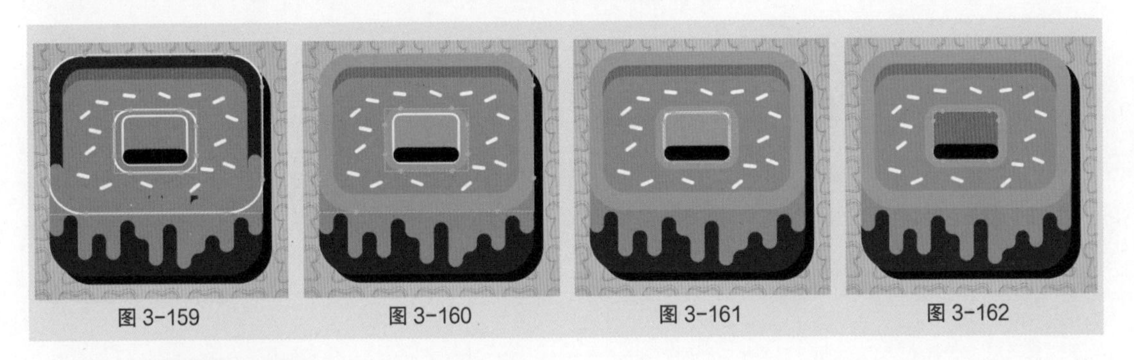

图 3-159　图 3-160　图 3-161　图 3-162

3.3.2　墨水瓶工具

使用“墨水瓶工具”可以修改矢量图形的边线。

打开云盘中的“基础素材 > Ch03 > 07”文件，如图 3-163 所示。选择“墨水瓶工具”，在“属性”面板“工具”选项卡中设置笔触颜色、笔触大小、笔触样式以及笔触宽度，如图 3-164 所示。

图 3-163　图 3-164

这时，鼠标指针变为。在图形上单击，为图形增加设置好的边线，如图 3-165 所示。“墨水瓶工具”的属性不同，所绘制的边线效果也不同，如图 3-166 所示。

图 3-165　　图 3-166

3.3.3　颜料桶工具

打开云盘中的“基础素材 > Ch03 > 08”文件，如图 3-167 所示。选择“颜料桶工具”，在“属性”面板“工具”选项卡中设置填充颜色，如图 3-168 所示。在线框的内部单击，线框内部被填充颜色，如图 3-169 所示。

工具箱的底部有 4 种填充模式可以选择，如图 3-170 所示。

图 3-167　　图 3-168　　图 3-169　　图 3-170

“不封闭空隙”模式：选择此模式时，只有完全封闭的区域才能填充颜色。

“封闭小空隙”模式：选择此模式时，当边线上存在小空隙时，允许填充颜色。

“封闭中等空隙”模式：选择此模式时，当边线上存在中等空隙时，允许填充颜色。

“封闭大空隙”模式：选择此模式时，当边线上存在大空隙时，允许填充颜色。当选择“封闭大空隙”模式时，无论空隙是小空隙、中等空隙还是大空隙，都可以填充颜色。

根据线框空隙的大小，选择不同的模式进行填充，效果如图 3-171 所示。

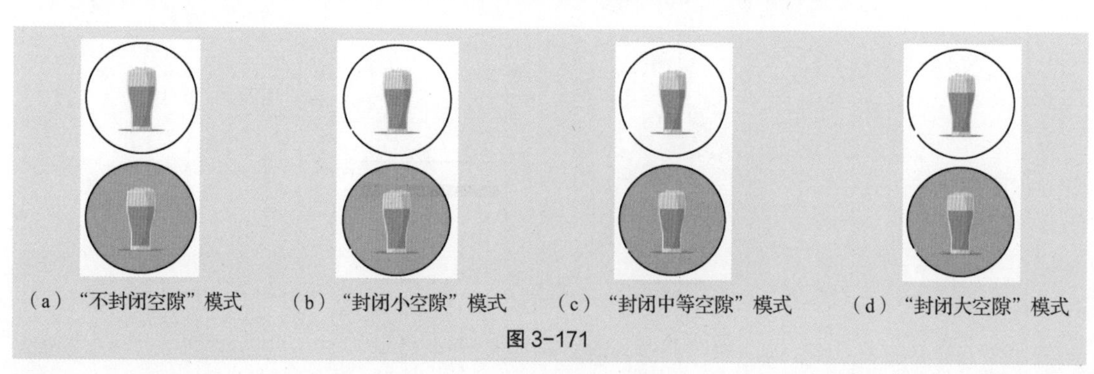
（a）“不封闭空隙”模式　（b）“封闭小空隙”模式　（c）“封闭中等空隙”模式　（d）“封闭大空隙”模式

图 3-171

"锁定填充"按钮：可以对填充颜色进行锁定，锁定后填充颜色不能被更改。

没有启用此按钮时，填充颜色可以根据需要进行更改，如图 3-172 所示。

启用此按钮时，将鼠标指针放置在填充颜色上，鼠标指针变为，这表示填充颜色被锁定，不能随意更改，如图 3-173 所示。

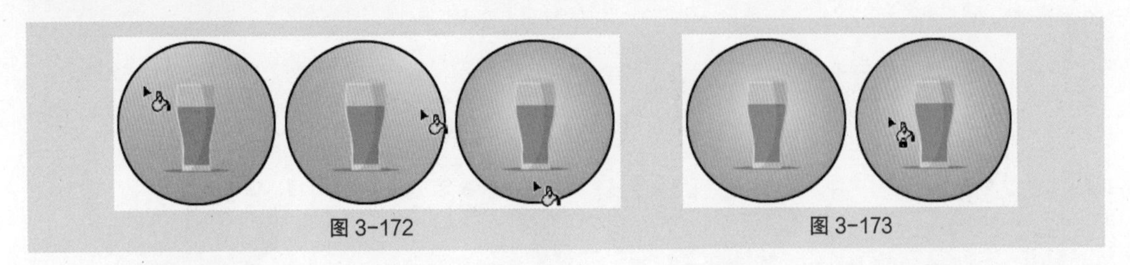
图 3-172　　图 3-173

3.3.4 滴管工具

可以使用"滴管工具"吸取矢量图形的线型和色彩，然后使用"颜料桶工具"快速修改其他矢量图形内部的填充颜色，使用"墨水瓶工具"可以快速修改其他矢量图形的边框颜色及线型。

1. 吸取填充颜色

打开云盘中的"基础素材 > Ch03 > 09"文件，如图 3-174 所示。选择"滴管工具"，将鼠标指针放在左边图形的填充颜色上，鼠标指针变为，如图 3-175 左图所示，在填充颜色上单击，吸取填充颜色样本。

鼠标指针变为，表示填充颜色被锁定。在工具箱的底部禁用"锁定填充"按钮，鼠标指针变为，在右边图形的填充颜色上单击，图形的颜色被修改，如图 3-175 右图所示。

图 3-174　　图 3-175

2. 吸取边框属性

选择"滴管工具"，将鼠标指针放在右边图形的外边框上，鼠标指针变为，如图 3-176 所示，在外边框上单击，吸取边框样本。鼠标指针变为，在左边图形的外边框上单击，边框的属性被修改，如图 3-177 所示。

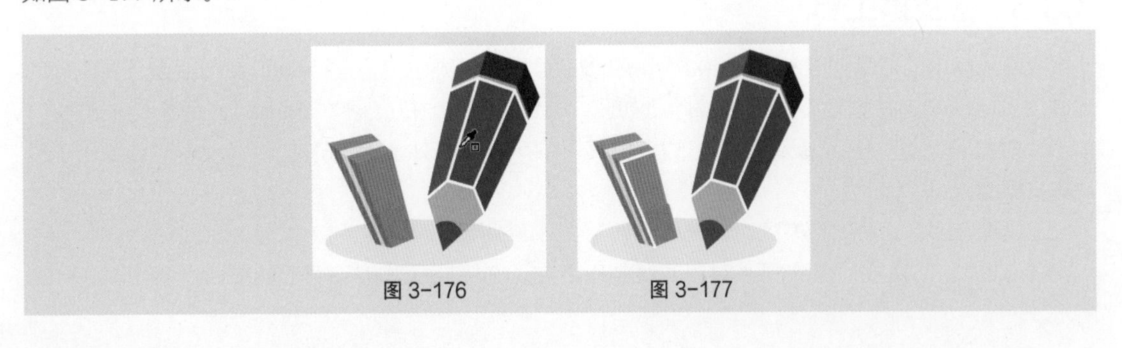
图 3-176　　图 3-177

3. 吸取位图图案

“滴管工具”可以吸取外部引入的位图图案。将云盘中的“基础素材 > Ch03 > 10”文件导入舞台中，按 Ctrl+B 组合键将其打散，如图 3-178 所示。绘制一个圆形，如图 3-179 所示。

选择“滴管工具”，将鼠标指针放在位图上，鼠标指针变为，如图 3-180 所示，单击吸取图案样本。鼠标指针变为，在圆形上单击，填充图案，如图 3-181 所示。

图 3-178　图 3-179　图 3-180　图 3-181

选择“渐变变形工具”，单击被填充图案的圆形，出现控制点，如图 3-182 所示。将左下角的控制点向中心拖曳，如图 3-183 所示。填充图案变小，如图 3-184 所示。

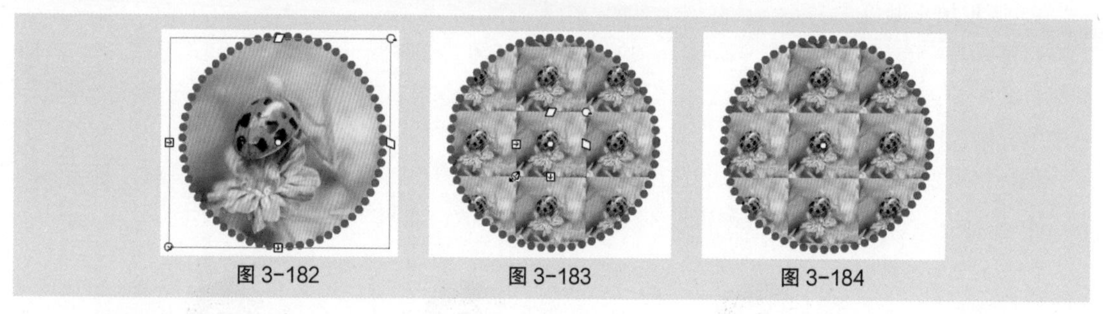

图 3-182　图 3-183　图 3-184

4. 吸取文字颜色

“滴管工具”可以吸取文字的颜色。选择要修改的目标文字，如图 3-185 所示。选择“滴管工具”，将鼠标指针放在源文字上，鼠标指针变为，如图 3-186 所示。在源文字上单击，源文字的颜色被应用到了目标文字上，如图 3-187 所示。

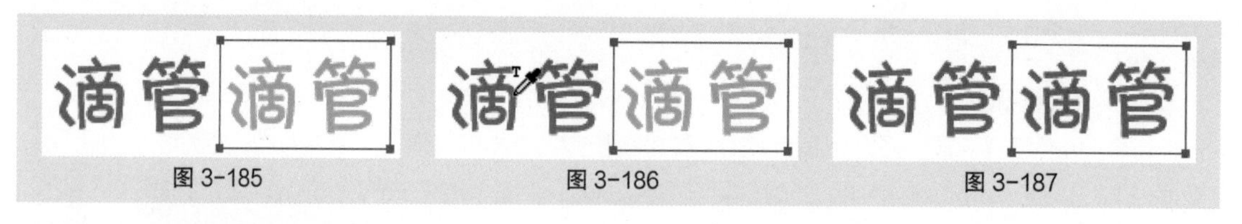

图 3-185　图 3-186　图 3-187

3.3.5 橡皮擦工具

打开云盘中的“基础素材 > Ch03 > 11”文件。选择“橡皮擦工具”，在图形上想要删除的地方按下鼠标左键并拖动，图形被擦除，如图 3-188 所示。在“属性”面板“工具”选项卡中，单击“橡皮擦类型”按钮，在弹出的下拉菜单中可以选择橡皮擦的形状，“大小”选项用于设置橡皮擦的大小。

工具箱底部有 5 种擦除模式可以选择，如图 3-189 所示。

“标准擦除”模式：擦除同一图层的线条和填充。选择此模式擦除图形的前后对照如图 3-190 所示。

图 3-188

图 3-189

“擦除填色”模式：仅擦除填充区域，其他部分（如边框线）不受影响。选择此模式擦除图形的前后对照如图 3-191 所示。

图 3-190　　图 3-191

“擦除线条”模式：仅擦除图形的线条部分，而不影响其填充部分。选择此模式擦除图形的前后对照如图 3-192 所示。

“擦除所选填充”模式：仅擦除已经选择的填充部分，而不影响其他未被选择的部分。（如果场景中没有任何填充被选择，那么擦除命令无效。）选择此模式擦除图形的前后对照如图 3-193 所示。

图 3-192　　图 3-193

“内部擦除”模式：仅擦除起点所在的填充区域部分，而不影响该填充区域外的部分。选择此模式擦除图形的前后对照如图 3-194 所示。

图 3-194

要想快速删除舞台上的所有对象，双击“橡皮擦工具”◆即可。

要想删除矢量图形上的线段或填充区域，可以选择“橡皮擦工具”◆，再单击其“属性”面板中的“使用水龙头模式删除笔触段或填充区域”按钮，然后单击舞台上想要删除的线段或填充区域，如图 3-195 和图 3-196 所示。

图 3-195　　图 3-196

知识提示　导入的位图和文字不是矢量图形，不能擦除它们的部分或全部，需要选择“修改 > 分离”命令，将它们分离成矢量图形，然后才能使用“橡皮擦工具”擦除它们的部分或全部。

3.3.6　任意变形工具

在制作图形的过程中，可以使用“任意变形工具”来改变图形的大小及倾斜程度。

打开云盘中的“基础素材 > Ch03 > 12”文件，如图 3-197 所示。选择“任意变形工具”，框选图形，图形的周围出现控制点，如图 3-198 所示。按住 Alt+Shift 组合键的同时拖曳控制点，可以非中心等比例改变图形的大小，如图 3-199 和图 3-200 所示。（按住 Shift 键再拖动控制点，可以中心点等比例缩放图形；按住 Alt 键，可以非中心缩放图形。）

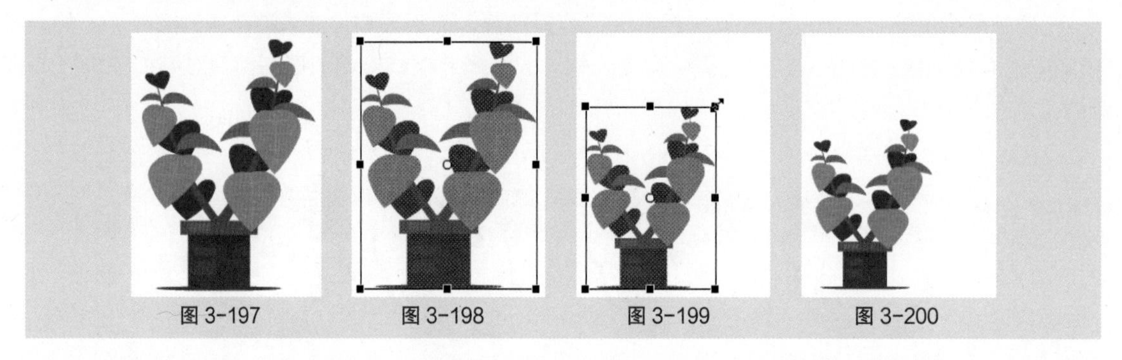
图 3-197　　图 3-198　　图 3-199　　图 3-200

鼠标指针位于 4 个角的控制点上时变为，如图 3-201 所示。拖曳鼠标可旋转图形，如图 3-202 和图 3-203 所示。

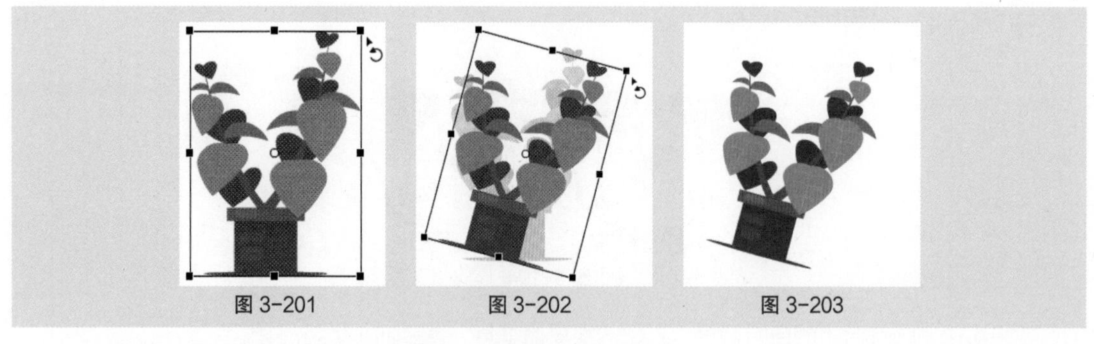
图 3-201　　图 3-202　　图 3-203

工具箱底部有 4 种变形模式可以选择，如图 3-204 所示。

“旋转与倾斜”模式：选中图形，单击“旋转与倾斜”图标，将鼠标指针放在图形顶部中间的控制点上，鼠标指针变为⇌；按住鼠标左键不放，向右水平拖曳控制点，如图 3-205 所示；松开鼠标左键，图形变倾斜，如图 3-206 所示。

图 3-204　　图 3-205　　图 3-206

“缩放”模式：选中图形，单击“缩放”图标，将鼠标指针放在图形右上角的控制点上，鼠标指针变为，如图 3-207 所示；按住鼠标左键不放，向左下方拖曳控制点到适当的位置，如图 3-208 所示；松开鼠标左键，图形变小，如图 3-209 所示。

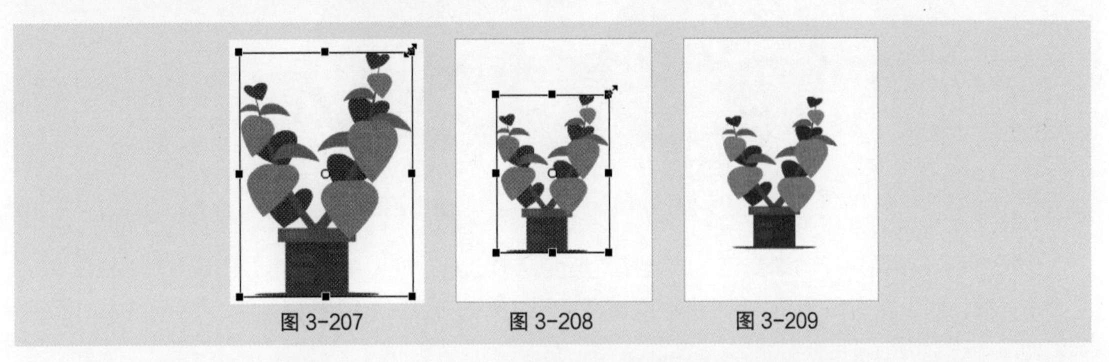

图 3-207　　图 3-208　　图 3-209

“扭曲”模式：选中图形，单击“扭曲”图标，将鼠标指针放在图形右上角的控制点上，鼠标指针变为；按住鼠标左键不放，向左下方拖曳控制点到适当的位置，如图 3-210 所示；松开鼠标左键，图形扭曲，如图 3-211 所示。

“封套”模式：选中图形，单击“封套”图标，图形周围出现一些点，调节这些点可以改变图形的形状；将鼠标指针放在点上，鼠标指针变为，拖曳鼠标，如图 3-212 所示；松开鼠标左键，图形扭曲，如图 3-213 所示。

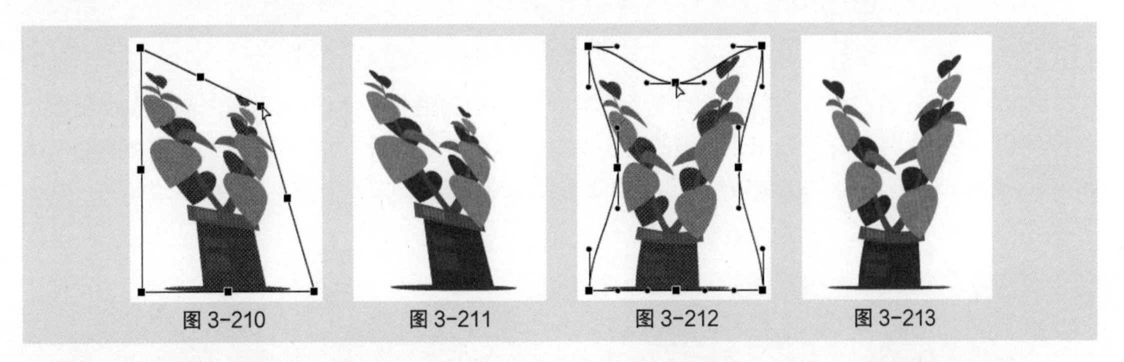

图 3-210　　图 3-211　　图 3-212　　图 3-213

3.3.7　渐变变形工具

使用“渐变变形工具”可以改变选中图形中的填充渐变效果。当图形填充颜色为线性渐变色时，选择“渐变变形工具”，单击图形，出现 3 个控制点和 2 条平行线，如图 3-214 所示。向图形中间拖动方形控制点，渐变区域缩小，如图 3-215 所示，效果如图 3-216 所示。

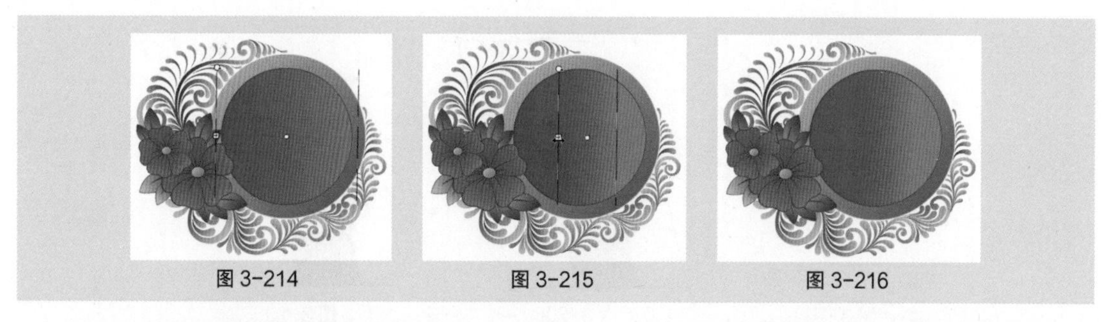
图 3-214　　图 3-215　　图 3-216

将鼠标指针放置在圆形控制点上，鼠标指针变为▸↻，拖曳圆形控制点来改变渐变区域的角度，如图 3-217 所示，效果如图 3-218 所示。

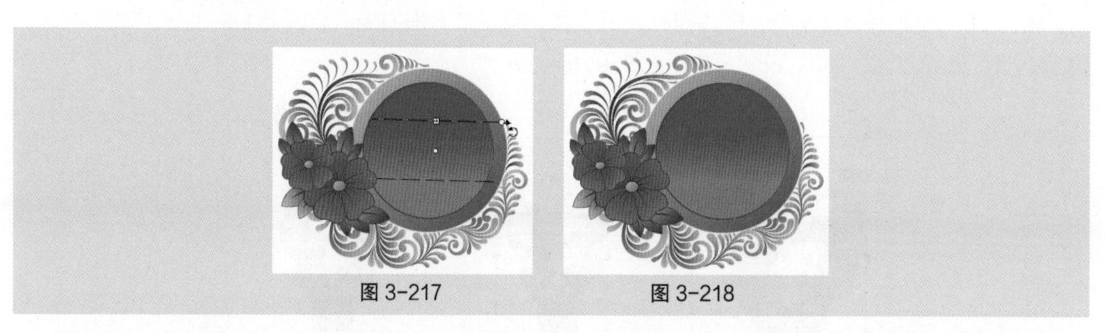
图 3-217　　图 3-218

当图形填充颜色为径向渐变色时，选择“渐变变形工具”■，单击图形，出现 4 个控制点和 1 个圆形边框，如图 3-219 所示。向图形内侧水平拖动方形控制点，缩小渐变区域，如图 3-220 所示，效果如图 3-221 所示。

图 3-219　　图 3-220　　图 3-221

将鼠标指针放置在圆形边框中间的圆形控制点上，鼠标指针变为▸◎；向图形内侧拖曳控制点，缩小渐变区域，如图 3-222 所示，效果如图 3-223 所示。将鼠标指针放置在圆形边框外侧的圆形控制点上，鼠标指针变为▸↻，向上旋转控制点，改变渐变区域的角度，如图 3-224 所示，效果如图 3-225 所示。

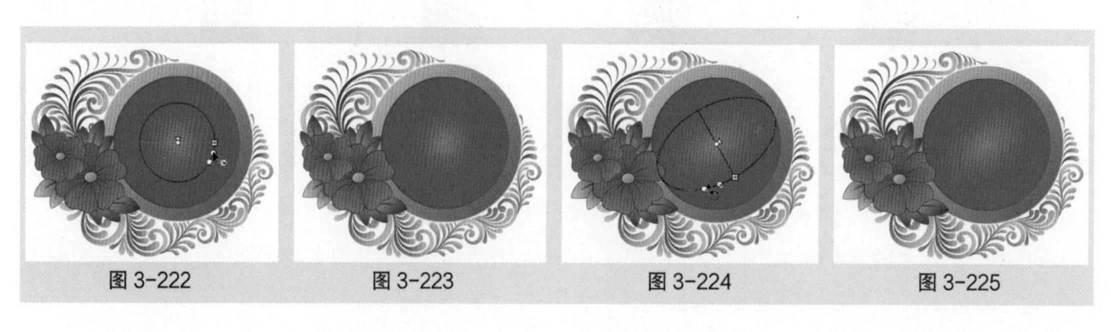
图 3-222　　图 3-223　　图 3-224　　图 3-225

知识提示

移动中心控制点可以改变渐变区域的位置。

3.3.8 “颜色”面板

选择“窗口 > 颜色”命令，或按 Ctrl+Shift+F9 组合键，将弹出“颜色”面板。

1. 自定义纯色

在“颜色类型”下拉列表中选择“纯色”选项，面板如图 3-226 所示。

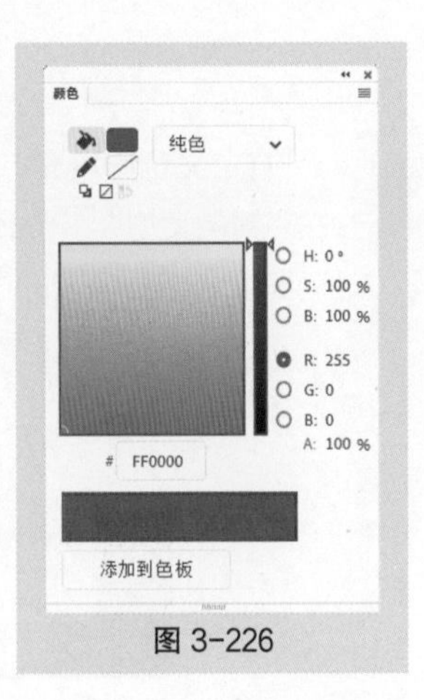

图 3-226

“笔触颜色”按钮：可以设定矢量线条的颜色。

“填充颜色”按钮：可以设定填充颜色。

“黑白”按钮：单击此按钮，线条颜色与填充颜色恢复为系统默认的状态。

“无色”按钮：用于取消矢量线条颜色或填充颜色。当选择“椭圆工具”或“矩形工具”时，此按钮为可用状态。

“交换颜色”按钮：单击此按钮，可以交换线条颜色和填充颜色。

“H”“S”“B”和“R”“G”“B”选项：可以用精确数值来设定颜色。

“A”选项：用于设定颜色的不透明度，数值范围为 0 ～ 100。

“添加到色板”按钮：单击此按钮，可以将选择的颜色保存到色板中。

在面板中间的颜色选择区域内，可以根据需要选择相应的颜色。

2. 自定义线性渐变色

在“颜色类型”下拉列表中选择“线性渐变”选项，面板如图 3-227 所示。将鼠标指针放置在色带上，鼠标指针变为，如图 3-228 所示，单击增加颜色控制点，并在面板下方为新增加的颜色控制点设定颜色及透明度，如图 3-229 所示。当要删除颜色控制点时，只需将颜色控制点向色带下方拖曳。

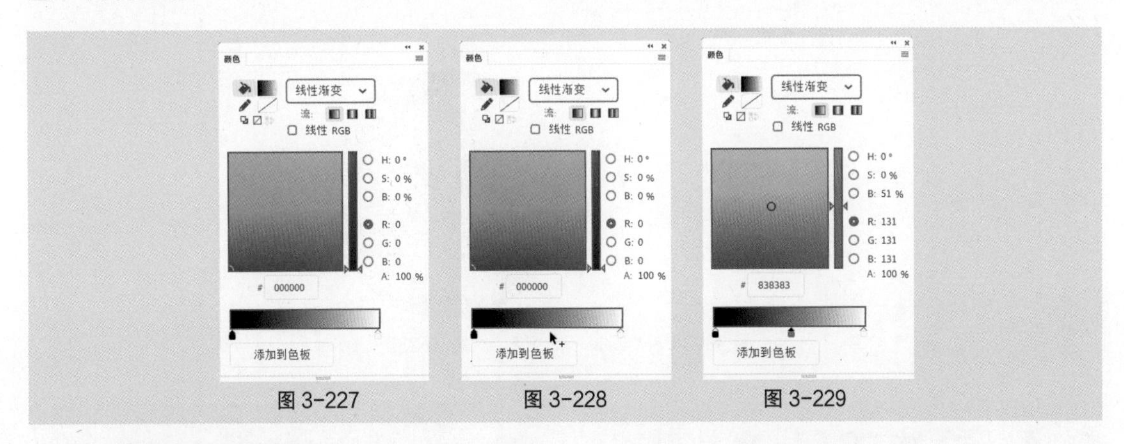

图 3-227　　图 3-228　　图 3-229

3. 自定义径向渐变色

在“颜色类型”下拉列表中选择“径向渐变”选项，面板如图 3-230 所示。用与定义线性渐变色相同的方法在色带上定义径向渐变色，定义完成后，面板的左下方显示定义的渐变色，如图 3-231 所示。

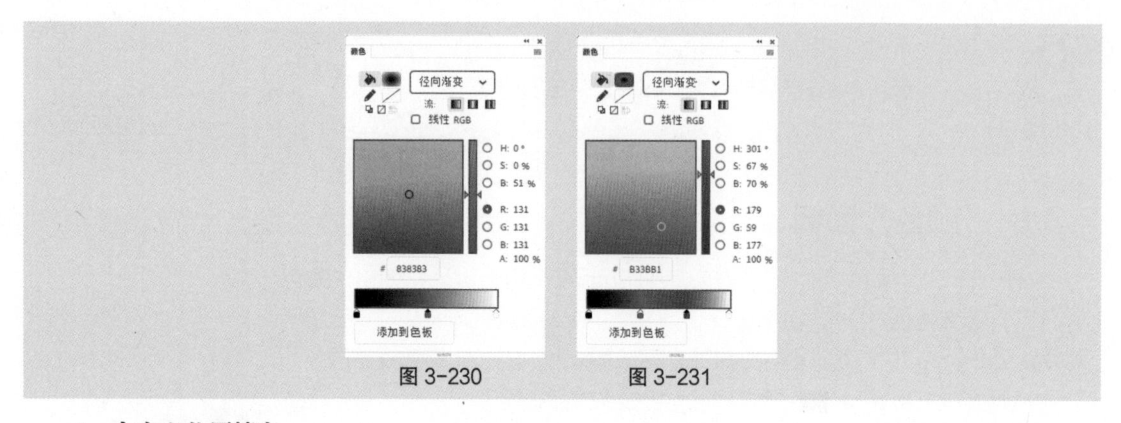

图 3-230　　图 3-231

4. 自定义位图填充

在“颜色类型”下拉列表中选择“位图填充”选项，如图 3-232 所示。弹出“导入到库”对话框，在对话框中选择要导入的位图，如图 3-233 所示。

图 3-232　　图 3-233

单击“打开”按钮，位图被导入“颜色”面板中，如图 3-234 所示。选择“椭圆工具”，在场景中绘制一个椭圆，椭圆被刚才导入的位图所填充，如图 3-235 所示。

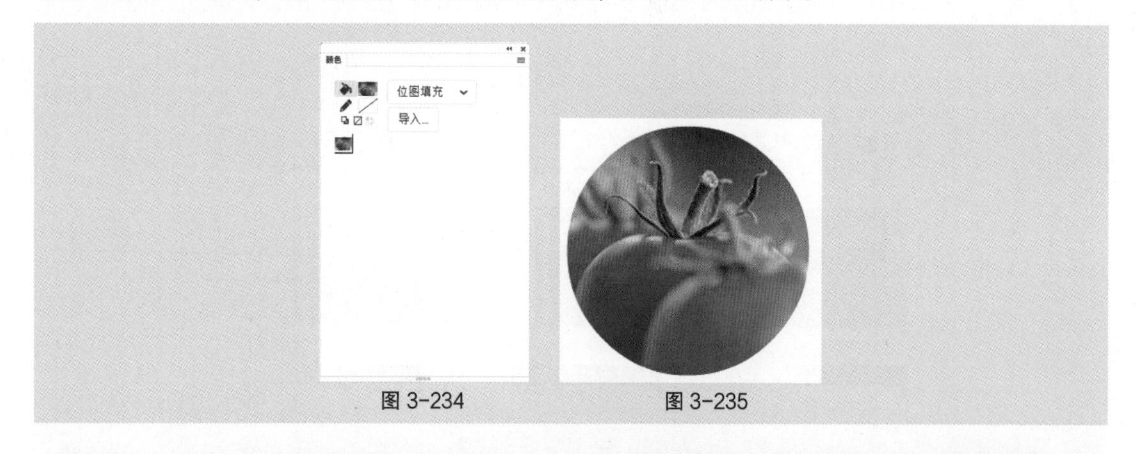

图 3-234　　图 3-235

3.4 文本工具

建立动画时，常需要利用文字来更清楚地表达创作者的意图，而创建和编辑文字需用到 Animate 2020 中的“文本工具”。

3.4.1 课堂案例——制作耳机网站首页

【案例学习目标】使用“属性”面板设置文字的属性。

【案例知识要点】使用“文本工具”输入需要的文字，使用“属性”面板设置文字的字体、大小、颜色、行距和字符属性，效果如图 3-236 所示。

【效果文件所在位置】云盘 /Ch03/ 效果 / 制作耳机网站首页 .fla。

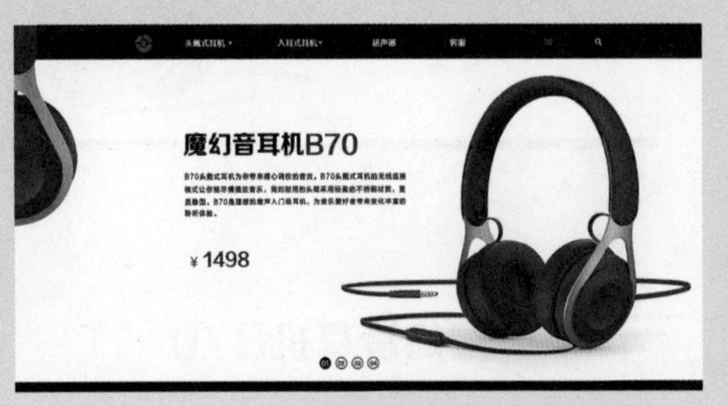

图 3-236

（1）选择“文件 > 新建”命令，弹出“新建文档”对话框，在“详细信息”选项组中，将“宽”设为 1920、“高”设为 1000，在“平台类型”下拉列表中选择“ActionScript 3.0”选项，单击“创建”按钮，完成文档的创建。

（2）在“时间轴”面板中将“图层_1”图层重命名为“底图”，如图 3-237 所示。选择“文件 > 导入 > 导入到舞台”命令，在弹出的“导入”对话框中选择云盘中的“Ch03 > 素材 > 制作耳机网站首页 > 01”文件，单击“打开”按钮，文件被导入舞台，如图 3-238 所示。

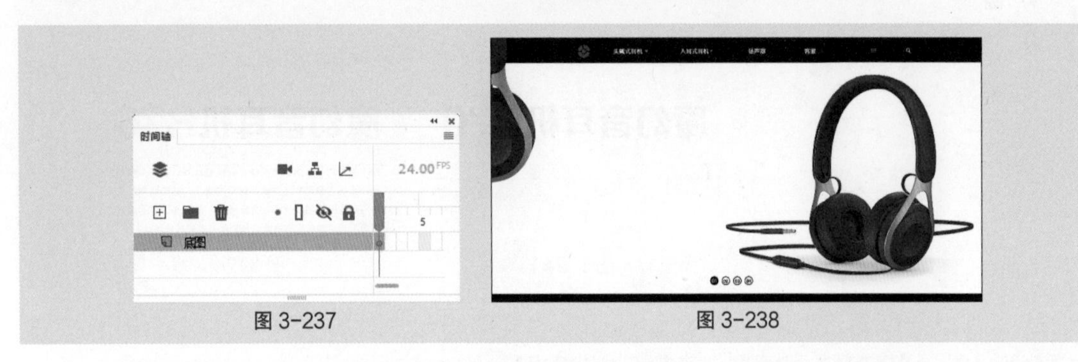

图 3-237　　图 3-238

（3）在“时间轴”面板中创建新图层并将其命名为“标题”。选择“文本工具”T，在“属性”面板“工具”选项卡中，将“字体”设为“方正正粗黑简体”、“大小”设为 68pt、“填充”设为黑色，其他选项的设置如图 3-239 所示；在舞台中输入需要的文字，如图 3-240 所示。

（4）选中图 3-241 所示的英文与数字，在工具箱中将“填充颜色”设为深蓝色（#11286f），效果如图 3-242 所示。

（5）在“时间轴”面板中创建新图层并将其命名为“介绍文”。选择“文本工具”T，在“属性”面板“工具”选项卡中，将“字体”设为“方正兰亭黑简体”、“大小”设为 18pt、“字母间距”设为 2、“填充”设为黑色；单击“两端对齐”按钮，将“行距”设为 13 点，其他选项的设置如图 3-243 所示；在舞台中拖曳鼠标绘制出文本框，如图 3-244 所示，输入文字，效果如图 3-245 所示。

图 3-239　　图 3-240

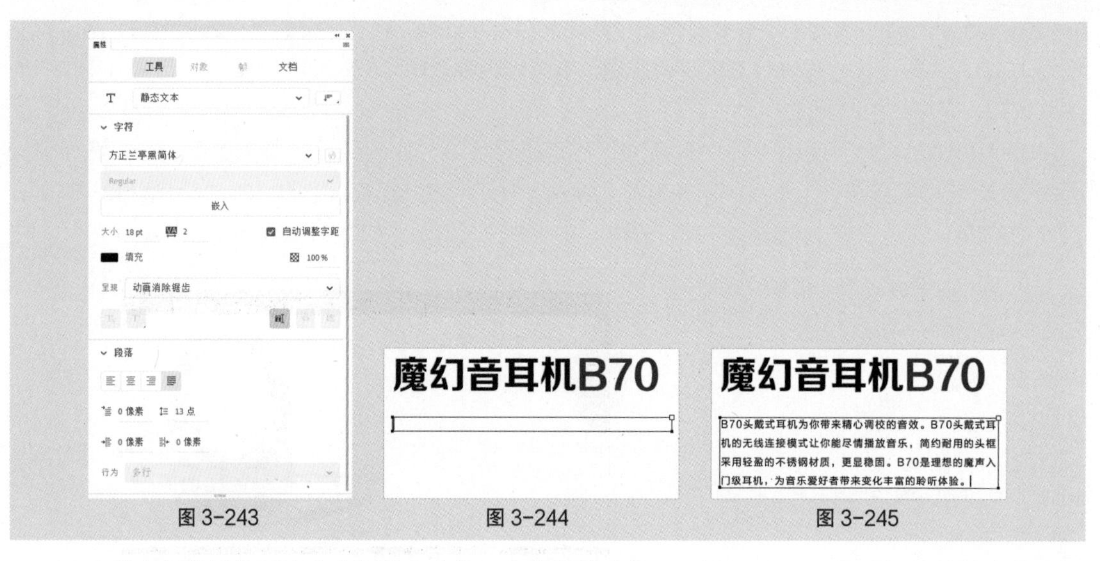

图 3-241　　图 3-242

图 3-243　　图 3-244　　图 3-245

（6）将鼠标指针放置在文本框的右上角，鼠标指针变为↔，如图 3-246 所示，向右拖曳文本框到适当的位置，调整文本框的宽度，效果如图 3-247 所示。

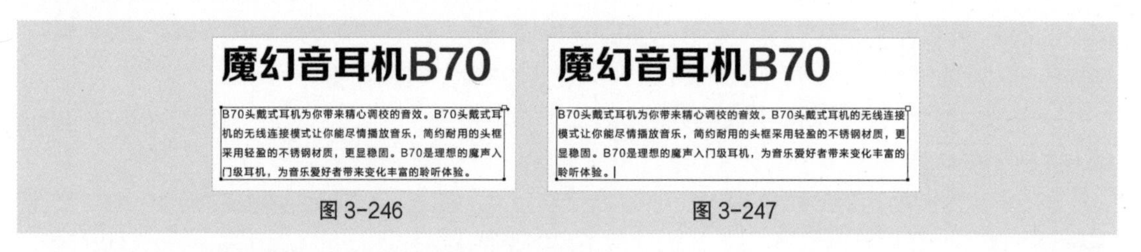

图 3-246　　图 3-247

（7）在“时间轴”面板中创建新图层并将其命名为“价位”。在“文本工具”T 的“属性”面板中，将“字体”设为“微软雅黑”、“大小”设为 36pt、“填充”设为深蓝色（#11286f），其他选项的设置如图 3-248 所示；在舞台中适当的位置输入符号，如图 3-249 所示。

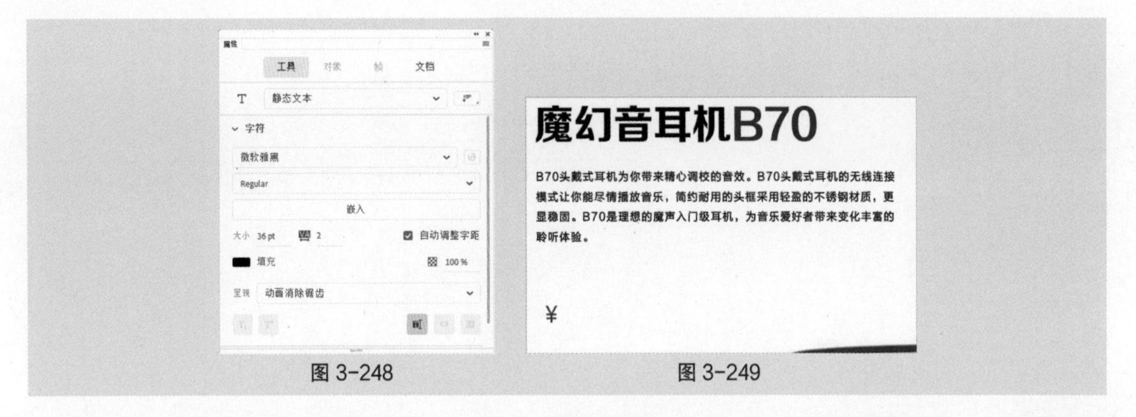

图 3-248　　图 3-249

（8）在“文本工具”T 的“属性”面板中，将“字体”设为“方正正粗黑简体”、“大小”设为 48pt、“填充”设为深蓝色（#11286f），其他选项的设置如图 3-250 所示；在舞台中适当的位置输入数字，如图 3-251 所示。

图 3-250　　图 3-251

（9）耳机网站首页制作完成，按 Ctrl+Enter 组合键查看效果，如图 3-252 所示。

图 3-252

3.4.2　创建文本

选择“文本工具”T，选择“窗口 > 属性”命令，弹出”文本工具”T 的“属性”面板，如图 3-253 所示。

将鼠标指针放置在舞台中，鼠标指针变为+T，单击出现文本输入光标，如图 3-254 所示。直接输入文字，效果如图 3-255 所示。

在舞台中拖曳鼠标绘制出文本框，如图 3-256 所示，在文本框中输入文字，文字被限定在文本框中，如果输入的文字到达文本框边缘，会自动转到下一行显示，如图 3-257 所示。

图 3-253　图 3-254　图 3-255

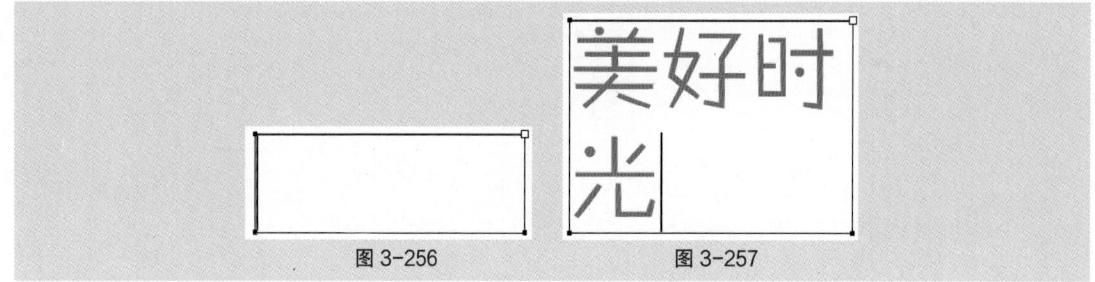

图 3-256　图 3-257

用鼠标向左拖曳文本框顶部的方形控制点可以缩小文本的行宽，如图 3-258 所示。向右拖曳控制点可以扩大文本的行宽，如图 3-259 所示。

双击文本框顶部的方形控制点，文本将转换成单行显示，方形控制点变为圆形控制点，如图 3-260 所示。

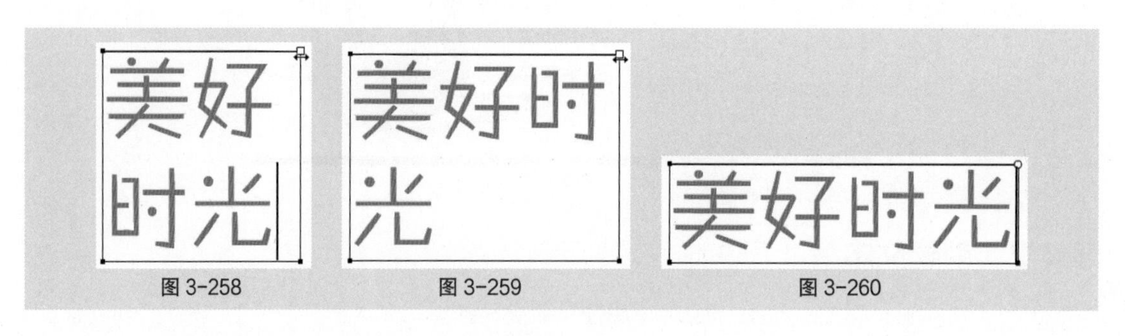

图 3-258　图 3-259　图 3-260

3.4.3　文本属性

下面以“静态文本”为例对“属性”面板中的文字调整选项介绍。

1. 设置文本的字体、字体大小、样式和颜色

"字体"选项：设定选定字符或整个文本块的文字字体。

选中文字，如图 3-261 所示，打开"属性"面板的"对象"选项卡，在"字符"选项组中单击字体选项，在弹出的下拉列表中选择要使用的字体，如图 3-262 所示，文字的字体改变，效果如图 3-263 所示。

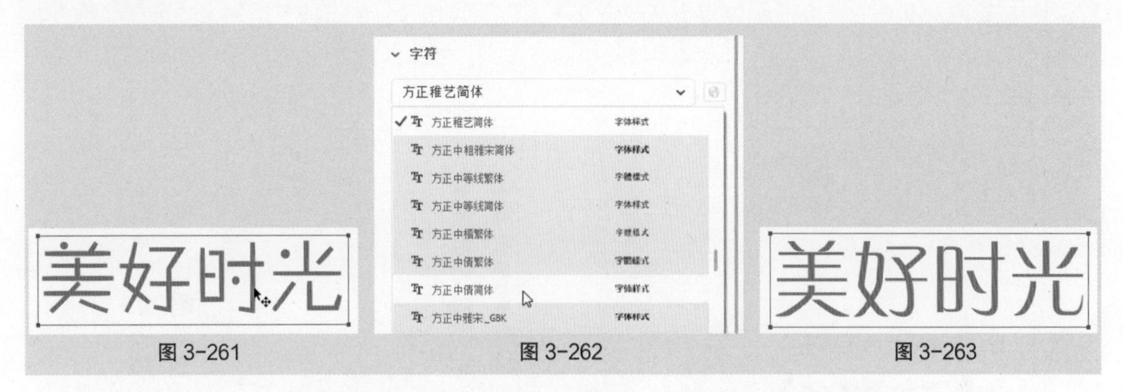

图 3-261　　图 3-262　　图 3-263

"大小"选项：设定选定字符或整个文本块的文字大小。值越大，文字越大。

选中文字，如图 3-264 所示，在"属性"面板"对象"选项卡"大小"选项的数值框中输入需要的数值，或者在数值上左右拖曳鼠标来进行设定，如图 3-265 所示，文字的字号改变，如图 3-266 所示。

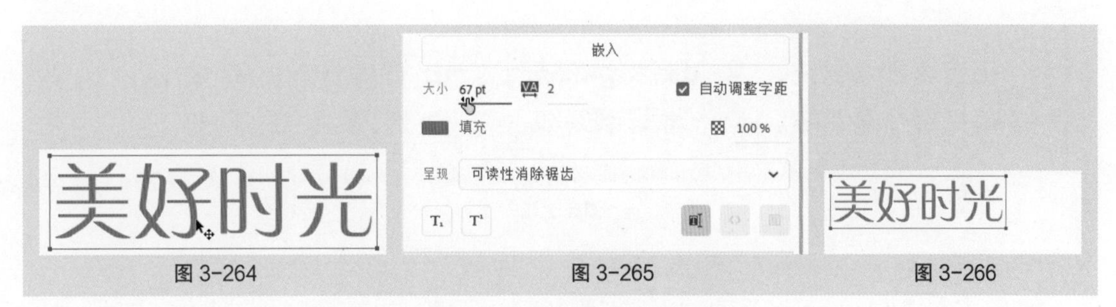

图 3-264　　图 3-265　　图 3-266

"填充"按钮 填充：为选定字符或整个文本块的文字设定颜色。

选中文字，如图 3-267 所示，在"属性"面板"对象"选项卡中，单击"填充"按钮，弹出颜色面板，选择需要的颜色，如图 3-268 所示，文字的颜色改变，如图 3-269 所示。

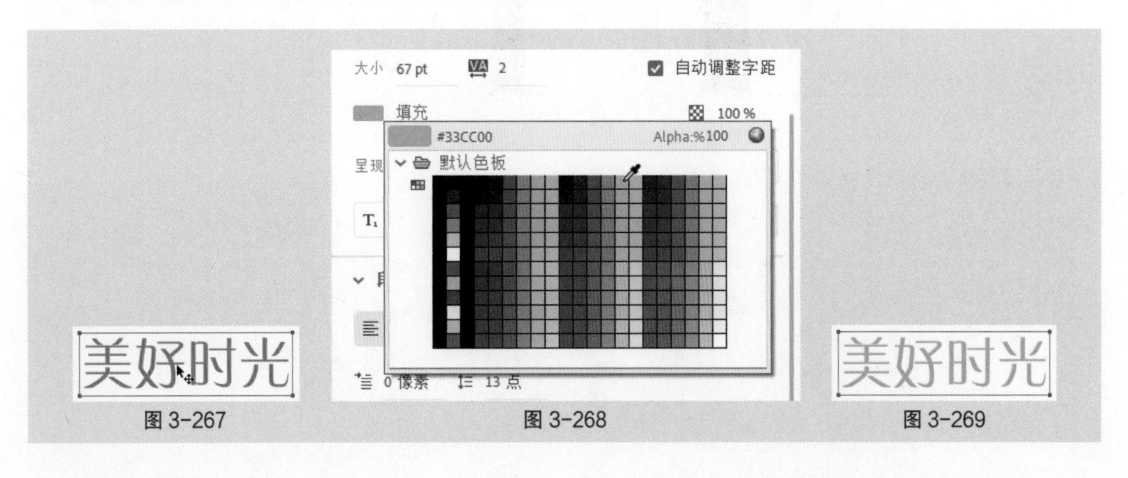

图 3-267　　图 3-268　　图 3-269

文本只能使用纯色，不能使用渐变色。要想为文本设置渐变色，可以先将该文本转换为组成它的线条和填充，然后再填充渐变色。

“改变文本方向”按钮：可在其下拉列表中选择需要的选项来改变文字的排列方向。

选中文字，如图 3-270 所示，单击“改变文本方向”按钮，在其下拉列表中选择“垂直，从左向右”选项，如图 3-271 所示，文字将从左向右排列，效果如图 3-272 所示。如果在其下拉列表中选择“垂直”命令，如图 3-273 所示，文字将从右向左排列，效果如图 3-274 所示。

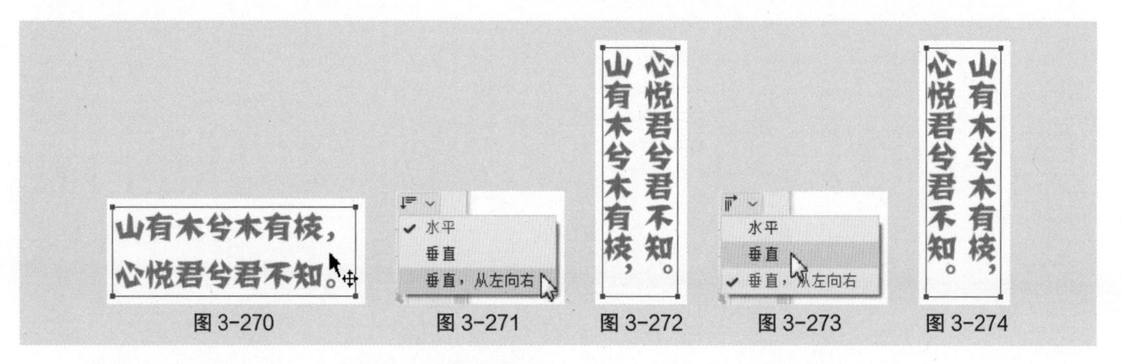

图 3-270　图 3-271　图 3-272　图 3-273　图 3-274

“字母间距”选项：通过设置需要的数值，控制文字之间的相对位置。

设置不同的字母间距，效果如图 3-275 所示。

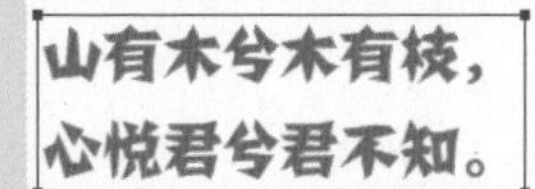

（a）间距为 0 时效果　（b）缩小间距后效果　（c）扩大间距后效果

图 3-275

“切换上标”按钮：可将水平文本放在基线之上或将垂直文本放在基线的右边。

“切换下标”按钮：可将水平文本放在基线之下或将垂直文本放在基线的左边。

选中要设置字符位置的文字，单击“切换上标”按钮，文字在基线之上，如图 3-276 所示。

图 3-276

设置不同的字符位置，效果如图 3-277 所示。

（a）正常位置　（b）上标位置　（c）下标位置

图 3-277

2. 字体呈现方法

Animate 2020 中有 5 种不同的字体呈现选项，如图 3-278 所示。

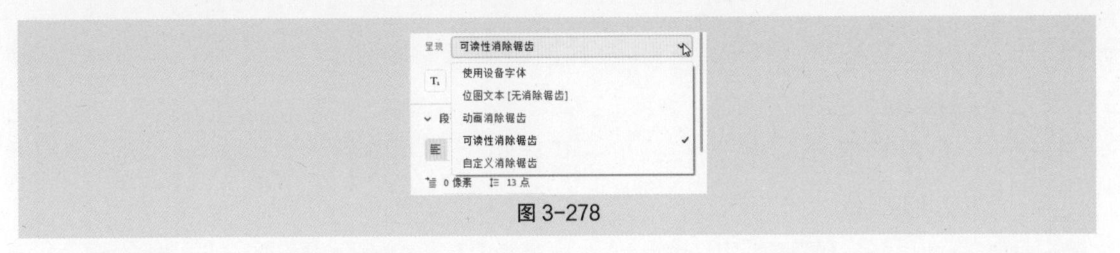

图 3-278

使用设备字体：选择此选项后将生成一个较小的 SWF 文件，并采用用户计算机上当前安装的字体来呈现文本。

位图文本 [无消除锯齿]：选择此选项后将生成明显的文本边缘，不会消除锯齿。因为此选项生成的 SWF 文件中包含字体轮廓，所以它较大。

动画消除锯齿：选择此选项后将生成可顺畅进行动画播放的消除锯齿文本。因为在文本动画播放时没有对齐和消除锯齿，所以在某些情况下文本动画可以更快地播放。在使用带有许多字母的大字体或缩放字体时，可能看不到性能上的提升。因为此选项生成的 SWF 文件中包含字体轮廓，所以它较大。

可读性消除锯齿：选择此选项后将启用高级消除锯齿引擎，此引擎提供高品质、更易读的文本。因为此选项生成的 SWF 文件中包含字体轮廓，以及特定的消除锯齿信息，所以它最大。

自定义消除锯齿：此选项与“可读性消除锯齿”选项类似，但是可以直观地操作消除锯齿参数以生成特定外观。此选项在为新字体或不常见的字体生成最佳的外观方面非常有用。

3. 设置字符与段落

文本排列方式按钮可以将文字以不同的形式进行排列。

“左对齐”按钮 ：将文字与文本框的左边线进行对齐。

“居中对齐”按钮 ：将文字与文本框的中线进行对齐。

“右对齐”按钮 ：将文字与文本框的右边线进行对齐。

“两端对齐”按钮 ：将文字与文本框的两端进行对齐。

在舞台中输入一段文字，选择不同的排列方式，效果如图 3-279 所示。

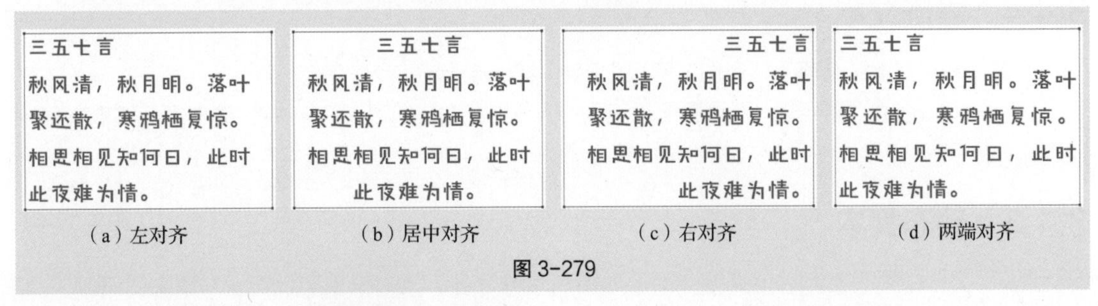

（a）左对齐　（b）居中对齐　（c）右对齐　（d）两端对齐

图 3-279

“缩进”选项 ：用于调整段落的首行缩进。

“行距”选项 ：用于调整段落的行距。

“左边距”选项 ：用于调整段落的左侧间隙。

“右边距”选项 ：用于调整段落的右侧间隙。

选中段落，如图 3-280 所示，在“段落”选项组中进行设置，如图 3-281 所示，段落的格式发生改变，如图 3-282 所示。

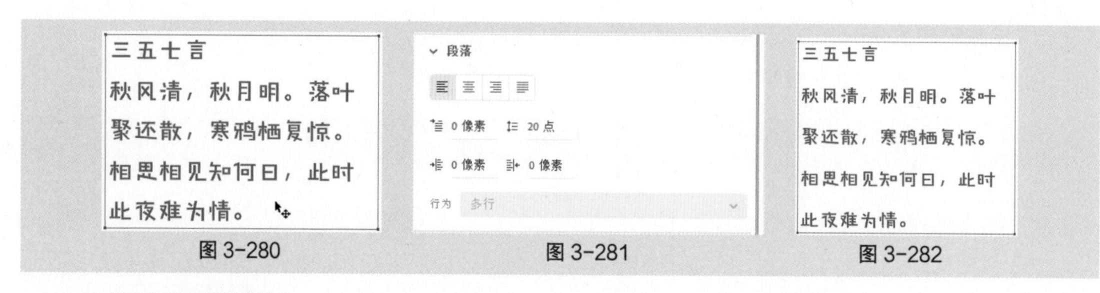

图 3-280　　图 3-281　　图 3-282

4. 设置文本超链接

“链接”选项：可以在文本框中直接输入网址，使当前文字成为超链接文字。

“目标”选项：可以设置超链接的打开方式，共有 4 种方式可以选择。

_blank：链接页面在新打开的浏览器中显示。

_parent：链接页面在父框架中打开。

_self：链接页面在当前框架中打开。

_top：链接页面在默认的顶部框架中打开。

选中文字，如图 3-283 所示，打开“文本工具” T 的“属性”面板，在“链接”文本框中输入网址，如图 3-284 所示，在“目标”下拉列表中选择打开方式，设置完成后文字的下方出现下划线，表示已经链接，如图 3-285 所示。

图 3-283　　图 3-284　　图 3-285

知识提示

只有文本在水平方向排列时，超链接功能才可用。当文本为垂直方向排列时，超链接功能不可用。

3.4.4 静态文本

选择“静态文本”选项，“属性”面板如图 3-286 所示。

“可选”按钮：启用后，当将文件输出为 SWF 格式时，可以对影片中的文字进行选取、复制操作。

3.4.5 动态文本

选择“动态文本”选项，“属性”面板如图 3-287 所示。动态文本可以作为对象来使用。

“实例名称”选项：可以设置动态文本的名称。“将文本呈现为 HTML”按钮：启用后文本支持 HTML 标签特有的字体格式、超链接等超文本格式。“在文本周围显示边框”按钮：启用后可以为文本设置白色的背景和黑色的边框。

“段落”选项组中的“行为”选项包括单行、多行和多行不换行。单行：文本以单行方式显示。多行：如果输入的文本大于设置的文本限制，输入的文本将自动换行。多行不换行：输入的文本为多行时，不会自动换行。

3.4.6 输入文本

选择“输入文本”选项，“属性”面板如图 3-288 所示。

“段落”选项组中的“行为”选项新增了“密码”选项，选择此选项，当文件输出为 SWF 格式时，影片中的文字将显示为星号（****）。

“选项”选项组中的“最大字符数”选项可以设置允许输入的最大字符数。默认值为 0，即不限制。如设置为其他数值，此数值即输出 SWF 影片时显示文字的最多数目。

图 3-286　图 3-287　图 3-288

3.5 课堂练习——绘制引导页中的游戏机插画

【练习知识要点】使用“基本矩形工具”“矩形工具”“椭圆工具”“钢笔工具”“多角星形工具”“线条工具”完成引导页中的游戏机插画绘制。

【效果文件所在位置】云盘 /Ch03/ 效果 / 绘制引导页中的游戏机插画 .fla，如图 3-289 所示。

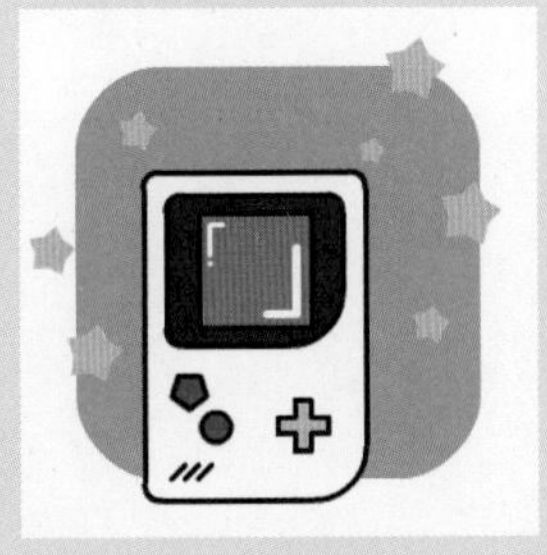

图 3-289

3.6 课后习题——绘制卡通小火箭插画

【习题知识要点】使用“颜料桶工具”“墨水瓶工具”“任意变形工具”“渐变变形工具”完成卡通小火箭插画的绘制。

【素材所在位置】云盘 /Ch03/ 素材 / 绘制卡通小火箭插画 /01。

【效果文件所在位置】云盘 /Ch03/ 效果 / 绘制卡通小火箭插画 .fla，如图 3-290 所示。

图 3-290

04 第4章 对象与元件

本章介绍

使用工具箱中的工具创建的矢量图形相对来说比较单调，如果能结合“修改”菜单中的命令修改图形，就可以改变原图形的形状、线条等，并且可以将多个图形组合起来，获得需要的图形效果。

在 Animate 2020 中，元件起着举足轻重的作用。重复使用元件可以提高工作效率、减少文件的大小。

本章将详细介绍 Animate 2020 编辑、修饰对象的功能，元件的创建、编辑、使用，以及“库”面板的使用方法。通过对本章的学习，读者可以掌握编辑和修饰对象的各种方法和技巧，了解并掌握如何使用元件制作出变化丰富的动画效果。

学习目标

- 掌握对象的变形方法和技巧。
- 掌握对象的修饰方法。
- 掌握对象的对齐方法及技巧。
- 掌握元件的创建方法及类型。

技能目标

- 掌握“闪屏页中插画”的绘制方法和技巧。
- 掌握“时尚插画”的绘制方法和技巧。
- 掌握“茶叶网站首页”的制作方法和技巧。
- 掌握“新年贺卡”的制作方法和技巧。

4.1 对象的变形

使用“变形”命令可以对选择的对象进行变形，如扭曲、缩放、倾斜、旋转和封套等，还可以根据需要对对象进行组合、分离、叠放、对齐等一系列操作，从而达到制作要求。

4.1.1 课堂案例——绘制闪屏页中插画

【案例学习目标】使用不同的“变形”命令编辑图形。

【案例知识要点】使用“椭圆工具”“任意变形工具”“矩形工具”绘制刻度盘图形，使用“多角星形工具”“垂直翻转所选内容”按钮制作指针图形，使用“对齐”命令将对象居中对齐，效果如图 4-1 所示。

【效果文件所在位置】云盘 /Ch04/ 效果 / 绘制闪屏页中插画 .fla。

图 4-1

1. 绘制刻度盘

（1）选择“文件 > 新建”命令，弹出“新建文档”对话框，在“详细信息”选项组中，将“宽”设为 320、“高”设为 360，在“平台类型”下拉列表中选择“ActionScript 3.0”选项，单击“创建”按钮，完成文档的创建。

（2）将“图层 _1”图层重命名为“圆形”。选择“椭圆工具”，在工具箱中将“笔触颜色”设为无、“填充颜色”设为黑色（#231916），单击工具箱底部的“对象绘制”按钮，按住 Shift 键在舞台中绘制 1 个圆形。

（3）选择“选择工具”，选中舞台中的黑色圆形，在“属性”面板“对象”选项卡中，将“宽”和“高”均设为 282、“X”设为 18、“Y”设为 59，如图 4-2 所示，效果如图 4-3 所示。

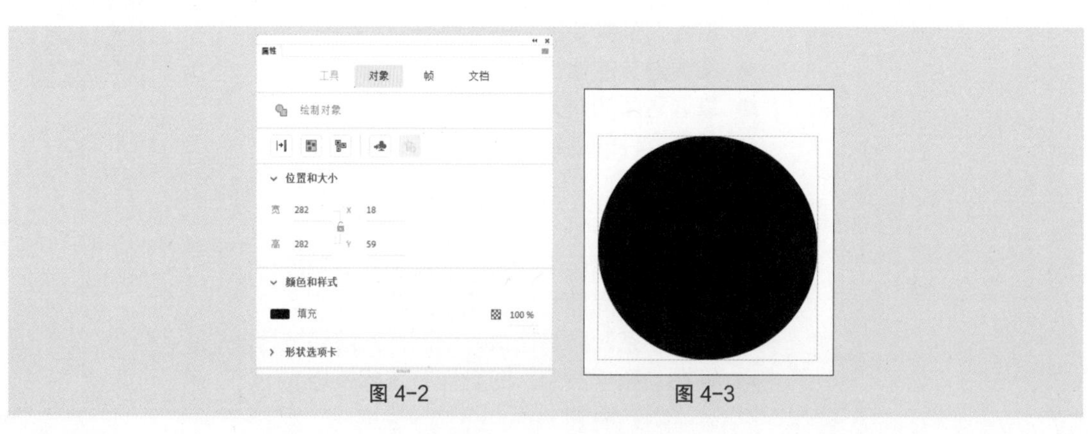

图 4-2　　图 4-3

（4）按 Ctrl+C 组合键，将其复制。按 Ctrl+Shift+V 组合键，将复制的黑色圆形原位粘贴。选择“任意变形工具”，黑色圆形的周围出现控制框，如图 4-4 所示。将鼠标指针放置在右上角的控制点上，鼠标指针变为，按住 Shif 键的同时向左下方拖曳鼠标到适当的位置，如图 4-5 所示，松开鼠标左键确认缩放效果。在工具箱中将“填充颜色”设为白色，效果如图 4-6 所示。

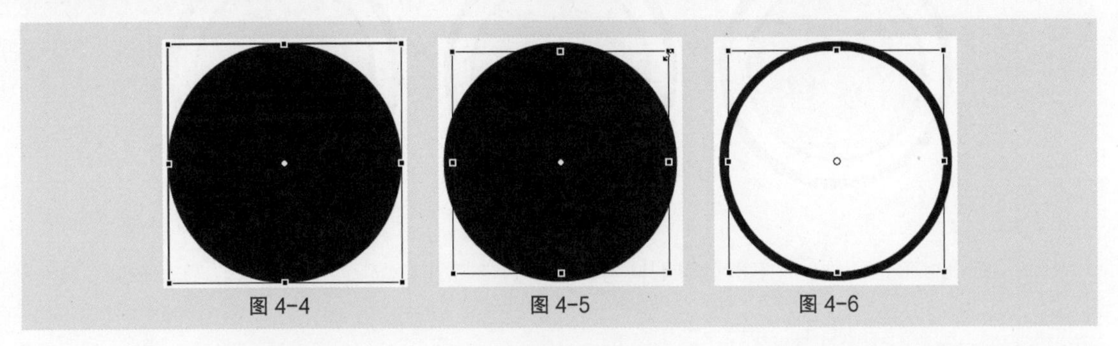
图 4-4　图 4-5　图 4-6

（5）按 Ctrl+Shift+V 组合键，将复制的黑色圆形原位粘贴。黑色圆形的周围出现控制框。将鼠标指针放置在右上角的控制点上，鼠标指针变为，按住 Shift 键的同时向左下方拖曳鼠标到适当的位置，如图 4-7 所示，松开鼠标左键确认缩放效果。

（6）按 Ctrl+Shift+V 组合键，将复制的黑色圆形原位粘贴。黑色圆形的周围出现控制框。将鼠标指针放置在右上角的控制点上，鼠标指针变为，按住 Shift 键的同时向左下方拖曳鼠标到适当的位置，如图 4-8 所示，松开鼠标左键确认缩放效果。在工具箱中将“填充颜色”设为青色（#70C1E9），效果如图 4-9 所示。

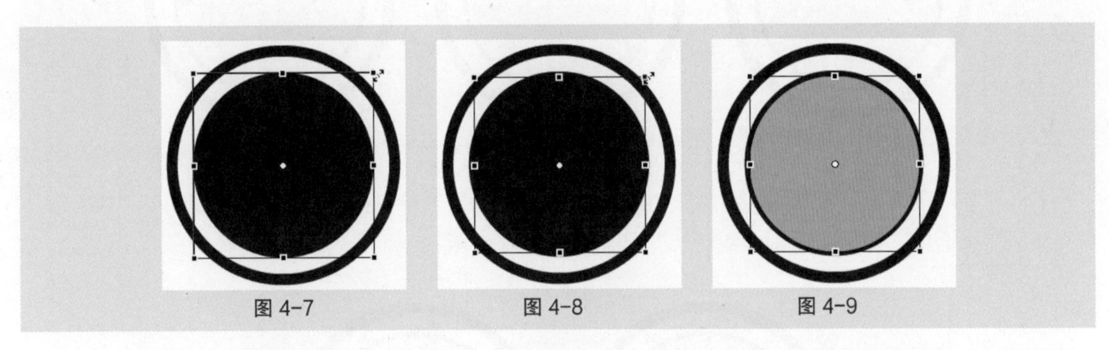
图 4-7　图 4-8　图 4-9

（7）按 Ctrl+C 组合键，复制青色圆形。在“时间轴”面板中创建新图层并将其命名为“内阴影”，如图 4-10 所示。按 Ctrl+Shift+V 组合键，将复制的青色圆形原位粘贴到“内阴影”图层中。在工具箱中将“填充颜色”设为深蓝色（#65ADD1），效果如图 4-11 所示。按 Ctrl+B 组合键，将图形打散，效果如图 4-12 所示。

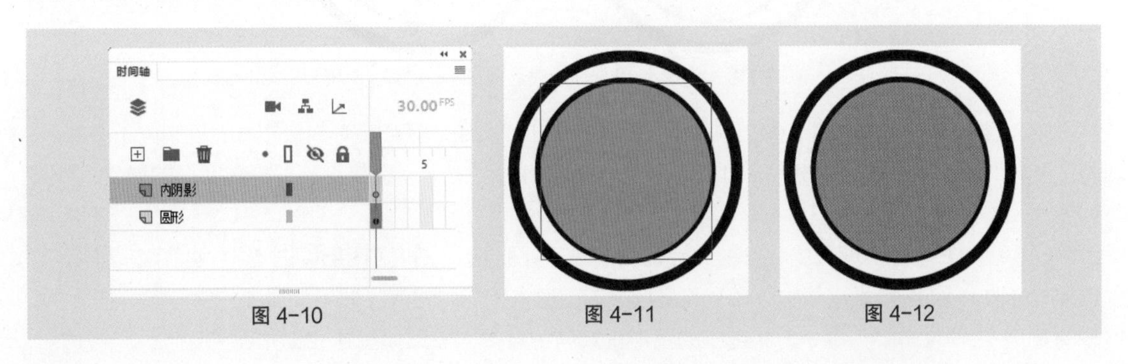

图 4-10　图 4-11　图 4-12

（8）选择“选择工具”，选中图 4-13 所示的图形，按住 Alt 键的同时向下拖曳鼠标到适当的位置，复制图形，效果如图 4-14 所示。按 Delete 键，将复制的图形删除，效果如图 4-15 所示。

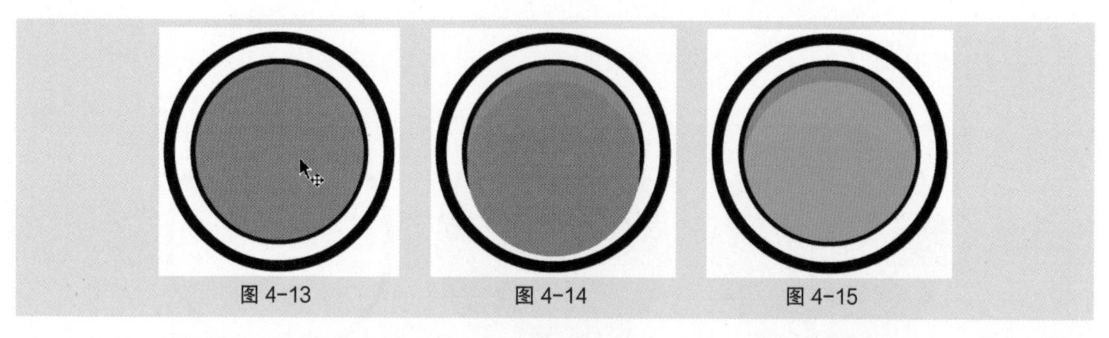

图 4-13　　图 4-14　　图 4-15

（9）在“时间轴”面板中创建新图层并将其命名为“刻度”。选择“矩形工具”，在其“属性”面板中将“笔触颜色”设为无、“填充颜色”设为深蓝色（#4186AE），在舞台中绘制 1 个矩形，如图 4-16 所示。

（10）选择“选择工具”，选中图 4-17 所示的图形，按住 Alt+Shift 组合键的同时向下拖曳鼠标到适当的位置，复制图形，效果如图 4-18 所示。

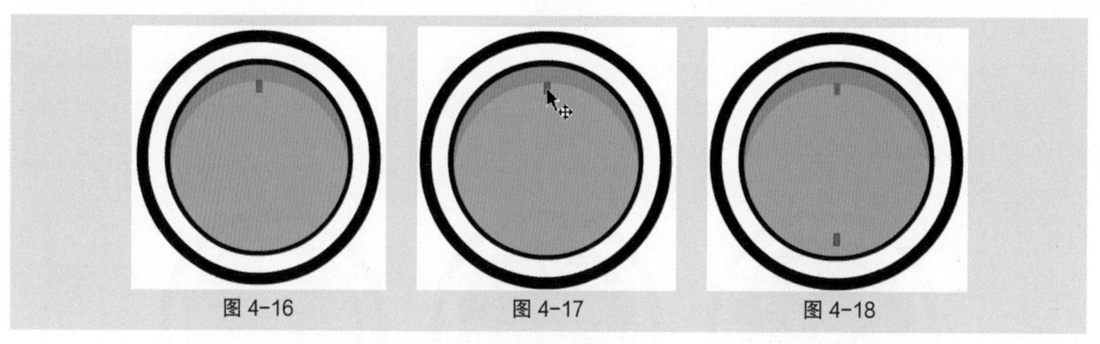

图 4-16　　图 4-17　　图 4-18

（11）在“时间轴”面板中单击“刻度”图层，将该图层中的对象全部选中，如图 4-19 所示。按 Ctrl+G 组合键，将选中的对象编组，效果如图 4-20 所示。

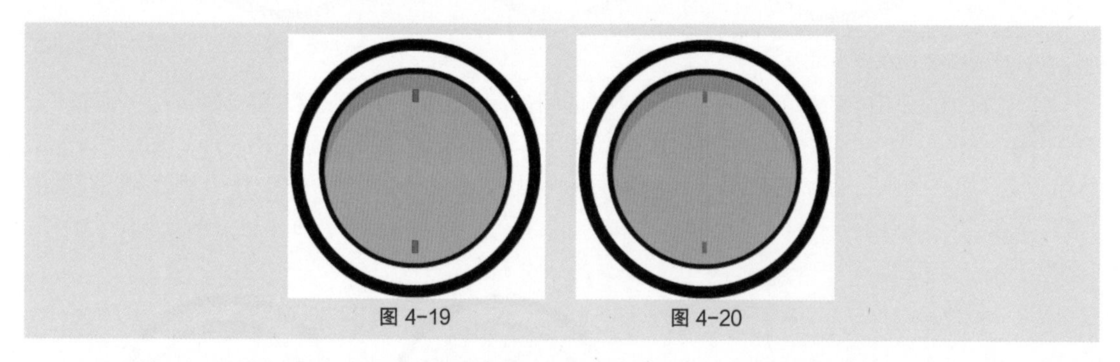

图 4-19　　图 4-20

（12）按 Ctrl+T 组合键，弹出“变形”面板，单击“重制选区和变形”按钮，复制出 1 个图形，将“旋转”设为 45.0° ，如图 4-21 所示，效果如图 4-22 所示。重复复制并旋转图形的操作，效果如图 4-23 所示。

（13）在“时间轴”面板中，按住 Ctrl 键将“圆形”图层和“刻度”图层同时选中，如图 4-24 所示。选择“修改 > 对齐 > 水平居中”命令，将选中的图形水平居中对齐，效果如图 4-25 所示。选择“修改 > 对齐 > 垂直居中”命令，将选中的图形垂直居中对齐，效果如图 4-26 所示。

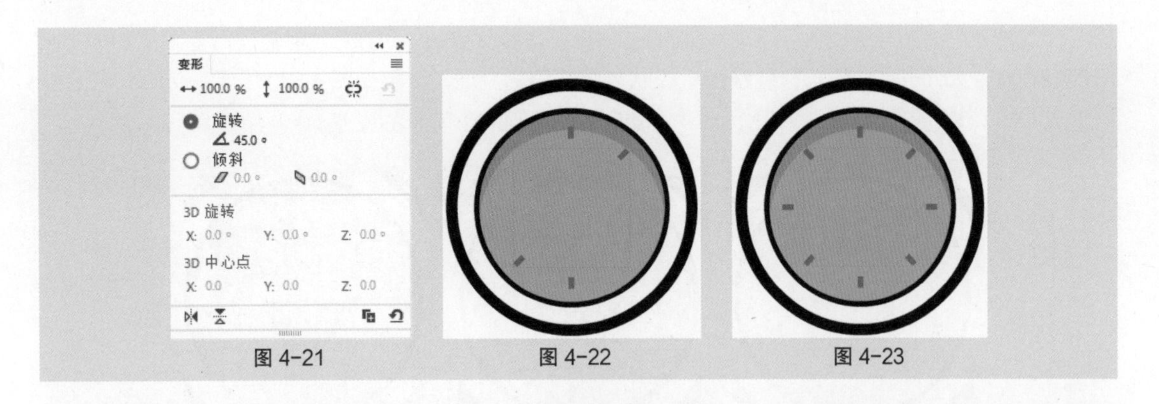

图 4-21　图 4-22　图 4-23

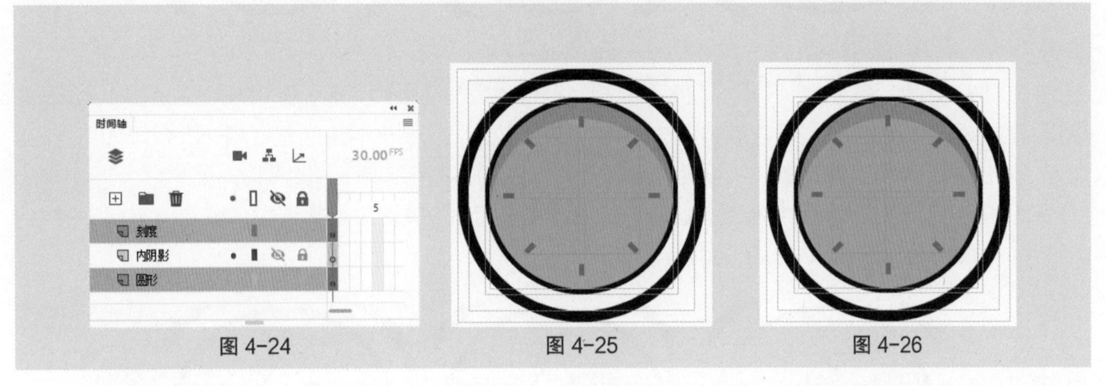

图 4-24　图 4-25　图 4-26

2. 绘制指针

（1）在“时间轴”面板中创建新图层并将其命名为“指针”。选择“多角星形工具” ，在其“属性”面板中，将“填充颜色”设为红色（#EA5F61）、“笔触颜色”设为黑色（#231916）、“笔触大小”设为3；在“工具选项”选项组中，将“样式”设为“多边形”、“边数”设为3，其他选项设置如图 4-27 所示。按住 Shift 键在舞台中绘制 1 个三角形，效果如图 4-28 所示。

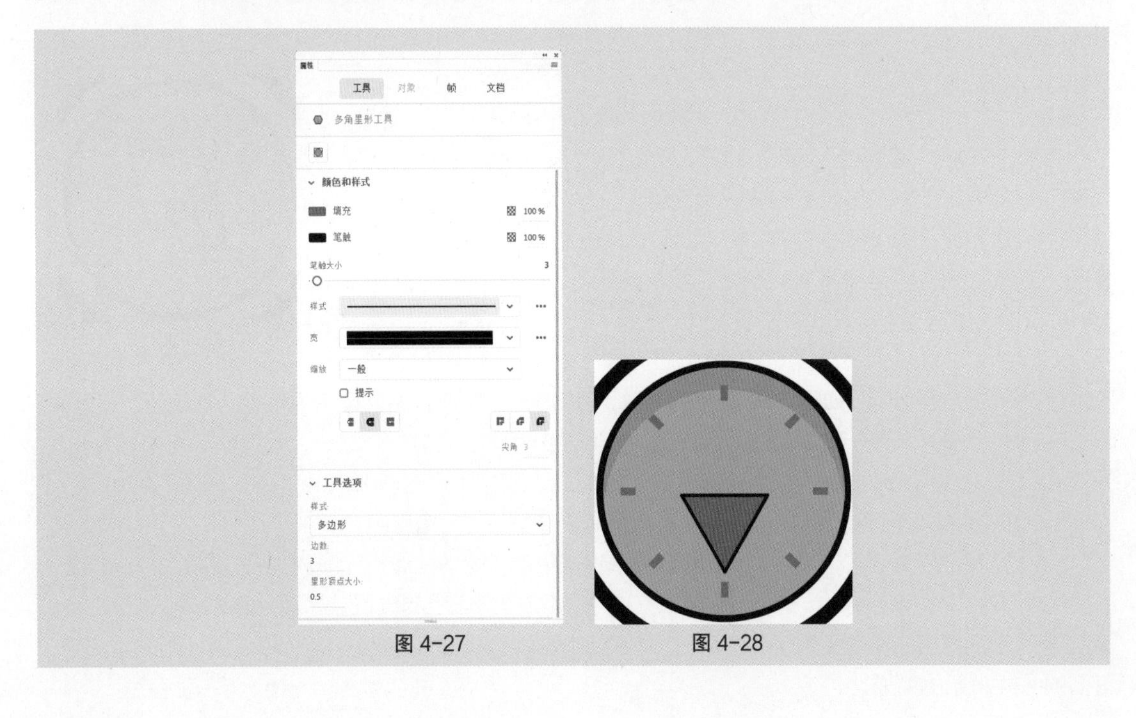

图 4-27　图 4-28

（2）选择“选择工具”▶，选中绘制的三角形，选择“修改 > 变形 > 封套”命令，三角形周围出现控制点，如图 4-29 所示，调整各个控制点将三角形变形，效果如图 4-30 所示。选择“任意变形工具”，切换到“缩放”模式，将中心点移动到图 4-31 所示的位置。

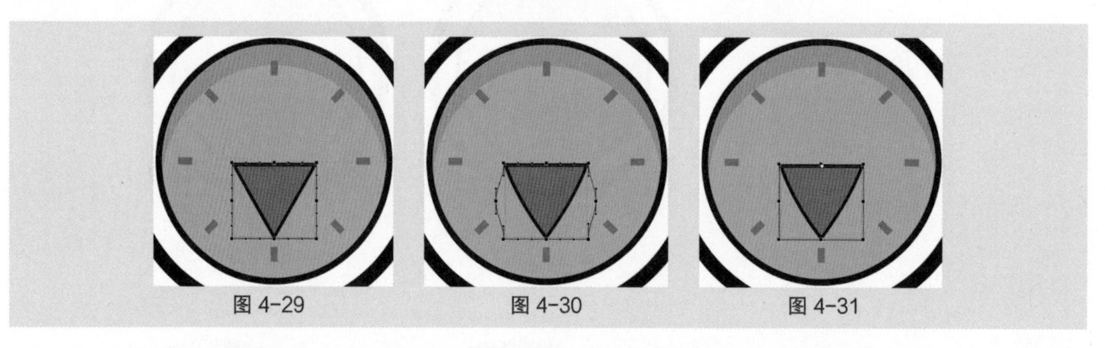
图 4-29　　图 4-30　　图 4-31

（3）按 Ctrl+T 组合键，弹出“变形”面板，单击“重制选区和变形”按钮，复制出 1 个图形，单击“变形”面板底部的“垂直翻转所选内容”按钮，将复制出的图形垂直翻转，效果如图 4-32 所示。在工具箱中将“填充颜色”设为白色，效果如图 4-33 所示。

（4）在“时间轴”面板中单击“指针”图层，将该图层中的对象全部选中，按 Ctrl+G 组合键，将选中的对象编组，效果如图 4-34 所示。

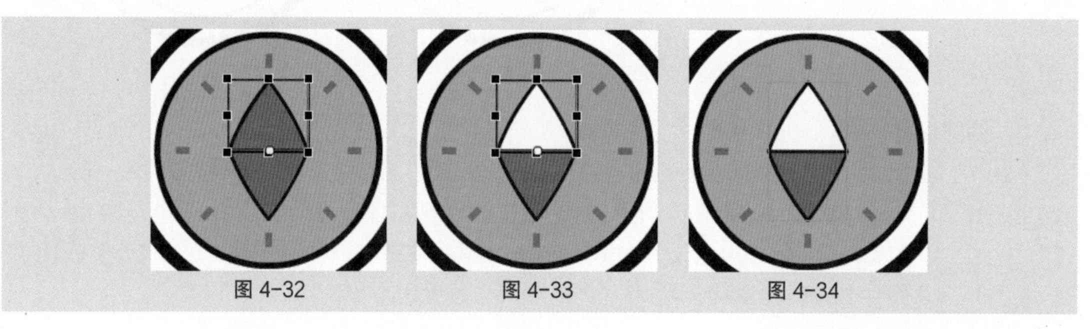
图 4-32　　图 4-33　　图 4-34

（5）在“变形”面板中，将“旋转”设为 45.0°，如图 4-35 所示，效果如图 4-36 所示。

（6）在“时间轴”面板中，按住 Ctrl 键将“圆形”图层、“刻度”图层和“指针”图层同时选中，如图 4-37 所示。选择“修改 > 对齐 > 水平居中”命令，将选中的图形水平居中对齐，效果如图 4-38 所示。选择“修改 > 对齐 > 垂直居中”命令，将选中的图形垂直居中对齐，效果如图 4-39 所示。

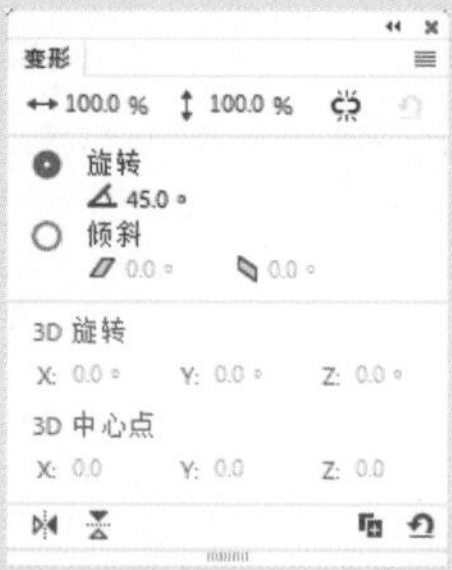

图 4-35 　　图 4-36

（7）在“时间轴”面板中创建新图层并将其命名为“黑色圆形”，如图 4-40 所示。选择“椭圆工具”，在工具箱中将“笔触颜色”设为无、“填充颜色”设为黑色（#231916），按住 Shift 键在舞台中绘制 1 个圆形，效果如图 4-41 所示。

（8）按 Ctrl+C 组合键，复制图形。在“时间轴”面板中创建新图层并将其命名为“圆形 2”。按 Ctrl+Shift+V 组合键，将复制的图形原位粘贴到“圆形 2”图层中。

（9）选择“任意变形工具”，图形的周围出现控制框。将鼠标指针放置在右上角的控制点上，鼠标指针变为↙↗，按住 Shift 键的同时向左下方拖曳鼠标到适当的位置，如图 4-42 所示，松开鼠标左键确认缩放效果。在工具箱中将“填充颜色”设为白色，效果如图 4-43 所示。用相同的方法制作出图 4-44 所示的图形。

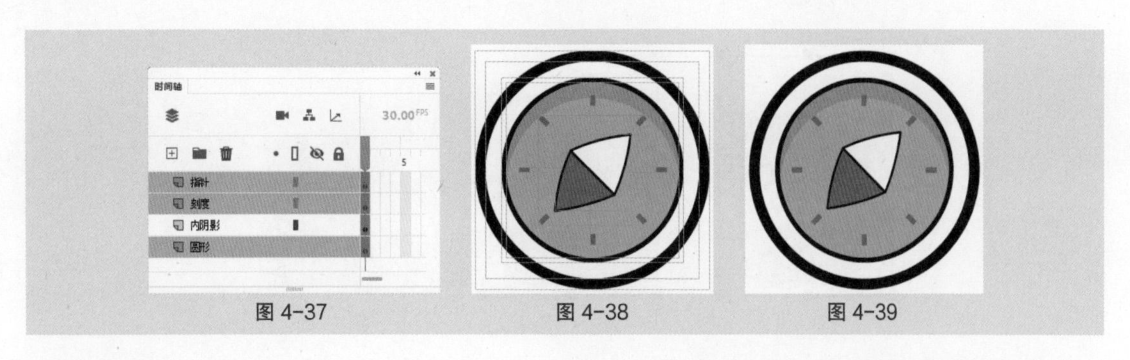

图 4-37　　图 4-38　　图 4-39

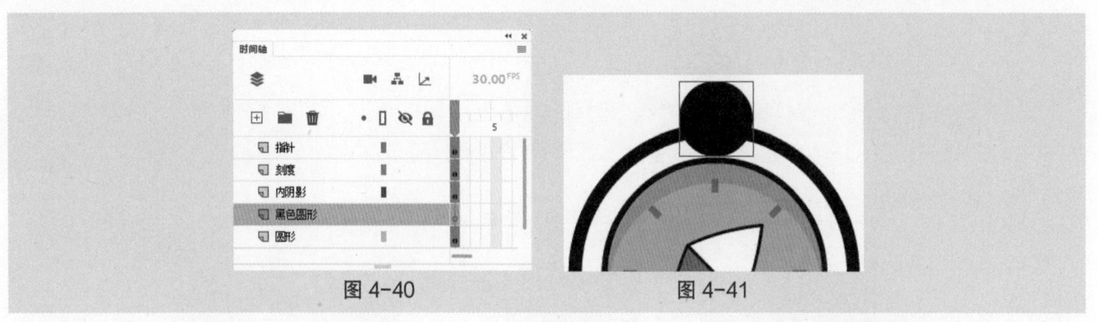

图 4-40　　图 4-41

图 4-42　　图 4-43　　图 4-44

（10）在“时间轴”面板中，将“黑色圆形”图层拖曳到“圆形”图层的下方，如图 4-45 所示，效果如图 4-46 所示。闪屏页中插画绘制完成，按 Ctrl+Enter 组合键查看效果，如图 4-47 所示。

图 4-45　　图 4-46　　图 4-47

4.1.2 扭曲对象

打开云盘中的“基础素材 > Ch04 > 01”文件。选择“修改 > 变形 > 扭曲”命令，当前选择的图形上出现控制点，如图 4-48 所示。将鼠标指针放在控制点上，鼠标指针变为▷，拖曳控制点，如图 4-49 所示，可以改变图形的形状，效果如图 4-50 所示。

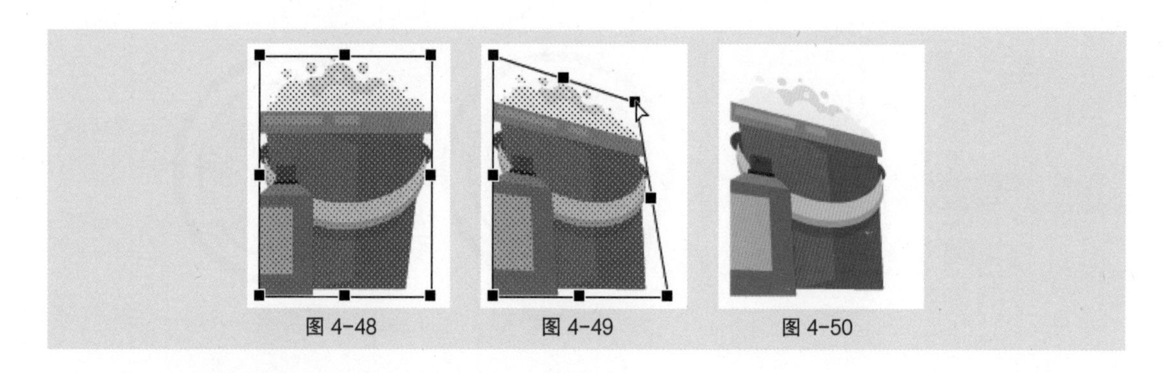

图 4-48　　图 4-49　　图 4-50

4.1.3　封套对象

选择“修改 > 变形 > 封套”命令，当前选择的图形上出现控制点，如图 4-51 所示。拖曳控制点，如图 4-52 所示，图形产生相应的弯曲变化，效果如图 4-53 所示。

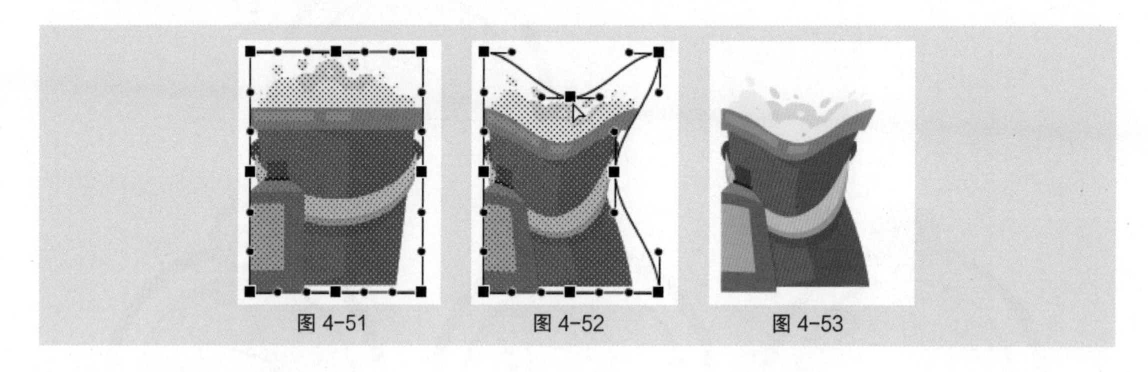

图 4-51　　图 4-52　　图 4-53

4.1.4　缩放对象

选择“修改 > 变形 > 缩放”命令，当前选择的图形上出现控制点，如图 4-54 所示。将鼠标指针放在图形右上角的控制点上，鼠标指针变为 ，按住 Alt 键的同时向左下方拖曳控制点，如图 4-55 所示。用鼠标拖曳四角的控制点可成比例地改变图形的大小，效果如图 4-56 所示。

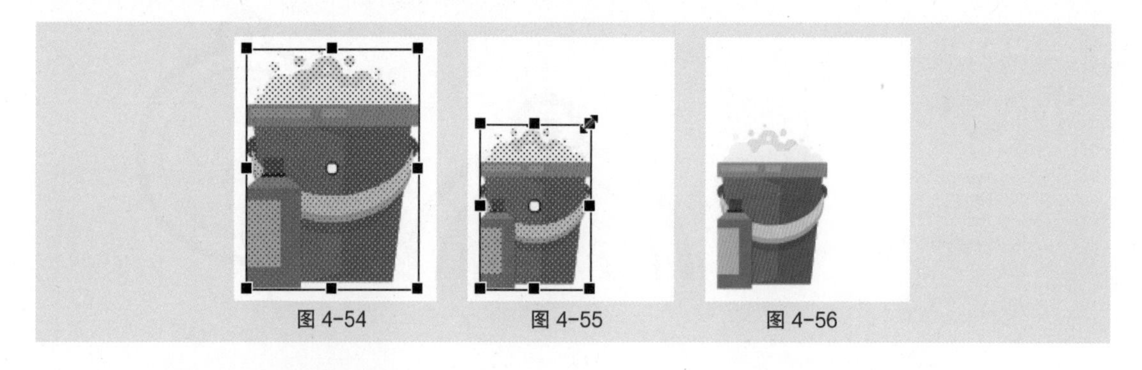

图 4-54　　图 4-55　　图 4-56

4.1.5　倾斜与旋转对象

选择“修改 > 变形 > 旋转与倾斜”命令，当前选择的图形上出现控制点，如图 4-57 所示。将鼠标指针放在图形顶部中间的控制点上，鼠标指针变为 ，向右水平拖曳控制点，如图 4-58 所示，松开鼠标左键，图形倾斜，效果如图 4-59 所示。

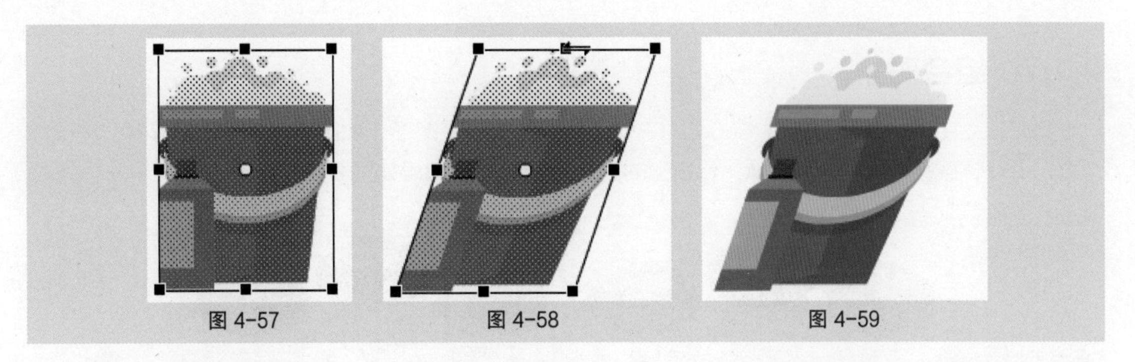

图 4-57　图 4-58　图 4-59

将鼠标指针放在图形右上角的控制点上时，鼠标指针变为↻，如图 4-60 所示。拖曳控制点旋转图形，如图 4-61 所示，旋转后效果如图 4-62 所示。

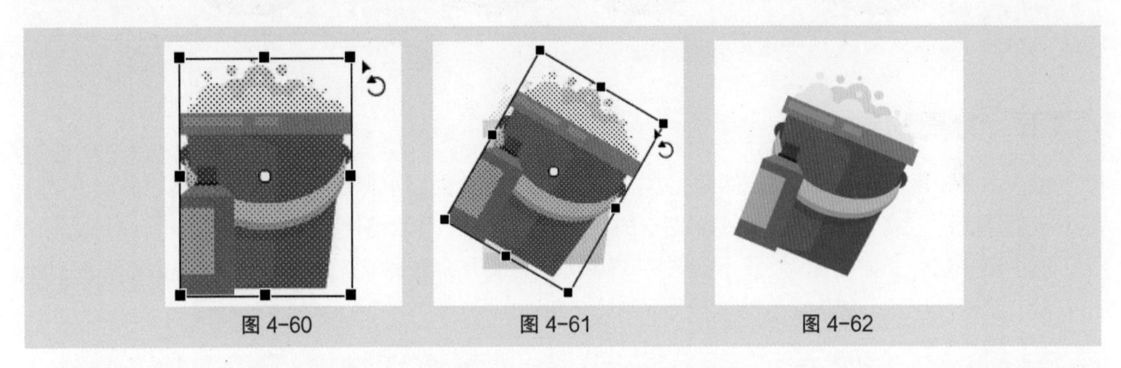

图 4-60　图 4-61　图 4-62

选择“修改 > 变形”中的“顺时针旋转 90 度”“逆时针旋转 90 度”命令，可以将图形按照指定的角度进行旋转，效果如图 4-63 和图 4-64 所示。

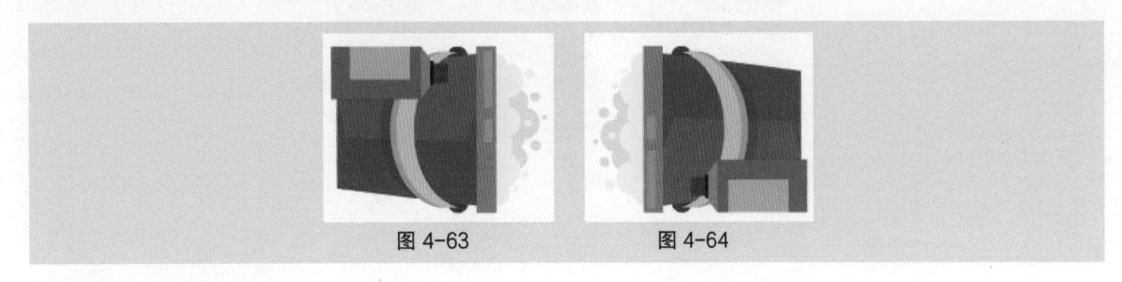

图 4-63　图 4-64

4.1.6 翻转对象

选择“修改 > 变形”中的“垂直翻转”“水平翻转”命令，可以将图形进行翻转，效果如图 4-65 和图 4-66 所示。

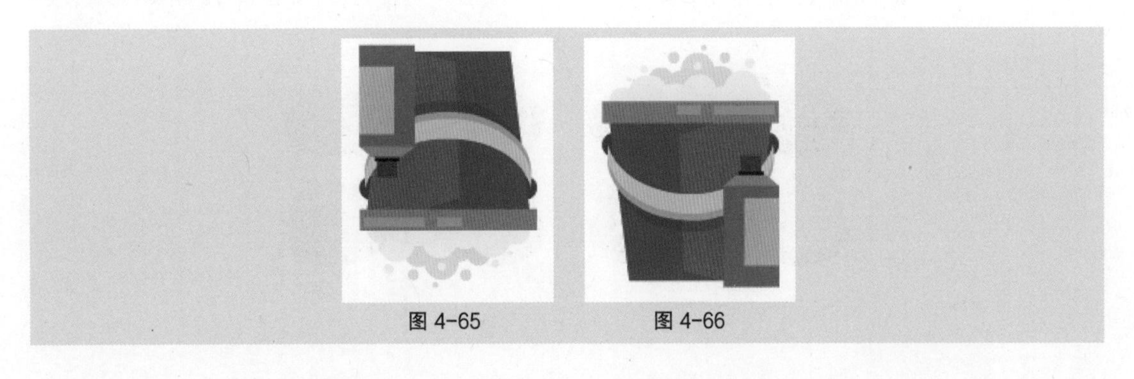

图 4-65　图 4-66

4.1.7 组合对象

打开云盘中的“基础素材 > Ch04 > 02”文件。选中多个图形，如图 4-67 所示。选择“修改 > 组合”命令，或按 Ctrl+G 组合键，将选中的图形进行组合，效果如图 4-68 所示。

图 4-67　　图 4-68

4.1.8 分离对象

要修改多个图形的组合，以及图像、文字或组件的一部分时，可以使用“修改 > 分离”命令。另外，制作变形动画时，需用“分离”命令将图形的组合、图像、文字或组件转变成图形。

选中图形组合，如图 4-69 所示。选择“修改 > 分离”命令，或按 Ctrl+B 组合键，将组合的图形打散，多次使用“分离”命令的效果如图 4-70 所示。

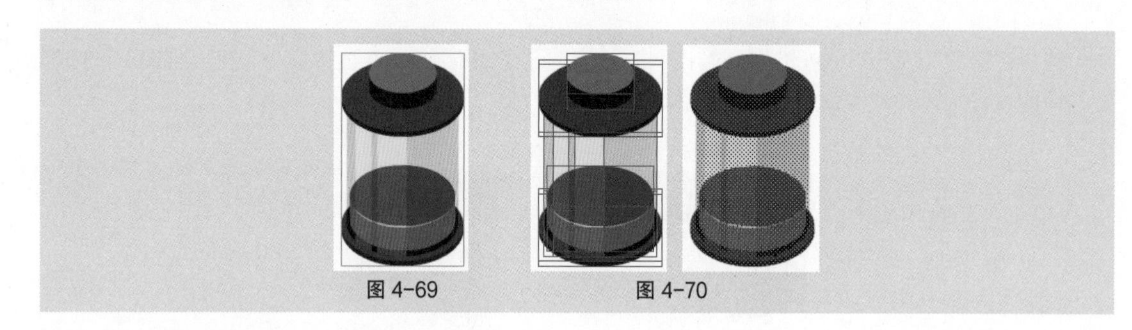
图 4-69　　图 4-70

4.1.9 叠放对象

制作复杂图形时，多个图形的叠放次序不同，会产生不同的效果，可以通过“修改 > 排列”中的命令实现不同的叠放效果。

如果要将图形移动到所有图形的上层，可以先选中要移动的图形，如图 4-71 所示，然后选择“修改 > 排列 > 移至顶层”命令，将选中的图形移动到所有图形的上层，效果如图 4-72 所示。

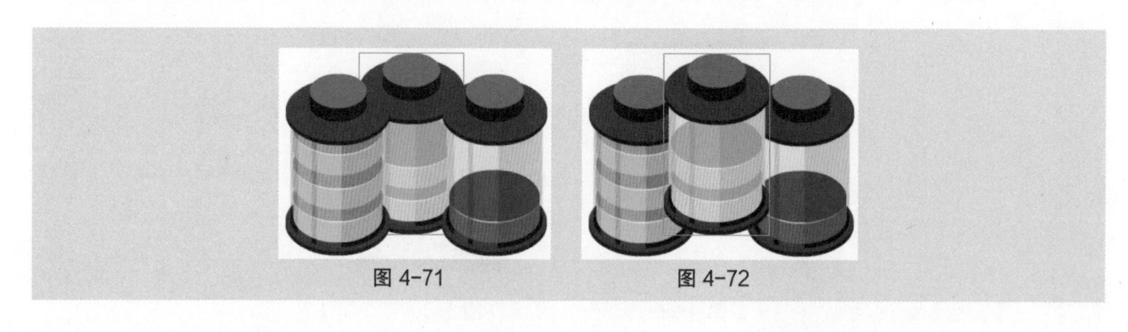
图 4-71　　图 4-72

叠放对象只能是图形的组合或组件。

4.1.10 对齐对象

当选择多个图形、图像的组合、组件时，可以通过“修改 > 对齐”中的命令调整它们的相对位置。

如果要将多个图形的底部对齐，可以先选中多个图形，如图 4–73 所示，然后选择“修改 > 对齐 > 底对齐”命令，将所有图形的底部对齐，效果如图 4–74 所示。

图 4–73　　图 4–74

4.2 对象的修饰

在制作动画的过程中，可以使用 Animate 2020 自带的命令对曲线进行优化，将线条转换为填充，对填充颜色进行修改或对填充边缘进行柔化处理。

4.2.1 课堂案例——绘制时尚插画

【案例学习目标】使用绘图工具绘制图形，使用“形状”命令编辑图形。

【案例知识要点】使用“钢笔工具”绘制白云，使用“椭圆工具”绘制太阳，使用“柔化填充边缘”命令制作白云和太阳的边缘虚化效果，效果如图 4–75 所示。

【效果文件所在位置】云盘 /Ch04/ 效果 / 绘制时尚插画 .fla。

图 4–75

1. 绘制小山和草地

（1）选择“文件 > 新建”命令，弹出“新建文档”对话框，在“详细信息”选项组中，将“宽”设为 600、“高”设为 600，在“平台类型”下拉列表中选择“ActionScript 3.0”选项，单击“创建”

按钮，完成文档的创建。按 Ctrl+J 组合键，弹出“文档设置”对话框，将“舞台颜色”设为淡黄色（#F6F4DB），单击“确定”按钮，完成舞台颜色的修改。

（2）将“图层 1”图层重命名为“小山 1”，如图 4-76 所示。选择“钢笔工具”，在“属性”面板“工具”选项卡中，将“笔触颜色”设为黑色、“填充颜色”设为无、“笔触大小”设为 1，单击工具箱底部的“对象绘制”按钮。在舞台中绘制 1 条闭合边线，如图 4-77 所示。

（3）选择“选择工具”，选中闭合边线，如图 4-78 所示。在工具箱中将“填充颜色”设为黄色（#D9A84C）、“笔触颜色”设为无，效果如图 4-79 所示。

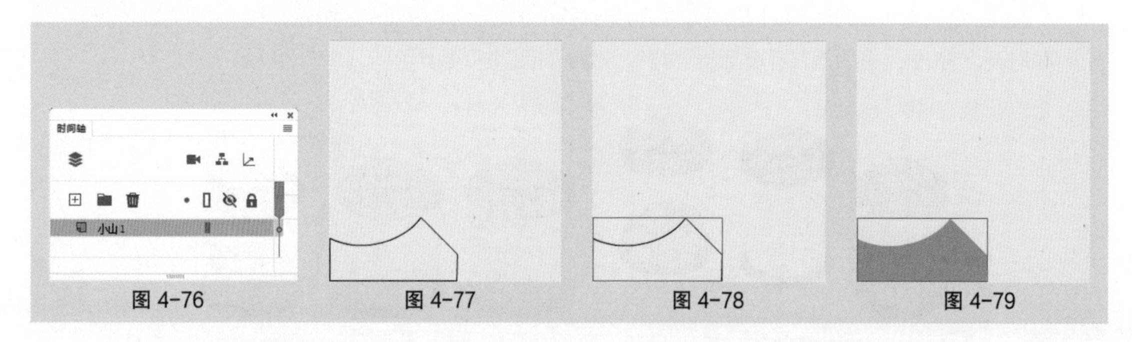

图 4-76　图 4-77　图 4-78　图 4-79

（4）单击“时间轴”面板中的“新建图层”按钮，创建新图层并将其命名为“小山 2”。选择“钢笔工具”，在工具箱中将“笔触颜色”选项设为黑色，在舞台中绘制 1 条闭合边线，如图 4-80 所示。

（5）选择“选择工具”，选中闭合边线，如图 4-81 所示。在工具箱中将“填充颜色”设为褐色（#A06916）、“笔触颜色”设为无，效果如图 4-82 所示。

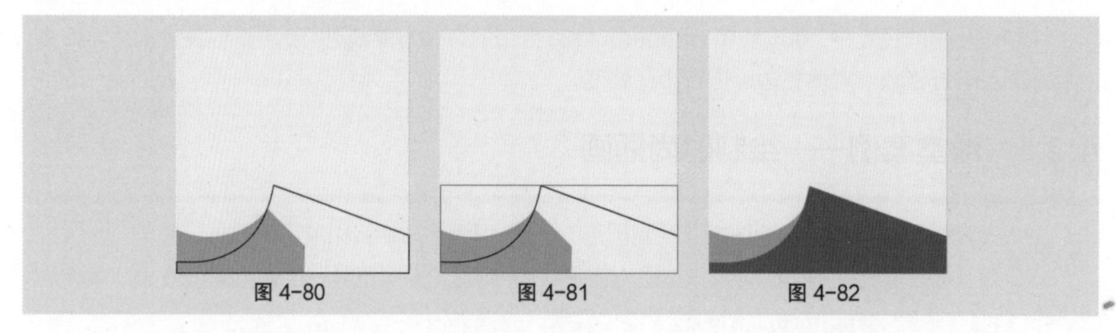
图 4-80　图 4-81　图 4-82

（6）单击“时间轴”面板中的“新建图层”按钮，创建新图层并将其命名为“阴影”。选择“钢笔工具”，在工具箱中将“笔触颜色”设为黑色，在舞台中绘制 1 条闭合边线，如图 4-83 所示。

（7）选择“选择工具”，选中闭合边线，如图 4-84 所示。在工具箱中将“填充颜色”设为深褐色（#905D15）、“笔触颜色”设为无，效果如图 4-85 所示。

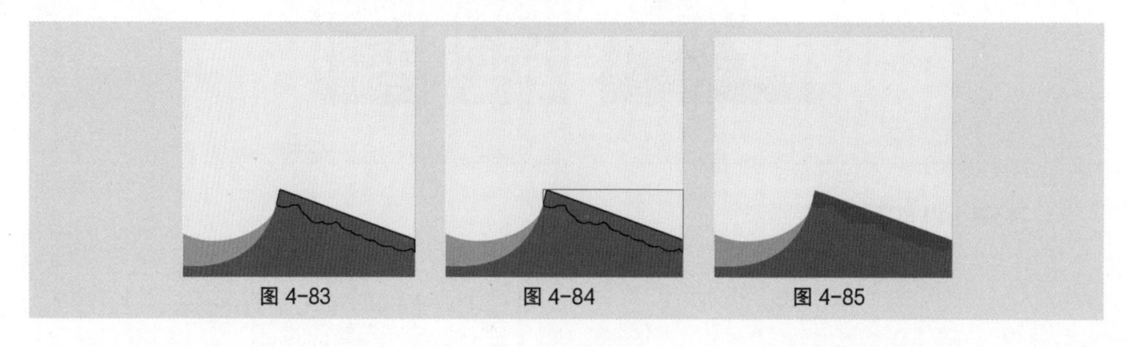
图 4-83　图 4-84　图 4-85

（8）单击“时间轴”面板中的“新建图层”按钮⊞，创建新图层并将其命名为“草地 1”。选择“钢笔工具”，在工具箱中将“笔触颜色”选项设为黑色，在舞台中绘制 1 条闭合边线，如图 4-86 所示。

（9）选择“选择工具”，选中闭合边线，如图 4-87 所示。在工具箱中将“填充颜色”设为黄绿色（#ACC20D）、“笔触颜色”设为无，效果如图 4-88 所示。

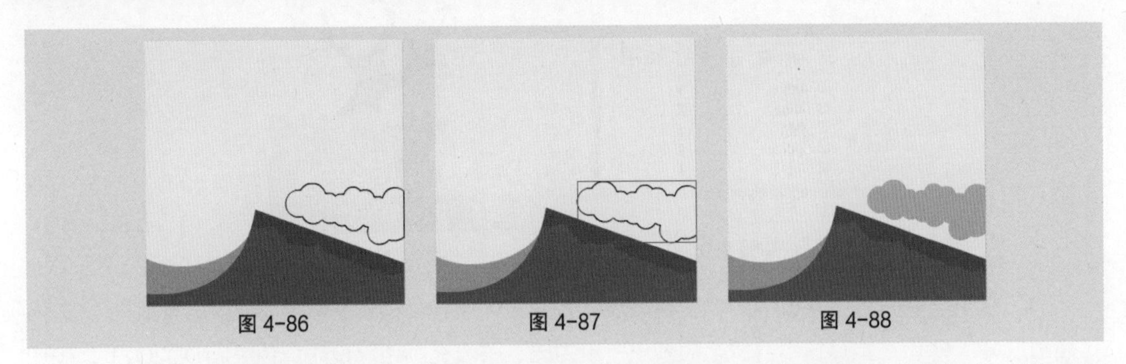
图 4-86　图 4-87　图 4-88

（10）单击“时间轴”面板中的“新建图层”按钮⊞，创建新图层并将其命名为“草地 2”。选择“钢笔工具”，在工具箱中将“笔触颜色”设为黑色，在舞台中绘制 1 条闭合边线，如图 4-89 所示。

（11）选择“选择工具”，选中闭合边线，如图 4-90 所示。在工具箱中将“填充颜色”设为绿色（#97B020）、“笔触颜色”设为无，效果如图 4-91 所示。

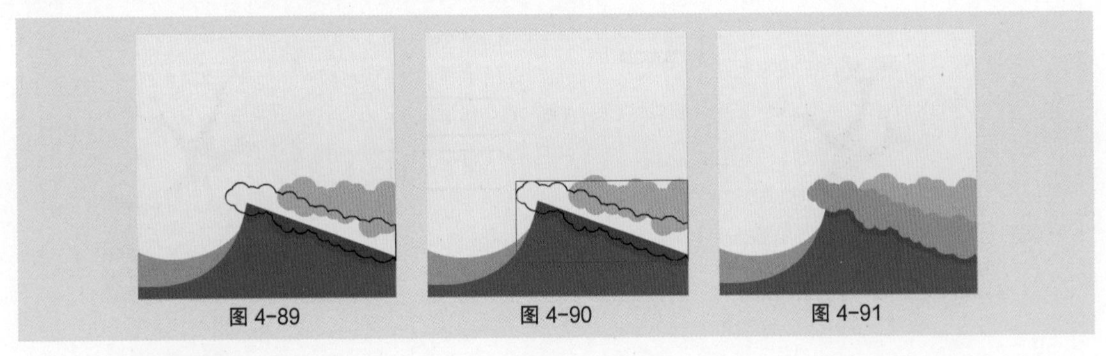
图 4-89　图 4-90　图 4-91

2. 绘制太阳和白云

（1）选择“文件 > 导入 > 导入到库”命令，在弹出的“导入到库”对话框中选择云盘中的“Ch04 > 素材 > 绘制时尚插画 > 01”文件，单击“打开”按钮，文件被导入“库”面板中，如图 4-92 所示。

（2）单击“时间轴”面板中的“新建图层”按钮⊞，创建新图层并将其命名为“小树”，如图 4-93 所示。将“库”面板中的图形元件“01”拖曳到舞台中并放置在适当的位置，如图 4-94 所示。

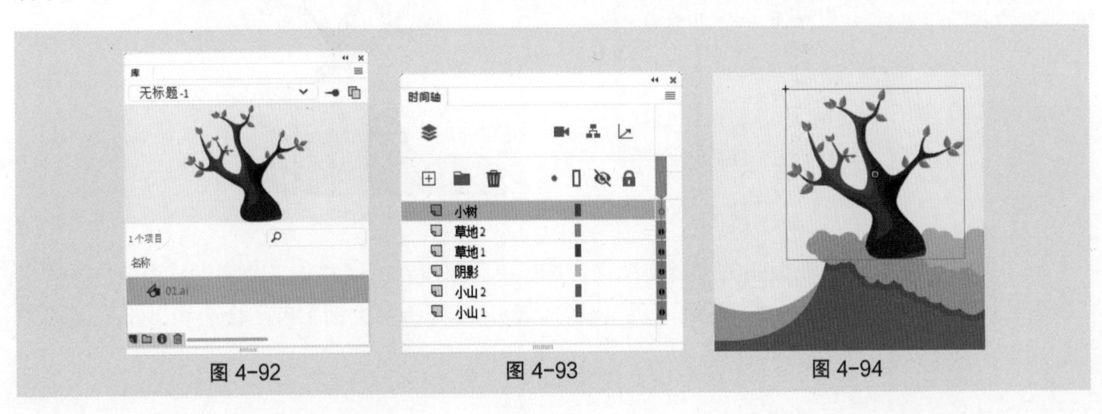

图 4-92　图 4-93　图 4-94

（3）在“时间轴”面板中，将“小树”图层拖曳到“小山 1”图层的下方，如图 4-95 所示，效果如图 4-96 所示。

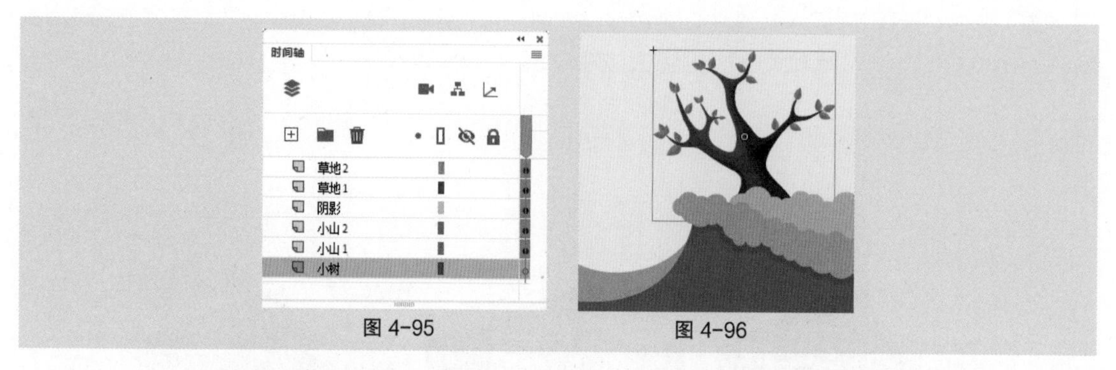

图 4-95　　图 4-96

（4）单击“时间轴”面板中的“新建图层”按钮⊞，创建新图层并将其命名为“太阳”。选择“椭圆工具”◯，在工具箱中将“笔触颜色”设为无、“填充颜色”设为黄色（#FDD200），按住 Shift 键在舞台中绘制 1 个圆形，如图 4-97 所示。

（5）保持图形的选取状态，选择“修改 > 形状 > 柔化填充边缘”命令，弹出“柔化填充边缘”对话框，在“距离”数值框中输入“100 像素”，在“步长数”数值框中输入 5，选择“扩展”单选项，如图 4-98 所示，单击“确定”按钮，效果如图 4-99 所示。

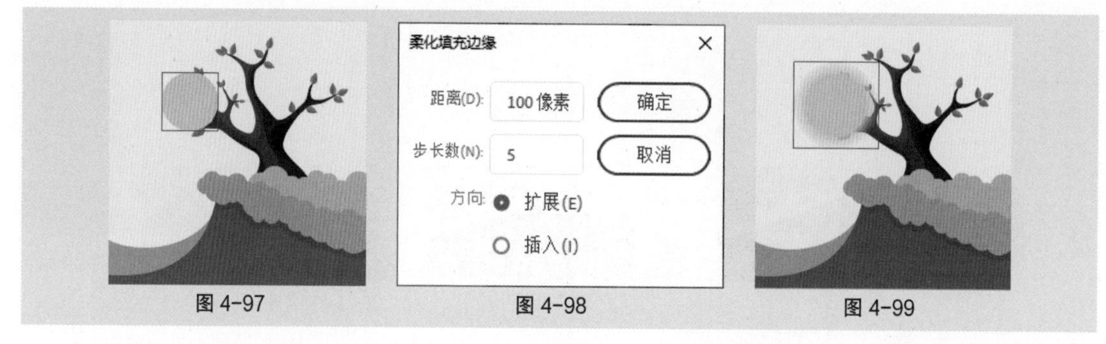

图 4-97　　图 4-98　　图 4-99

（6）在“时间轴”面板中，将“太阳”图层拖曳到“小树”图层的下方，如图 4-100 所示，效果如图 4-101 所示。

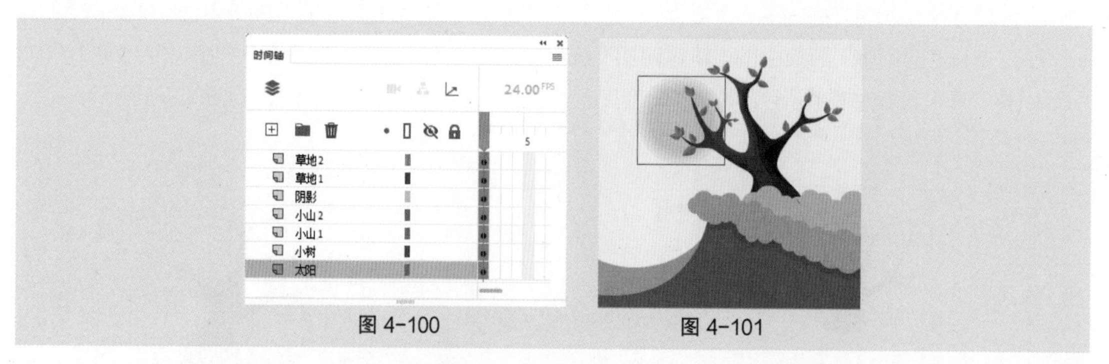

图 4-100　　图 4-101

（7）单击“时间轴”面板中的“新建图层”按钮⊞，创建新图层并将其命名为“白云”。选择“钢笔工具”✒，在工具箱中将“笔触颜色”设为黑色，在舞台中绘制 1 条闭合边线，如图 4-102 所示。

（8）选择“选择工具”▶，选中闭合边线，如图 4-103 所示。在工具箱中将“填充颜色”设为白色、“笔触颜色”设为无，效果如图 4-104 所示。

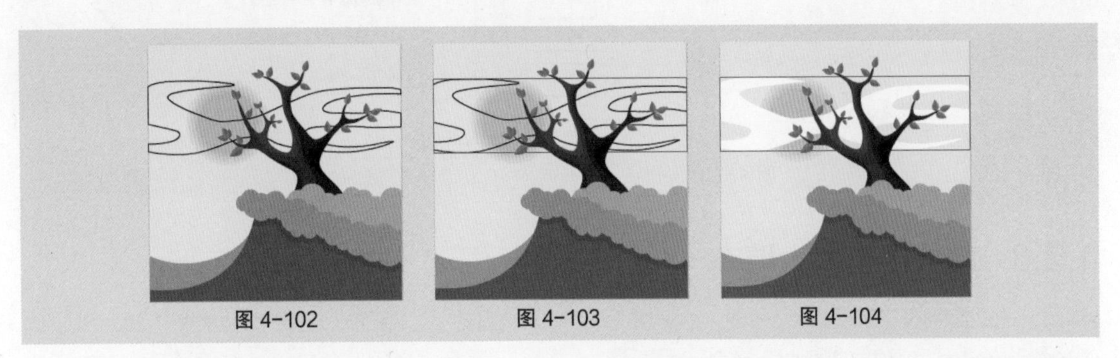
图 4-102　　图 4-103　　图 4-104

（9）保持图形的选取状态，选择“修改 > 形状 > 柔化填充边缘”命令，弹出“柔化填充边缘”对话框，在“距离”数值框中输入“10 像素”，在“步长数”数值框中输入 5，选择“扩展”单选项，如图 4-105 所示，单击“确定”按钮，效果如图 4-106 所示。

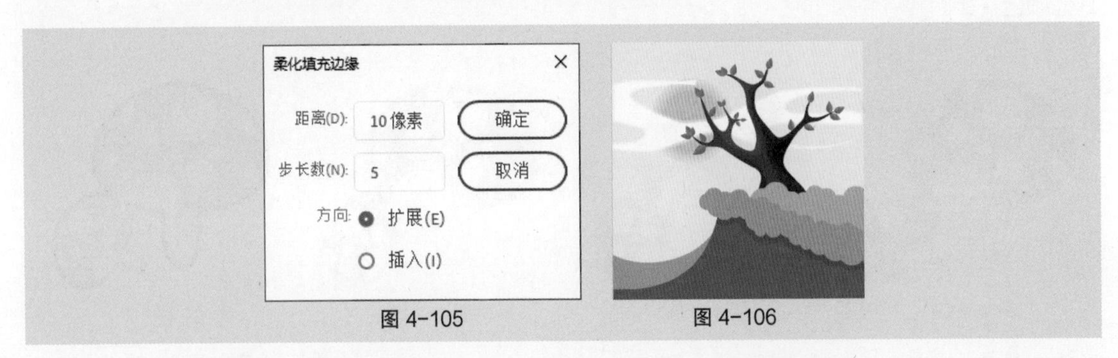

图 4-105　　图 4-106

（10）在“时间轴”面板中，将“白云”图层拖曳到“太阳”图层的下方，如图 4-107 所示，效果如图 4-108 所示。时尚插画绘制完成，按 Ctrl+Enter 组合键查看效果。

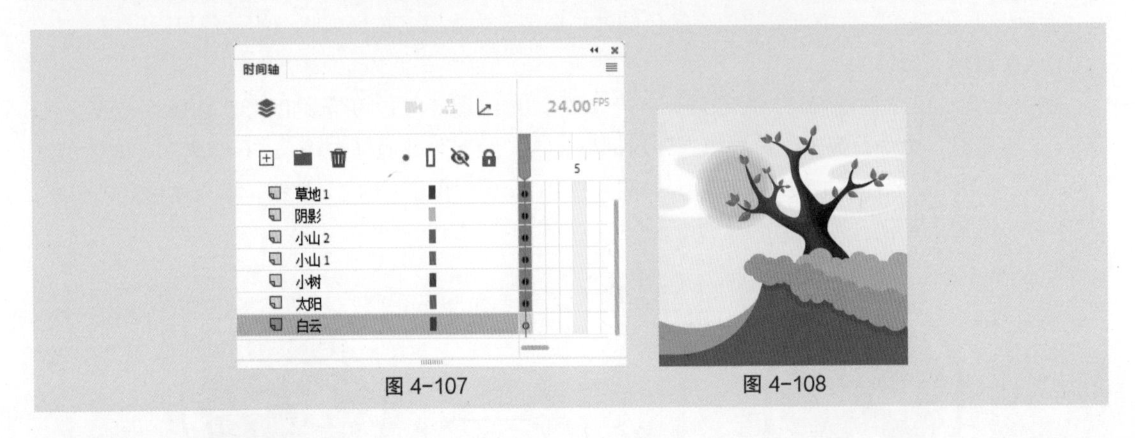

图 4-107　　图 4-108

4.2.2　优化曲线

选中要优化的曲线，如图 4-109 所示。选择“修改 > 形状 > 优化”命令，弹出“优化曲线”对话框，设置如图 4-110 所示；单击“确定”按钮，弹出提示对话框，如图 4-111 所示；单击“确定”按钮，曲线被优化，效果如图 4-112 所示。

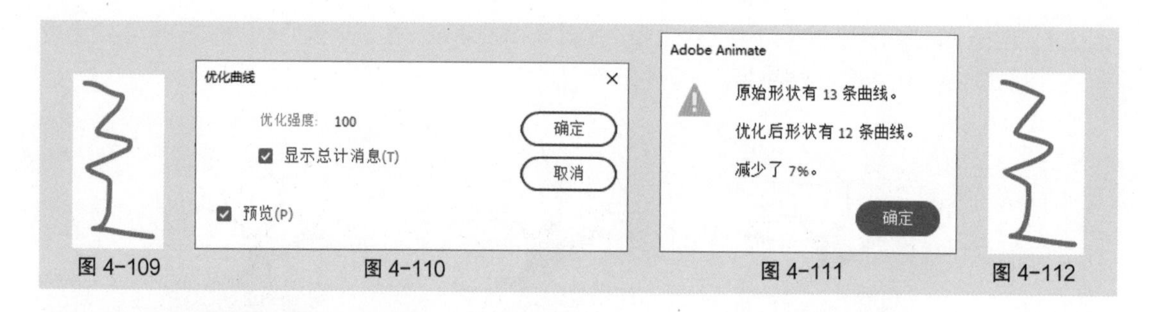

图 4-109　图 4-110　图 4-111　图 4-112

4.2.3　将线条转换为填充

打开云盘中的“基础素材 > Ch04 > 03”文件，如图 4-113 所示，选择“墨水瓶工具”，为图形绘制外边线，效果如图 4-114 所示。

选择“选择工具”，双击图形的外边线将其选中，选择“修改 > 形状 > 将线条转换为填充”命令，将外边线转换为填充色块，如图 4-115 所示。这时，可以选择“颜料桶工具”，为填充色块设置其他颜色，如图 4-116 所示。

图 4-113　图 4-114　图 4-115　图 4-116

4.2.4　扩展填充

使用“扩展填充”命令可以将填充颜色向外扩展或向内收缩，扩展或收缩的数值可以自定义。

1. 扩展填充颜色

打开云盘中的“基础素材 > Ch04 > 04”文件。选中图 4-117 所示的图形。选择“修改 > 形状 > 扩展填充”命令，弹出“扩展填充”对话框，在“距离”数值框中输入“6 像素”（取值范围为 0.05 ～ 144），选择“扩展”单选项，如图 4-118 所示。单击“确定”按钮，填充颜色向外扩展，效果如图 4-119 所示。

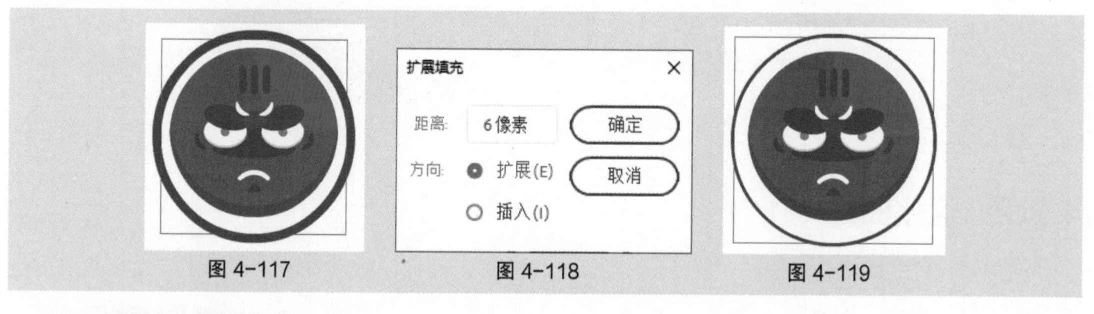

图 4-117　图 4-118　图 4-119

2. 收缩填充颜色

选中图 4-117 所示的图形，选择“修改 > 形状 > 扩展填充”命令，弹出“扩展填充”对话框，在“距离”数值框中输入“6 像素”（取值范围为 0.05 ～ 144），选择“插入”单选项，如图 4-120 所示，单击“确定”按钮，填充颜色向内收缩，效果如图 4-121 所示。

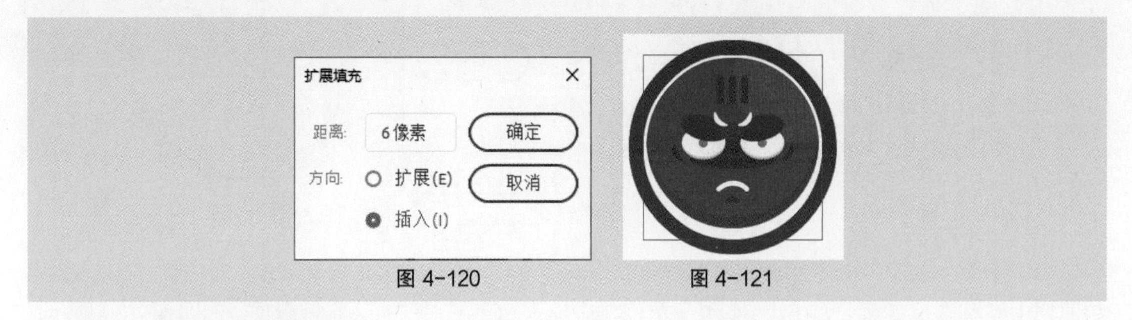

图 4-120　　图 4-121

4.2.5　柔化填充边缘

1. 向外柔化填充边缘

打开云盘中的“基础素材 > Ch04 > 05”文件。选中图 4-122 所示的图形，选择“修改 > 形状 > 柔化填充边缘”命令，弹出“柔化填充边缘”对话框，在“距离”数值框中输入“80 像素”，在“步长数”数值框中输入 5，选择“扩展”单选项，如图 4-123 所示；单击“确定”按钮，效果如图 4-124 所示。

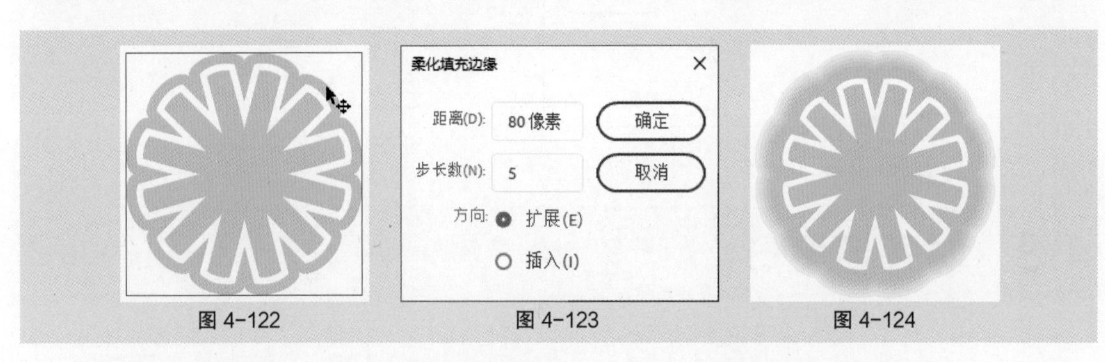

图 4-122　　图 4-123　　图 4-124

在“柔化填充边缘”对话框中设置不同的数值，所产生的效果也有所不同。

选中图形，选择“修改 > 形状 > 柔化填充边缘”命令，弹出“柔化填充边缘”对话框，在“距离”数值框中输入“50 像素”，在“步长数”数值框中输入 20，选择“扩展”单选项，如图 4-125 所示；单击“确定”按钮，效果如图 4-126 所示。

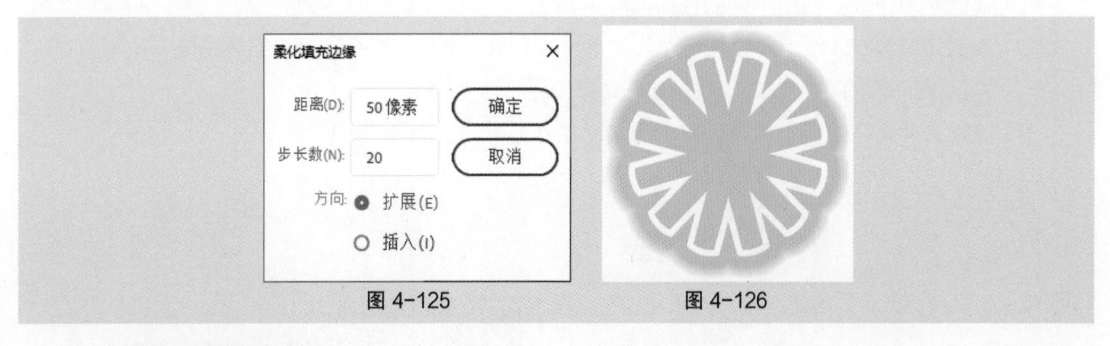

图 4-125　　图 4-126

2. 向内柔化填充边缘

选中图形，如图 4-127 所示，选择“修改 > 形状 > 柔化填充边缘”命令，弹出“柔化填充边缘”对话框，在“距离”数值框中输入“50 像素”，在“步长数”数值框中输入 5，选择“插入”单选项，如图 4-128 所示；单击“确定”按钮，效果如图 4-129 所示。

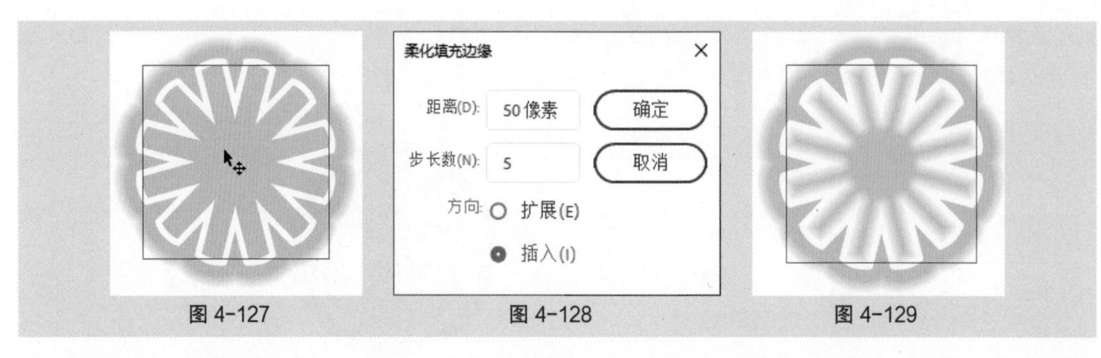

图 4-127　图 4-128　图 4-129

选中图形，选择“修改 > 形状 > 柔化填充边缘”命令，弹出“柔化填充边缘”对话框，在“距离”数值框中输入“30 像素”，在“步长数”数值框中输入 20，选择“插入”单选项，如图 4-130 所示；单击“确定”按钮，效果如图 4-131 所示。

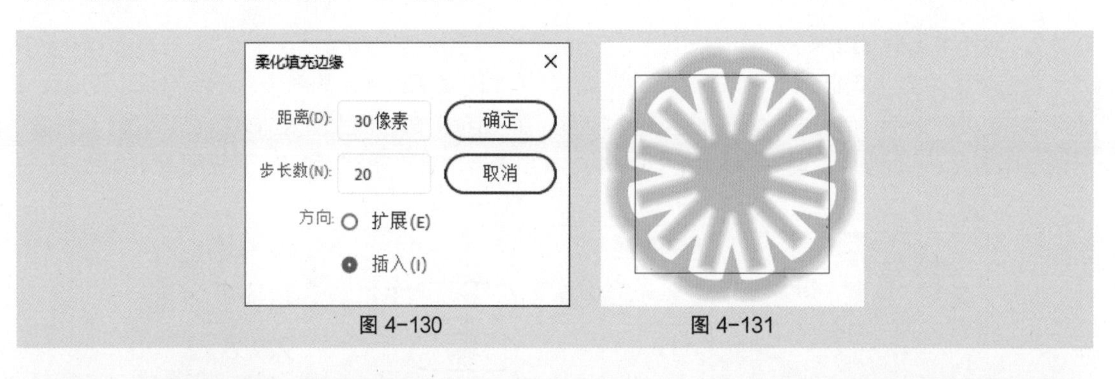

图 4-130　图 4-131

4.3 对齐与变形

可以使用“对齐”面板来设置多个对象之间的对齐方式，还可以使用“变形”面板来改变对象的大小以及倾斜程度。

4.3.1 课堂案例——制作茶叶网站首页

【案例学习目标】使用不同的浮动面板编辑图形。

【案例知识要点】使用“导入到库”命令导入素材，使用“变形”面板缩放图像，使用“对齐”面板设置图像的对齐方式，效果如图 4-132 所示。

【效果文件所在位置】云盘 /Ch04/ 效果 / 制作茶叶网站首页 .fla。

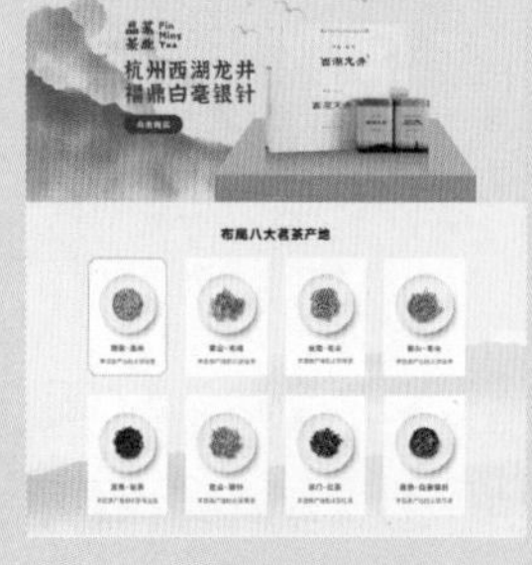

扫码观看本案例视频

扩展阅读

图 4-132

（1）选择“文件 > 打开”命令，在弹出的“打开”对话框中选择云盘中的“Ch04 > 素材 > 制作茶叶网站首页 > 01”文件，单击“打开”按钮，打开文件，效果如图 4-133 所示。

（2）选择“文件 > 导入 > 导入到库”命令，在弹出的“导入到库”对话框中选择云盘中的“Ch04 > 素材 > 制作茶叶网站首页 > 02 ～ 09”文件，如图 4-134 所示，单击“打开”按钮，文件被导入“库”面板中。

图 4-133　图 4-134

（3）在“时间轴”面板中创建新图层并将其命名为“分类”。将“库”面板中的“02”文件拖曳到舞台中，如图 4-135 所示。按 Ctrl+T 组合键，弹出“变形”面板，将“缩放宽度”和“缩放高度”均设为 110.0%，如图 4-136 所示，效果如图 4-137 所示。

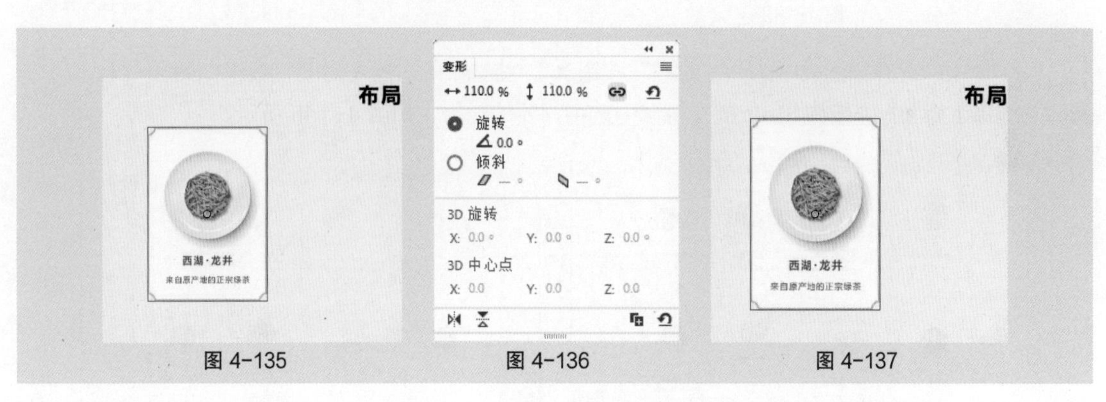

图 4-135　图 4-136　图 4-137

（4）将“库”面板中的“03”“04”“05”文件拖曳到舞台中并缩放，效果如图 4-138 所示。在“时间轴”面板中单击“分类”图层，将该图层中的对象全部选中，如图 4-139 所示。

图 4-138　图 4-139

（5）按 Ctrl+K 组合键，弹出“对齐”面板，单击面板中的“垂直中齐”按钮，如图 4-140 所示，将选中的对象垂直居中对齐，效果如图 4-141 所示。

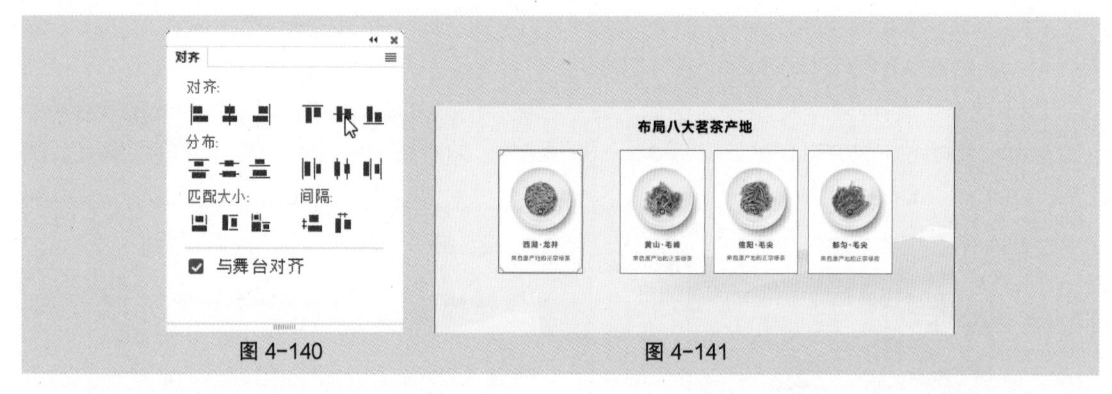

图 4-140　　图 4-141

（6）将“库”面板中的“06”“07”“08”“09”文件拖曳到舞台中并缩放，效果如图 4-142 所示。选择“选择工具”▶，按住 Shift 键在舞台中选中需要的对象，如图 4-143 所示。

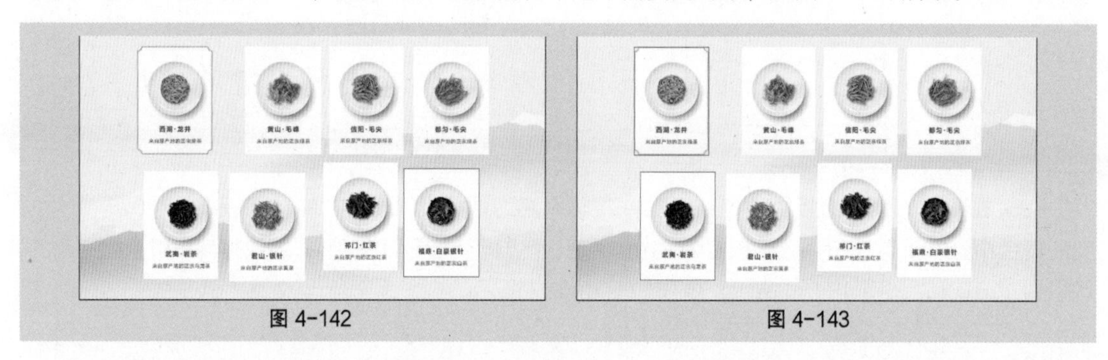

图 4-142　　图 4-143

（7）单击“对齐”面板中的“左对齐”按钮，将选中的对象左对齐，效果如图 4-144 所示。选择“选择工具”▶，按住 Shift 键在舞台中选中需要的对象，如图 4-145 所示。

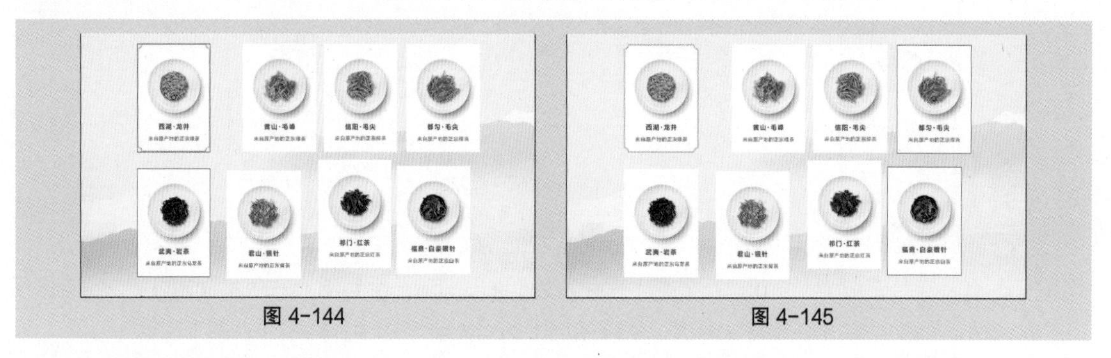

图 4-144　　图 4-145

（8）单击“对齐”面板中的“右对齐”按钮，将选中的对象右对齐，效果如图 4-146 所示。选中第 1 行的所有对象，如图 4-147 所示。

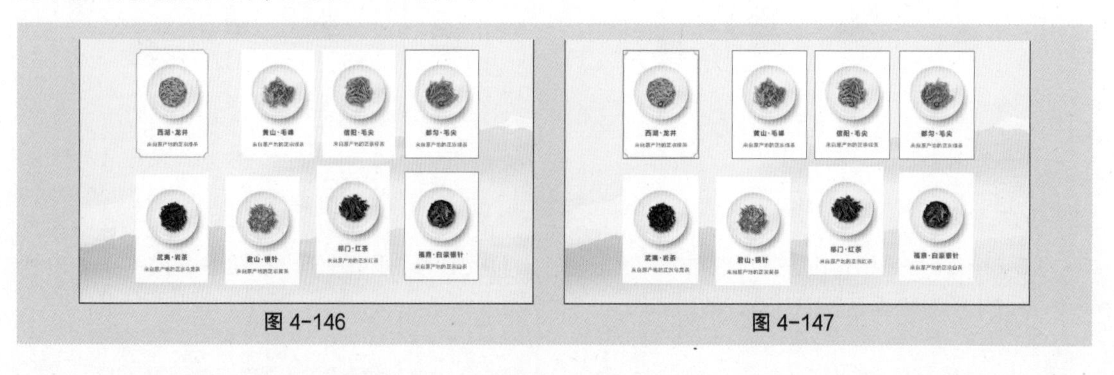

图 4-146　　图 4-147

（9）单击“对齐”面板中的“水平居中分布”按钮，将选中的对象水平居中分布，效果如图 4-148 所示。用相同的方法将第 2 行对象水平居中分布，效果如图 4-149 所示。

图 4-148　　图 4-149

（10）保持第 2 行对象的选取状态，单击“对齐”面板中的“垂直中齐”按钮，将选中的对象垂直居中对齐，效果如图 4-150 所示。保持第 2 行对象的选取状态并将其竖直向下拖曳到适当的位置，效果如图 4-151 所示。

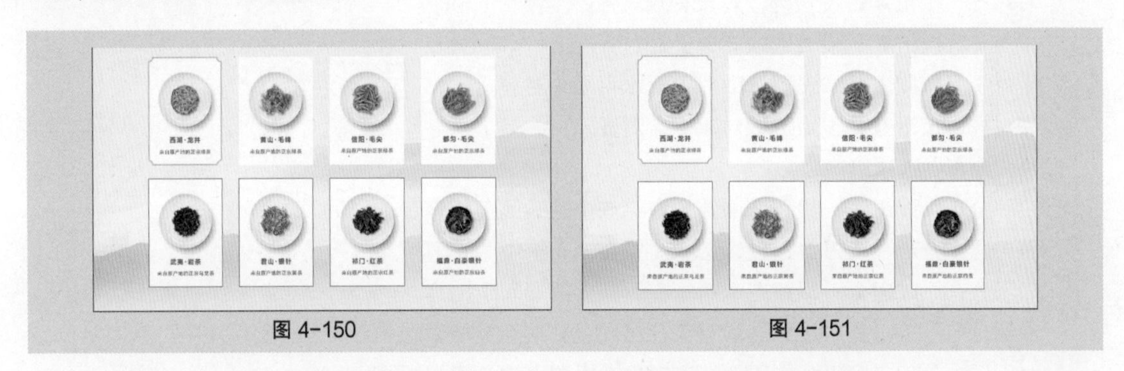

图 4-150　　图 4-151

（11）在“时间轴”面板中单击“分类”图层，将该图层中的对象全部选中，按 Ctrl+G 组合键，将选中的对象进行编组，效果如图 4-152 所示。

（12）勾选“对齐”面板中的“与舞台对齐”选项，单击“水平中齐”按钮，将编组对象与舞台水平居中对齐。茶叶网站首页制作完成。

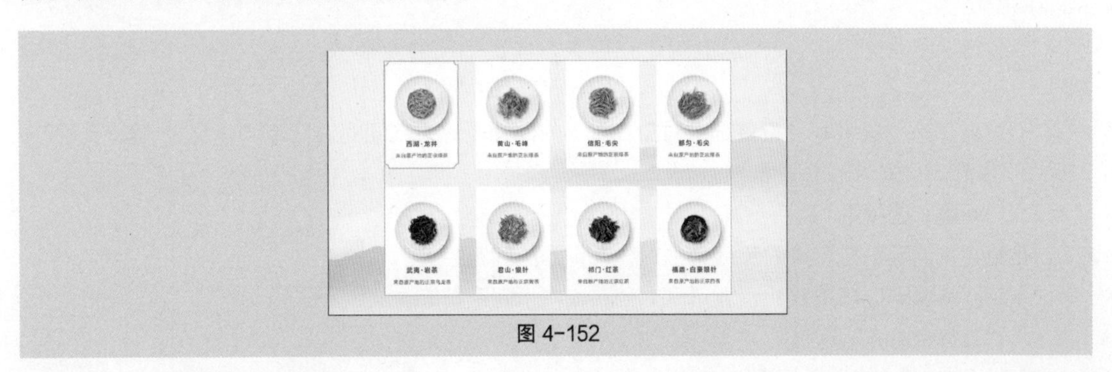

图 4-152

4.3.2 “对齐”面板

选择“窗口 > 对齐”命令，或按 Ctrl+K 组合键，弹出“对齐”面板，如图 4-153 所示。

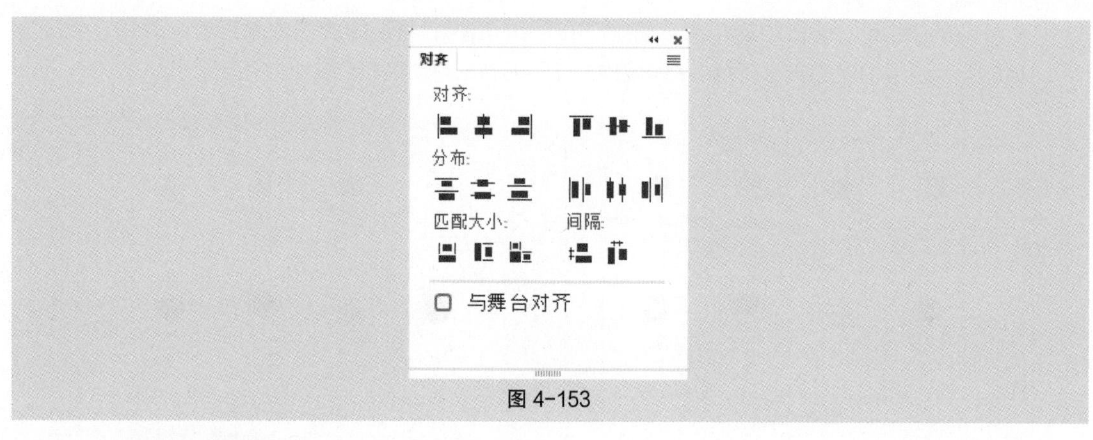

图 4-153

1. “对齐”选项组

“左对齐”按钮：设置选取对象左端对齐。

“水平中齐”按钮：设置选取对象沿垂直线中对齐。

“右对齐”按钮：设置选取对象右端对齐。

“顶对齐”按钮：设置选取对象上端对齐。

“垂直中齐”按钮：设置选取对象沿水平线中对齐。

“底对齐”按钮：设置选取对象下端对齐。

2. “分布”选项组

“顶部分布”按钮：设置选取对象在纵向上上端间距相等。

“垂直居中分布”按钮：设置选取对象在纵向上中心间距相等。

“底部分布”按钮：设置选取对象在纵向上下端间距相等。

“左侧分布”按钮：设置选取对象在横向上左端间距相等。

“水平居中分布”按钮：设置选取对象在横向上中心间距相等。

“右侧分布”按钮：设置选取对象在横向上右端间距相等。

3. “匹配大小”选项组

“匹配宽度”按钮：设置选取对象在水平方向上等尺寸变形（以所选对象中宽度最大的为基准）。

“匹配高度”按钮：设置选取对象在竖直方向上等尺寸变形（以所选对象中高度最大的为基准）。

“匹配宽和高”按钮：设置选取对象在水平方向和竖直方向同时进行等尺寸变形（同时以所选对象中宽度和高度最大的为基准）。

4. “间隔”选项组

“垂直平均间隔”按钮：设置选取对象在纵向上间距相等。

“水平平均间隔”按钮：设置选取对象在横向上间距相等。

5. “与舞台对齐”选项

“与舞台对齐”选项：勾选此选项后，上述所有的设置都以整个舞台的宽度或高度为基准。

打开云盘中的“基础素材 > Ch04 > 06”文件。选中要对齐的图形，如图 4-154 所示。单击“顶对齐”按钮，图形上端对齐，如图 4-155 所示。

选中要分布的图形，如图 4-156 所示。单击“水平居中分布”按钮，图形在横向上中心间距相等，如图 4-157 所示。

图 4-154　　图 4-155

图 4-156　　图 4-157

选中要匹配大小的图形，如图 4-158 所示。单击“匹配高度”按钮 ，图形在竖直方向上等尺寸变形，如图 4-159 所示。

图 4-158　　图 4-159

是否勾选“与舞台对齐”选项所产生的效果不同。选中图形，如图 4-160 所示。不勾选“与舞台对齐”选项，单击“左侧分布”按钮 ，效果如图 4-161 所示。勾选“与舞台对齐”选项，单击“左侧分布”按钮 ，效果如图 4-162 所示。

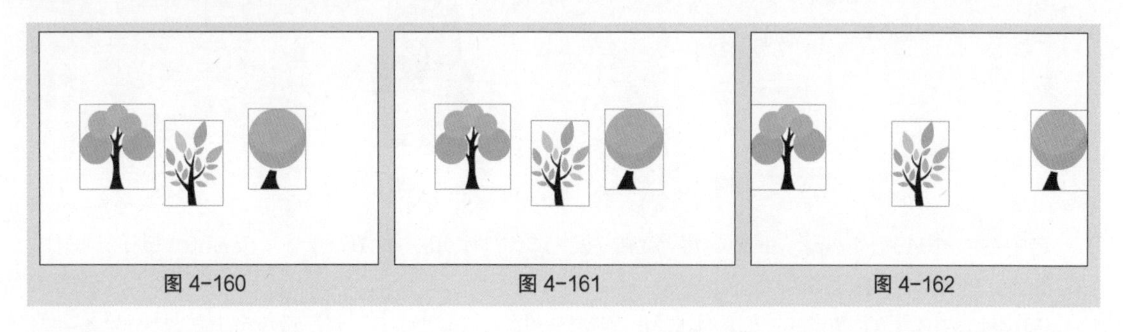

图 4-160　　图 4-161　　图 4-162

4.3.3 “变形”面板

选择“窗口 > 变形”命令，或按 Ctrl+T 组合键，将弹出“变形”面板，如图 4-163 所示。

“缩放宽度”选项 ↔ 100.0 % 和“缩放高度”选项 ↕ 100.0 %：用于设置图形的宽度和高度。

“约束”按钮 ：用于约束“缩放宽度”和“缩放高度”选项，使图形能够成比例地变形。

“重置缩放”按钮 ：单击此按钮，可以将缩放恢复到初始状态。

“旋转”选项：用于设置图形的旋转角度。

“倾斜”选项：用于设置图形的水平倾斜或垂直倾斜角度。

“水平翻转所选内容”按钮：用于水平翻转所选图形。

“垂直翻转所选内容”按钮：用于垂直翻转所选图形。

“重制选区和变形”按钮：用于复制图形并将变形设置应用到图形上。

“取消变形”按钮：用于将图形属性恢复到初始状态。

“变形”面板中的设置不同，所产生的效果也会不同。

打开云盘中的“基础素材 > Ch04 > 07”文件。选中图 4-164，在“变形”面板中将“缩放宽度”设为 50.0%，“缩放高度”随之变为 50.0%，如图 4-165 所示，按 Enter 键确定操作，图形的宽度和高度成比例地缩小，效果如图 4-166 所示。

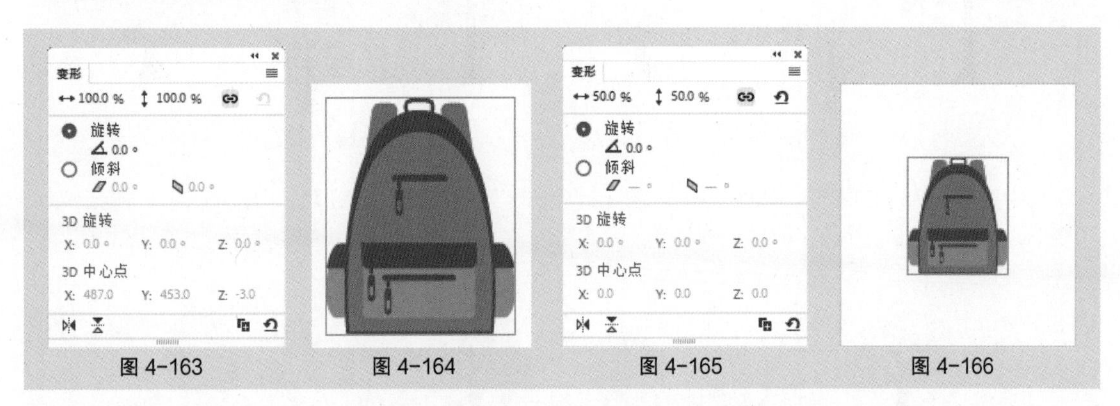

图 4-163　图 4-164　图 4-165　图 4-166

选中图 4-164，在“变形”面板中单击“约束”按钮，将“缩放宽度”设为 50.0%，如图 4-167 所示，按 Enter 键确定操作，图形的宽度被改变，高度保持不变，效果如图 4-168 所示。

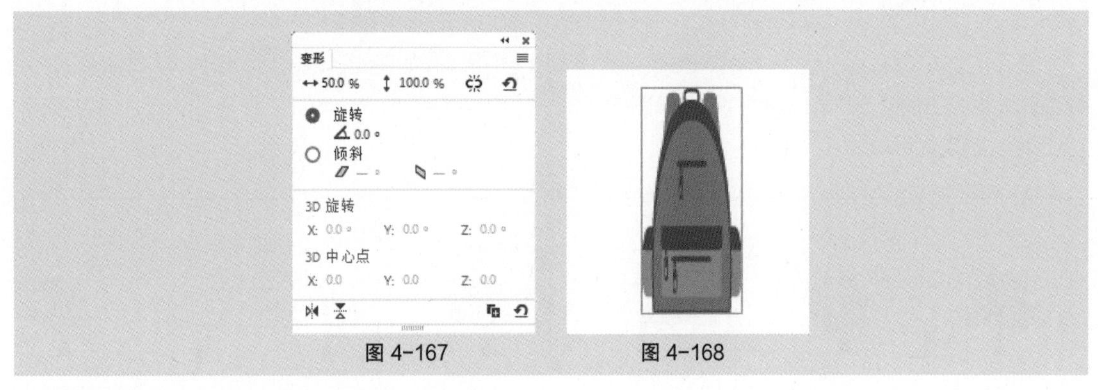

图 4-167　图 4-168

选中图 4-164，在“变形”面板中将“旋转”设为 30.0%，如图 4-169 所示，按 Enter 键确定操作，图形旋转，效果如图 4-170 所示。

选中图 4-164，在“变形”面板中选择“倾斜”选项，将“水平倾斜”设为 40.0° ，如图 4-171 所示，按 Enter 键确定操作，图形水平倾斜变形，效果如图 4-172 所示。

选中图 4-164，在“变形”面板中选择“倾斜”选项，将“垂直倾斜”设为 −20.0° ，按 Enter 键确定操作，如图 4-173 所示，图形垂直倾斜变形，效果如图 4-174 所示。

选中图 4-164，在“变形”面板中单击“水平翻转所选内容”按钮，如图 4-175 所示，图形进行水平翻转，效果如图 4-176 所示；单击“垂直翻转所选内容”按钮，如图 4-177 所示，图形进行垂直翻转，效果如图 4-178 所示。

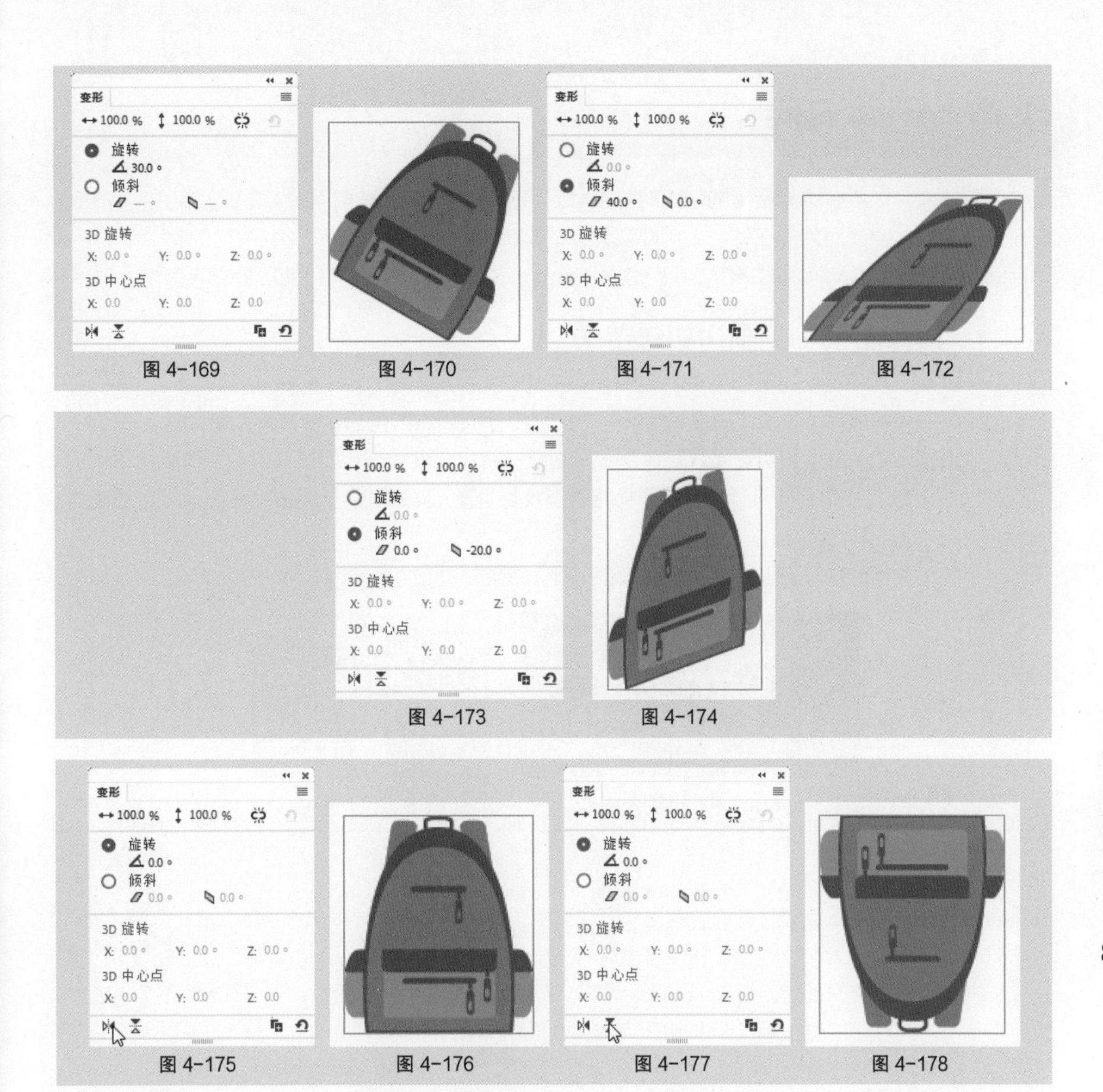

图 4-169　图 4-170　图 4-171　图 4-172

图 4-173　图 4-174

图 4-175　图 4-176　图 4-177　图 4-178

选中图4-164，在“变形”面板中将“旋转”设为60.0°，单击“重制选区和变形”按钮，如图4-179所示，图形被复制并沿其中心点旋转了60°，效果如图4-180所示。

再次单击“重制选区和变形”按钮，图形再次被复制并旋转了60°，如图4-181所示，此时，面板中显示旋转角度为120.0°，表示复制出的图形相比于图4-164旋转了120°，如图4-182所示。

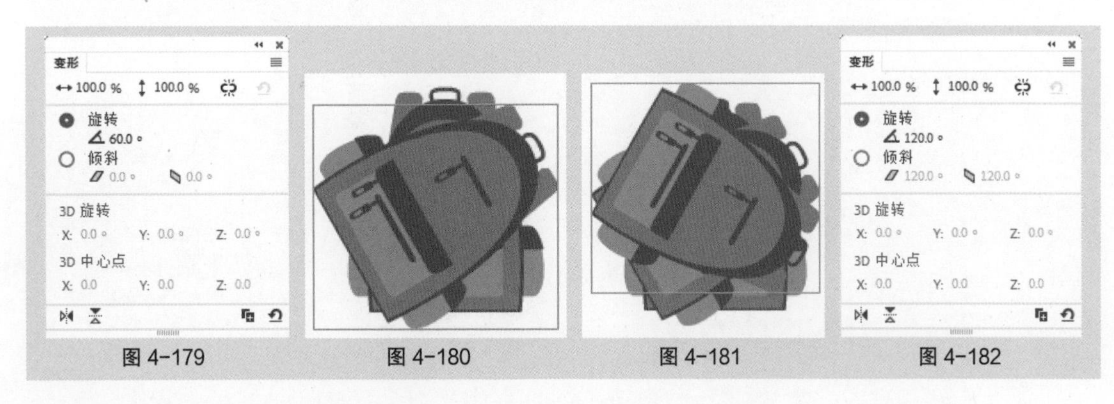

图 4-179　图 4-180　图 4-181　图 4-182

4.4 元件与库

元件就是可以不断重复使用的特殊对象符号。当不同的舞台上有相同的对象时，用户可先建立该对象的元件，需要时只需在舞台上创建该元件的实例即可。在 Animate 2020 的“库”面板中可以存储创建的元件以及导入的文件。只要建立 Animate 2020 文档，就可以使用相应的库。

4.4.1 课堂案例——制作新年贺卡

【案例学习目标】使用“创建新元件”对话框添加图形、按钮和影片剪辑元件。

【案例知识要点】使用“导入”命令导入素材，制作图形元件；使用“变形”面板调整实例的大小；使用“影片剪辑”元件制作梅花动态效果；使用“按钮”元件制作按钮效果，效果如图 4–183 所示。

【效果文件所在位置】云盘 /Ch04/ 效果 / 制作新年贺卡 .fla。

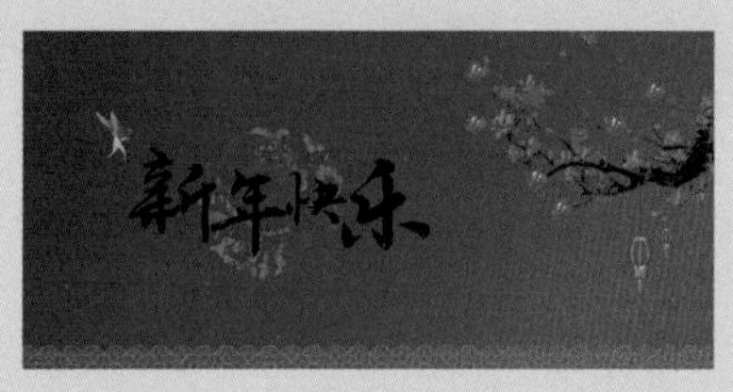

图 4–183

1. 制作图形元件

（1）选择“文件 > 新建”命令，弹出“新建文档”对话框，在“详细信息”选项组中，将“宽”设为 2598、“高”设为 1240，在“平台类型”下拉列表中选择“ActionScript 3.0”选项，单击“创建”按钮，完成文档的创建。按 Ctrl+J 组合键，弹出“文档设置”对话框，将“舞台颜色”设为肉黄色（#F0D8BC），单击“确定”按钮，完成舞台颜色的修改。

（2）按 Ctrl+F8 组合键，弹出“创建新元件”对话框，在“名称”文本框中输入“梅花”，在“类型”下拉列表中选择“图形”选项，单击“确定”按钮，新建图形元件“梅花”，如图 4–184 所示。舞台随之转换为图形元件的舞台。

（3）选择“文件 > 导入 > 导入到舞台”命令，在弹出的“导入”对话框中选择云盘中的“Ch04 > 素材 > 制作新年贺卡 > 03”文件，单击“打开”按钮，文件被导入舞台中，如图 4–185 所示。

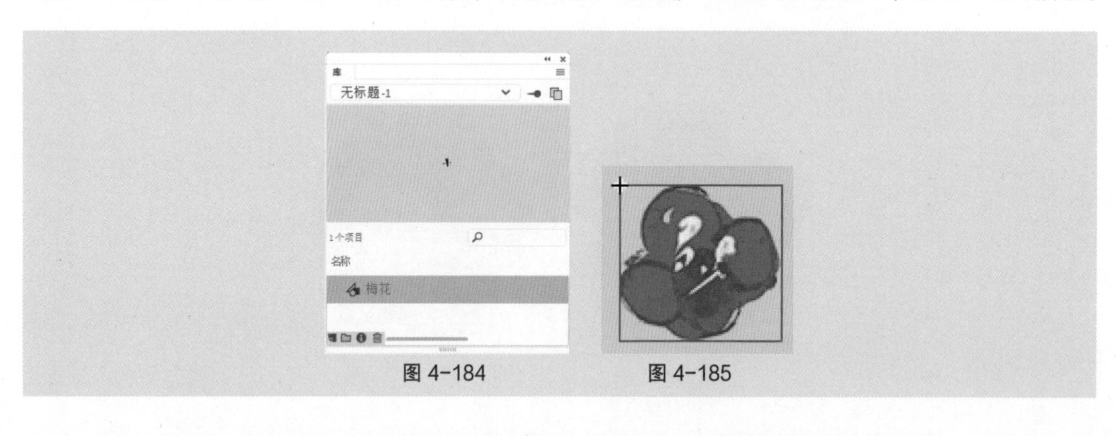

图 4–184　　图 4–185

2. 制作影片剪辑元件

（1）按 Ctrl+F8 组合键，弹出“创建新元件”对话框，在“名称”文本框中输入“梅花动”，在“类型”下拉列表中选择“影片剪辑”选项，单击“确定”按钮，新建影片剪辑元件“梅花动”，如图 4–186 所示。舞台随之转换为影片剪辑元件的舞台。

（2）将“库”面板中的图形元件“梅花”拖曳到舞台中并放置在适当的位置，如图 4–187 所示。分别选中“图层 _1”图层的第 10 帧、第 20 帧，按 F6 键插入关键帧，如图 4–188 所示。

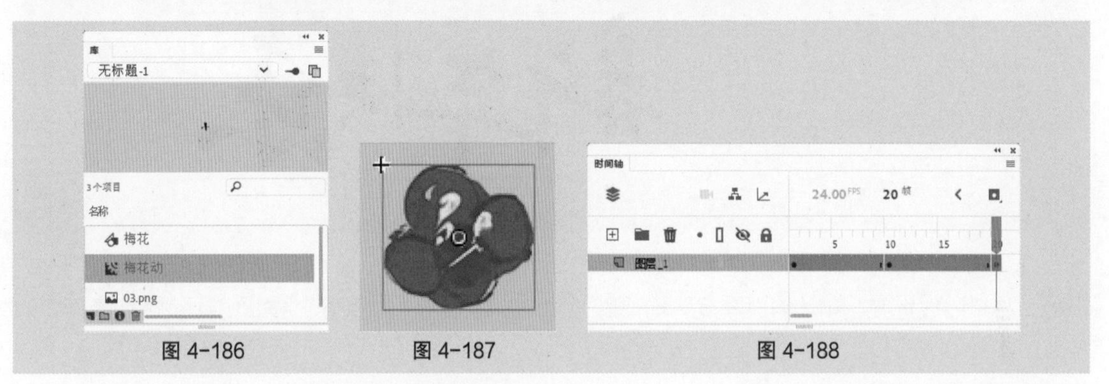

图 4–186　　图 4–187　　图 4–188

（3）选中“图层 _1”图层的第 10 帧，按 Ctrl+T 组合键，弹出“变形”面板，将“缩放宽度”和“缩放高度”均设为 120.0%，如图 4–189 所示，按 Enter 键确认操作，效果如图 4–190 所示。

（4）分别用鼠标右键单击“图层 _1”图层的第 1 帧和第 10 帧，在弹出的快捷菜单中选择“创建传统补间”命令，生成传统补间动画，如图 4–191 所示。

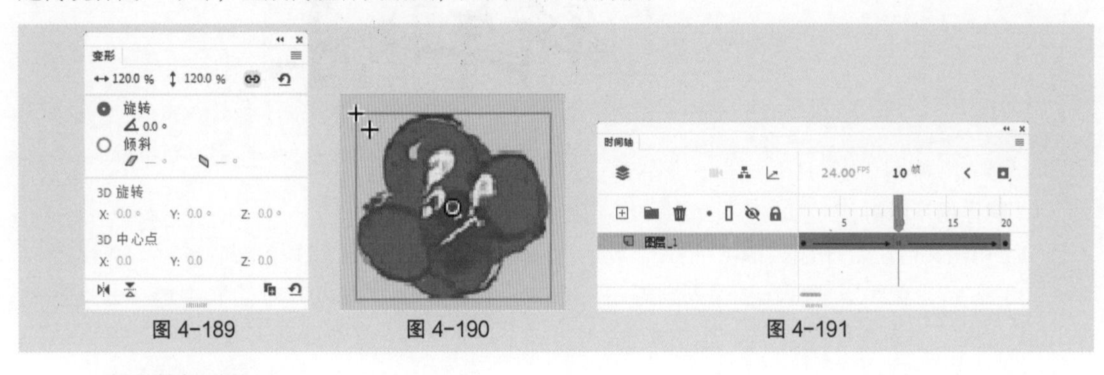

图 4–189　　图 4–190　　图 4–191

3. 制作按钮元件

（1）按 Ctrl+F8 组合键，弹出“创建新元件”对话框，在“名称”文本框中输入“文字”，在“类型”下拉列表中选择“按钮”选项，单击“确定”按钮，如图 4–192 所示，新建按钮元件“文字”。舞台随之转换为按钮元件的舞台。

（2）选择“文件 > 导入 > 导入到舞台”命令，在弹出的“导入”对话框中选择云盘中的“Ch04 > 素材 > 制作新年贺卡 > 02”文件，单击“打开”按钮，文件被导入舞台中，如图 4–193 所示。

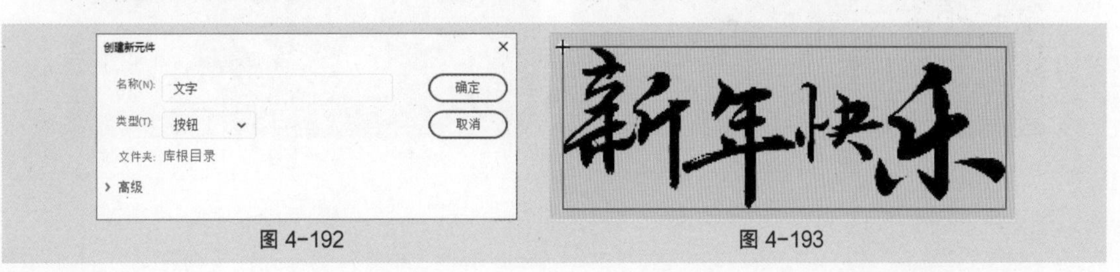

图 4–192　　图 4–193

（3）选中“图层_1”图层的“指针经过”帧，按 F6 键插入关键帧。按 Ctrl+T 组合键，弹出“变形”面板，将“缩放宽度”和“缩放高度”均设为 110.0%，如图 4-194 所示，按 Enter 键确认操作，效果如图 4-195 所示。

图 4-194　　图 4-195

（4）选中“图层_1”图层的“按下”帧，按 F6 键插入关键帧。按 Ctrl+T 组合键，弹出“变形”面板，将“缩放宽度”和“缩放高度”均设为 90.0%，如图 4-196 所示，按 Enter 键确认操作，效果如图 4-197 所示。

图 4-196　　图 4-197

4. 制作场景画面

（1）单击舞台左上方的按钮←，进入“场景 1”的舞台。将“图层_1”重新命名为“底图”。

（2）选择“文件 > 导入 > 导入到舞台”命令，在弹出的“导入”对话框中选择云盘中的“Ch04 > 素材 > 制作新年贺卡 > 01”文件，单击“打开”按钮，文件被导入舞台中，如图 4-198 所示。

（3）在“时间轴”面板中创建新图层并将其命名为“文字”。将“库”面板中的按钮元件“文字”拖曳到舞台中并放置在适当的位置，如图 4-199 所示。

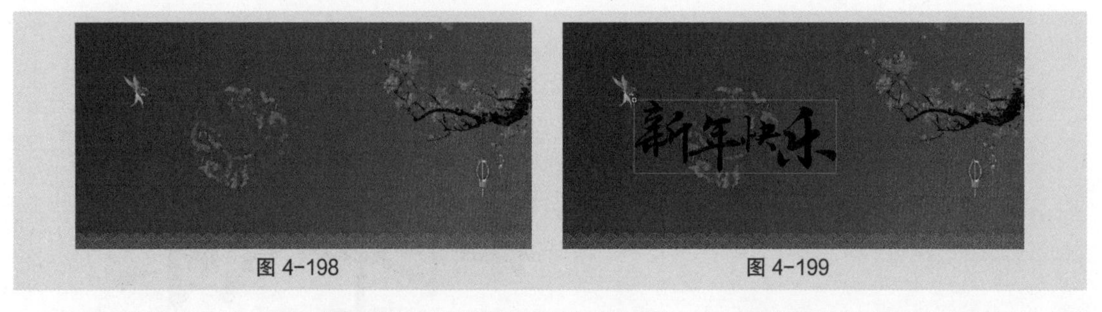

图 4-198　　图 4-199

（4）在“时间轴”面板中创建新图层并将其命名为“梅花”。将“库”面板中的影片剪辑元件“梅花动”拖曳到舞台中并放置在适当的位置，如图 4-200 所示。将影片剪辑元件“梅花动”向舞台中拖曳多次并放置在适当的位置，如图 4-201 所示。

（5）新年贺卡制作完成，按 Ctrl+Enter 组合键查看效果，如图 4-202 所示。

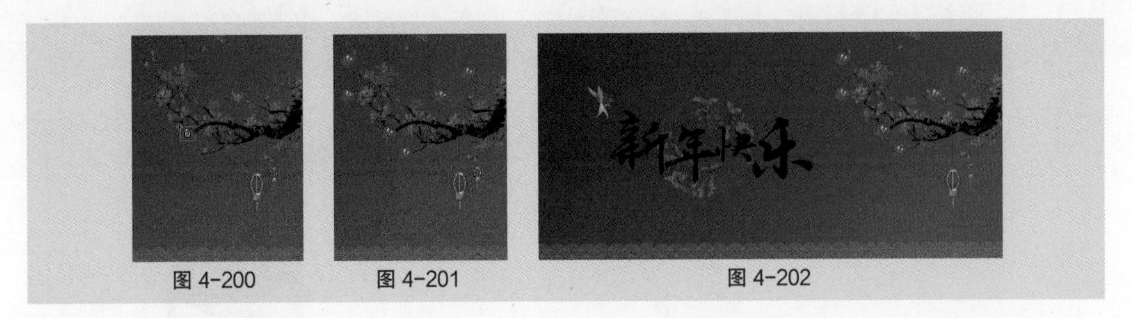

图 4-200　图 4-201　图 4-202

4.4.2　元件的类型

1．图形元件

图形元件一般用于创建静态图像或可重复使用的、与主时间轴关联的动画。它有自己的编辑区和时间轴。如果在场景中创建元件的实例，那么实例将受到主场景中时间轴的约束。换句话说，图形元件中的时间轴与其实例在主场景的时间轴同步。另外，在图形元件中可以使用矢量图、位图、声音和动画元素，但不能为图形元件提供实例名称，也不能在动作脚本中引用图形元件，并且声音在图形元件中失效。

2．按钮元件

按钮元件是创建能激发某种交互行为的按钮。创建按钮元件的关键是设置 4 种不同状态的帧，即“弹起”（鼠标指针不在按钮上）、“指针经过”（鼠标指针移动到按钮上）、“按下”（在按钮上按下鼠标按键）、“点击”（鼠标响应区域，在这个区域创建的图形不会出现在画面中）。

3．影片剪辑元件

影片剪辑元件也像图形元件一样有自己的编辑区和时间轴，但又不完全相同。影片剪辑元件的时间轴是独立的，它不受其实例在主场景时间轴（主时间轴）的控制。比如，在场景中创建影片剪辑元件的实例，此时即便场景中只有一帧也可播放动画。另外，在影片剪辑元件中可以使用矢量图、位图、声音、影片剪辑元件、图形组件和按钮组件等，并且能在动作脚本中引用影片剪辑元件。

4.4.3　创建图形元件

选择“插入 > 新建元件”命令，或按 Ctrl+F8 组合键，弹出“创建新元件”对话框，在“名称”文本框中输入“床铺”，在“类型”下拉列表中选择“图形”选项，如图 4-203 所示。

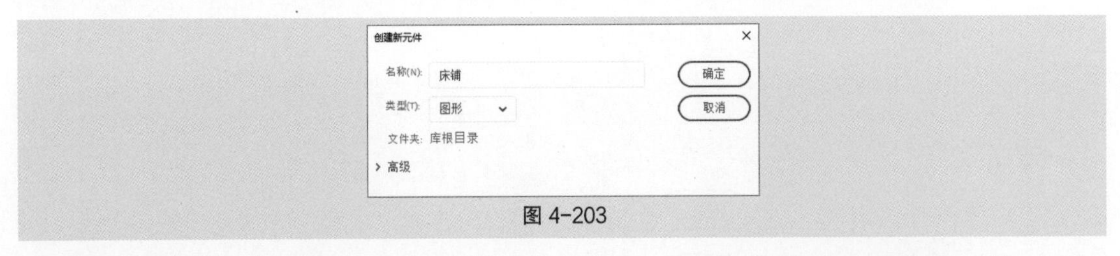

图 4-203

单击“确定”按钮，创建一个新的图形元件“床铺”。图形元件的名称出现在舞台的左上方，舞台切换为图形元件“床铺”的舞台，舞台中间出现的“+”代表图形元件的中心定位点，如图 4-204 所示。“库”面板中显示出图形元件，如图 4-205 所示。

选择"文件 > 导入 > 导入到舞台"命令，弹出"导入"对话框，在弹出的对话框中选择云盘中的"基础素材 > Ch04 > 08"文件，单击"打开"按钮，弹出"将'08.ai'导入到舞台"对话框，单击"导入"按钮，将素材导入舞台中，如图 4-206 所示，完成图形元件的创建。单击舞台左上方的按钮←，就可以返回场景 1 的舞台。

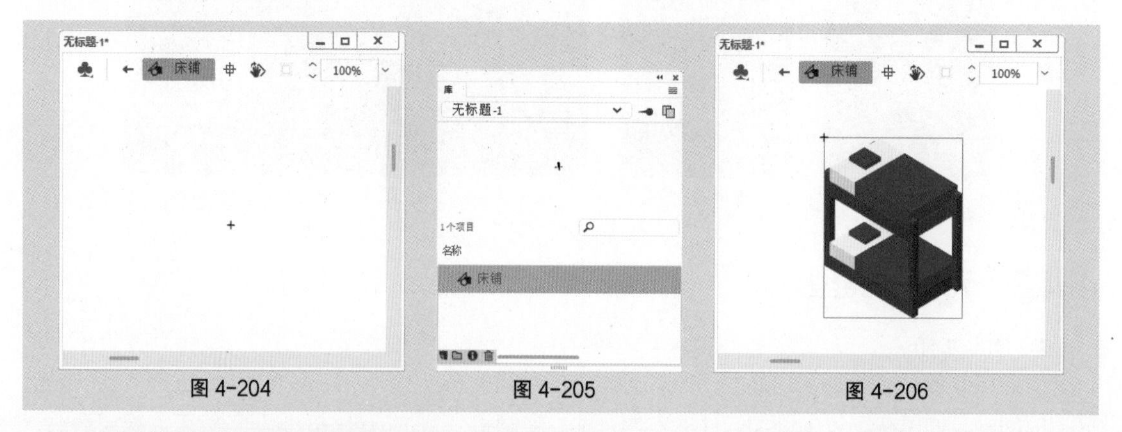

图 4-204　　图 4-205　　图 4-206

还可以使用"库"面板创建图形元件。单击"库"面板右上角的按钮☰，在弹出的菜单中选择"新建元件"命令，弹出"创建新元件"对话框，选中"图形"选项，单击"确定"按钮，创建图形元件。也可在"库"面板中创建按钮元件或影片剪辑元件。

4.4.4 创建按钮元件

Animate 2020 库提供了一些简单的按钮，如果需要复杂的按钮，还是需要自己创建。

选择"插入 > 新建元件"命令，或按 Ctrl+F8 组合键，弹出"创建新元件"对话框，在"名称"文本框中输入"锁"，在"类型"下拉列表中选择"按钮"选项，如图 4-207 所示。

单击"确定"按钮，创建一个新的按钮元件"锁"。按钮元件的名称出现在舞台的左上方，舞台切换为按钮元件"锁"的舞台，舞台中间出现的"+"代表按钮元件的中心定位点。"时间轴"面板中显示出"弹起""指针经过""按下""点击"4 个状态帧，如图 4-208 所示。

"弹起"帧：设置鼠标指针不在按钮上时按钮的外观。

"指针经过"帧：设置鼠标指针放在按钮上时按钮的外观。

"按下"帧：设置按钮被单击时的外观。

"点击"帧：设置响应单击的区域。此区域在影片里不可见。

"库"面板中的效果如图 4-209 所示。

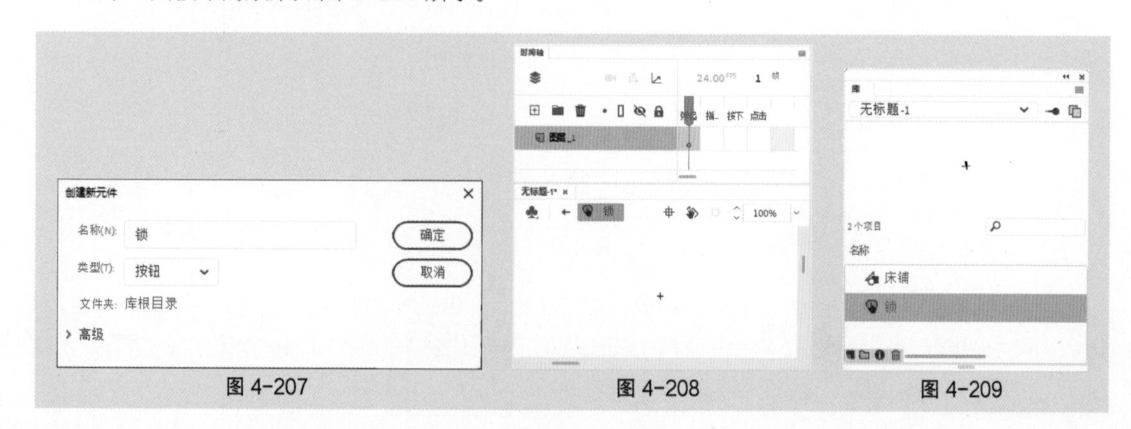

图 4-207　　图 4-208　　图 4-209

选择“文件 > 导入 > 导入到舞台”命令，在弹出的“导入”对话框中选择云盘中的“基础素材 > Ch04 > 09”文件，单击“打开”按钮，弹出提示对话框，单击“否”按钮，弹出“将‘09.ai’导入到舞台”对话框，单击“导入”按钮，文件被导入舞台中，如图 4-210 所示。在“时间轴”面板中选中“指针经过”帧，按 F7 键插入空白关键帧，如图 4-211 所示。

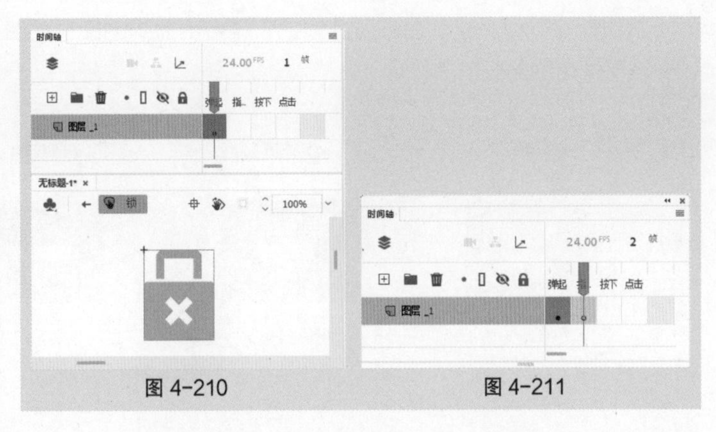

图 4-210 图 4-211

选择“文件 > 导入 > 导入到库”命令，弹出“导入到库”对话框，选择云盘中的“基础素材 > Ch04> 10、11”文件，单击“打开”按钮，弹出对话框，单击“导入”按钮，将文件导入“库”面板中，如图 4-212 所示。将“库”面板中的图形元件“10”拖曳到舞台中并放置在适当的位置，如图 4-213 所示。在“时间轴”面板中选中“按下”帧，按 F7 键插入空白关键帧，如图 4-214 所示。

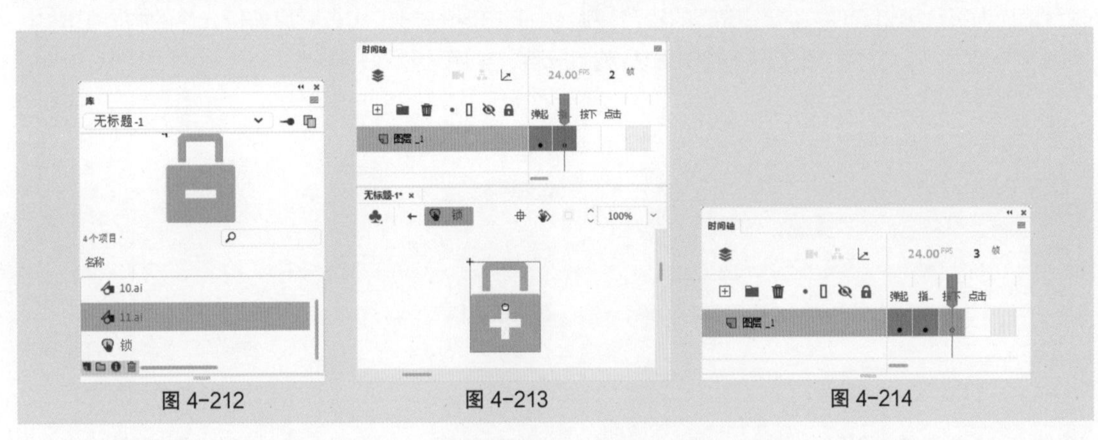

图 4-212 图 4-213 图 4-214

将“库”面板中的图形元件“11”拖曳到舞台中并放置在适当的位置，如图 4-215 所示。在“时间轴”面板中选中“点击”帧，按 F7 键插入空白关键帧，如图 4-216 所示。选择“基本矩形工具”，在工具箱中将“笔触颜色”设为无、“填充颜色”设为黑色，在舞台中绘制 1 个矩形，作为按钮动画应用时响应的区域，如图 4-217 所示。

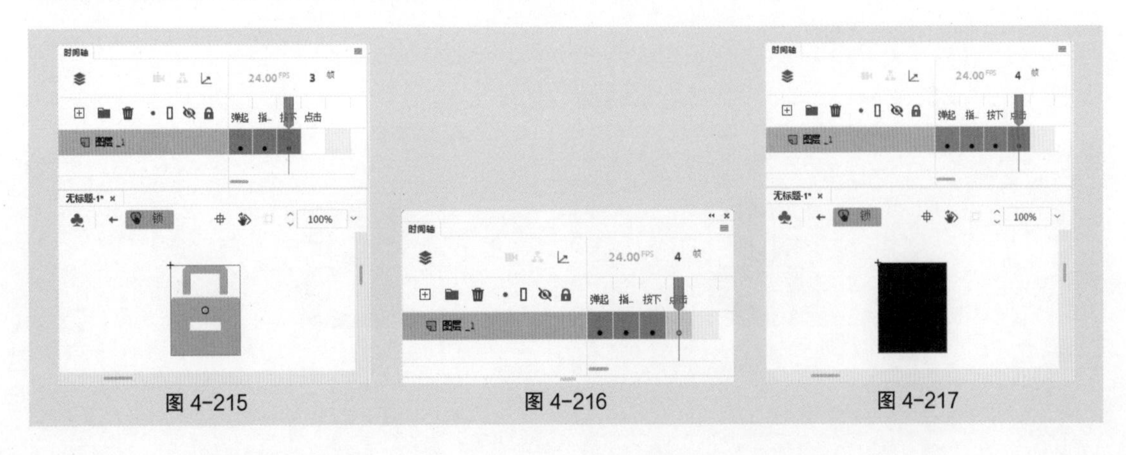

图 4-215 图 4-216 图 4-217

按钮元件制作完成，在各关键帧上，舞台中显示的图形如图 4-218 所示。单击舞台左上方的按钮←就可以返回到场景的舞台。

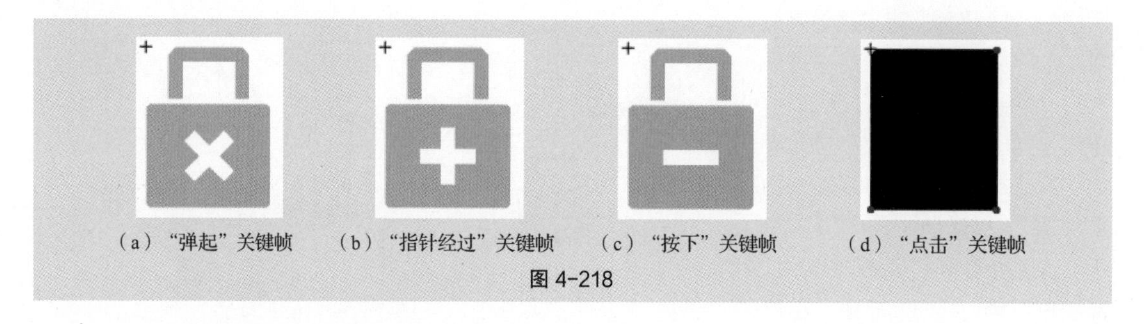
（a）“弹起”关键帧　（b）“指针经过”关键帧　（c）“按下”关键帧　（d）“点击”关键帧

图 4-218

4.4.5 创建影片剪辑元件

选择“插入 > 新建元件”命令，弹出“创建新元件”对话框，在“名称”文本框中输入“字母变形”，在“类型”下拉列表中选择“影片剪辑”选项，如图 4-219 所示。

单击“确定”按钮，创建一个影片剪辑元件“字母变形”。影片剪辑元件的名称出现在舞台的左上方，舞台切换为影片剪辑元件“字母变形”的舞台，舞台中间出现的“+”代表影片剪辑元件的中心定位点，如图 4-220 所示。“库”面板中显示出影片剪辑元件，如图 4-221 所示。

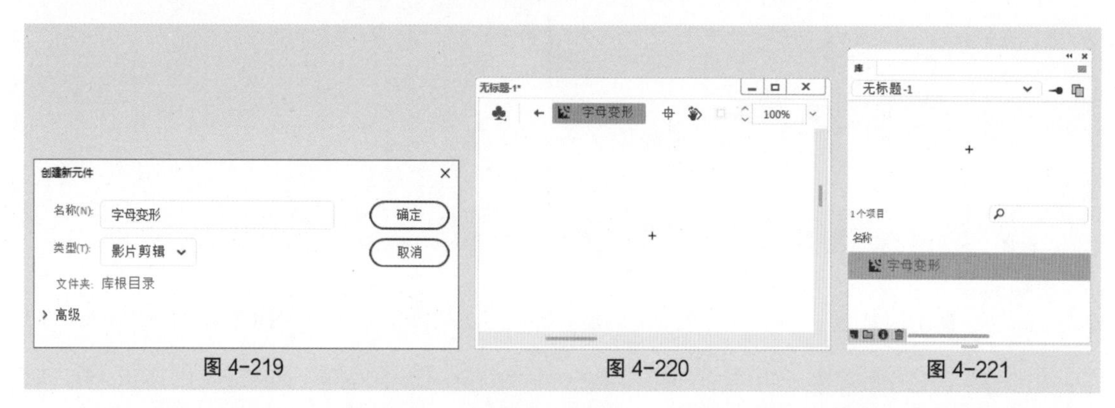

图 4-219　图 4-220　图 4-221

选择“文本工具”T，在其“属性”面板中进行设置，在舞台中适当的位置输入大小为 200pt、字体为“方正水黑简体”的洋红色（#FF00FF）字母，效果如图 4-222 所示。选择“选择工具”▶，选中字母，按 Ctrl+B 组合键将其打散，效果如图 4-223 所示。在“时间轴”面板中选中第 20 帧，按 F7 键插入空白关键帧。

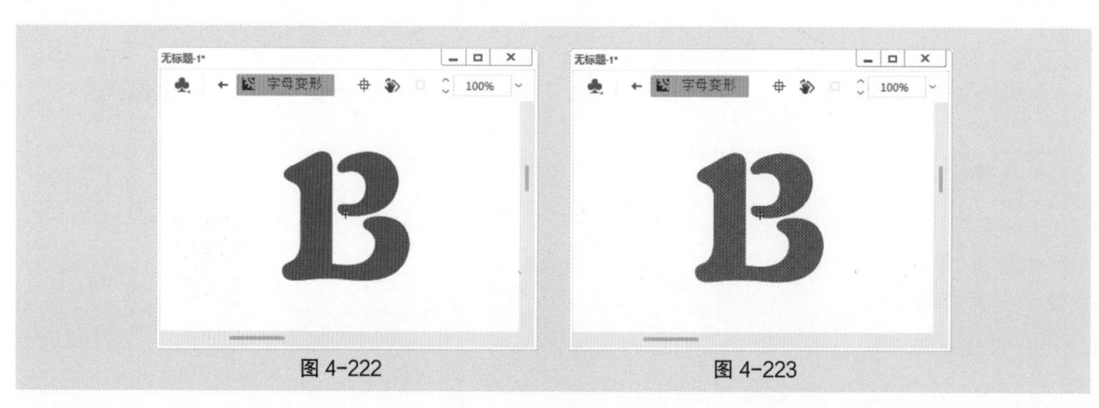

图 4-222　图 4-223

选择“文本工具”T，在其“属性”面板中进行设置，在舞台中适当的位置输入大小为200pt、字体为“方正水黑简体”的橘黄色（#FF6600）字母，效果如图4-224所示。选择“选择工具”▶，选中字母，按Ctrl+B组合键将其打散，效果如图4-225所示。

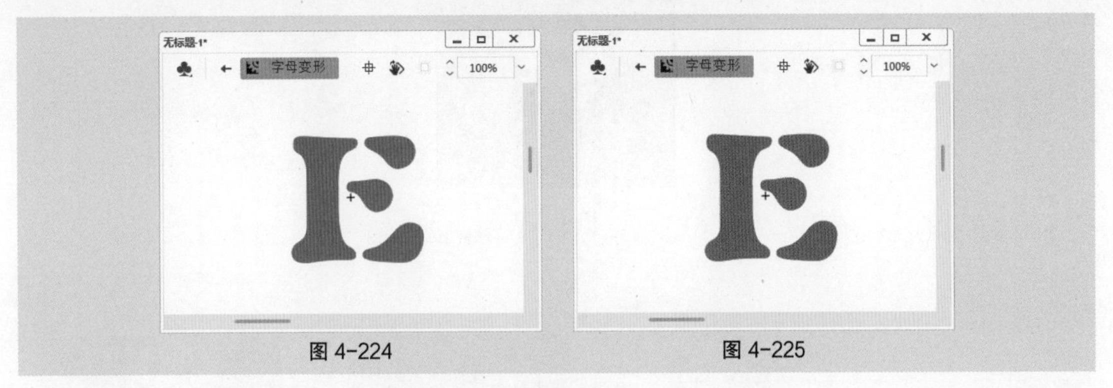

图4-224　图4-225

用鼠标右键单击第1帧，在弹出的快捷菜单中选择“创建补间形状”命令，如图4-226所示，生成形状补间动画，如图4-227所示。

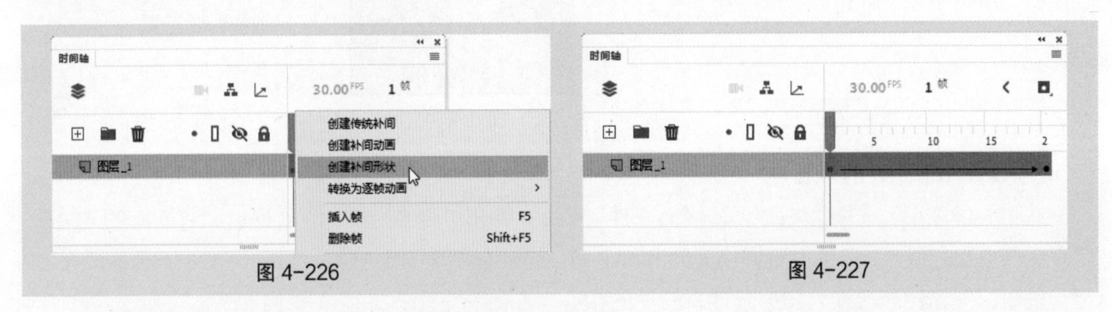

图4-226　图4-227

影片剪辑元件制作完成。在不同的关键帧上，舞台中显示出不同的变形图形，如图4-228所示。单击舞台左上方的按钮←就可以返回到场景的舞台。

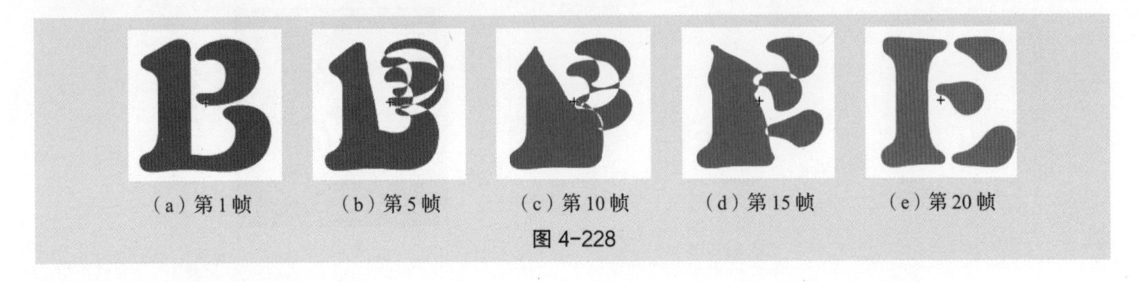

（a）第1帧　（b）第5帧　（c）第10帧　（d）第15帧　（e）第20帧

图4-228

4.4.6 转换元件

1. 将图形转换为图形元件

如果在舞台上已经创建好矢量图形，并且以后还要使用，可将其转换为图形元件。

打开云盘中的“基础素材 > Ch04 > 12”文件。选中舞台中的矢量图形，如图4-229所示。

选择“修改 > 转换为元件”命令，或按F8键，弹出“转换为元件”对话框，在“名称”文本框中输入要转换元件的名称，在“类型”下拉列表中选择“图形”选项，如图4-230所示，单击“确定”按钮，矢量图形被转换为图形元件，舞台和“库”面板中的效果分别如图4-231和图4-232所示。

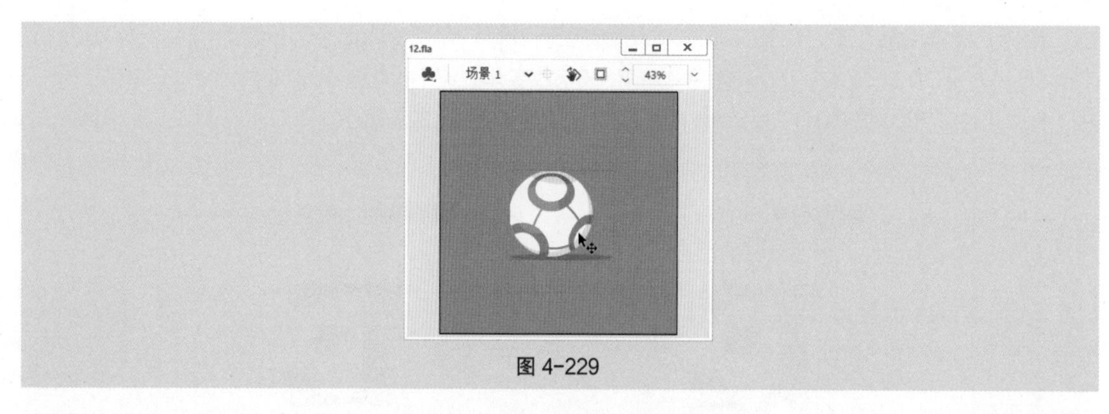

图 4-229

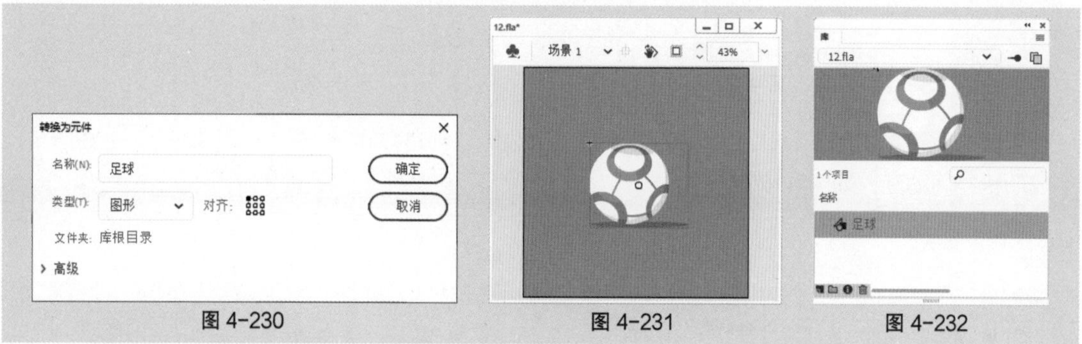

图 4-230　　图 4-231　　图 4-232

2. 设置图形元件的中心点

选中矢量图形，选择“修改 > 转换为元件”命令，弹出“转换为元件”对话框，对话框的“对齐”后有 9 个中心定位点，用来设置转换元件的中心点。选中右下角的定位点，如图 4-233 所示，单击“确定”按钮，矢量图形转换为图形元件，元件的中心点在其右下角，如图 4-234 所示。

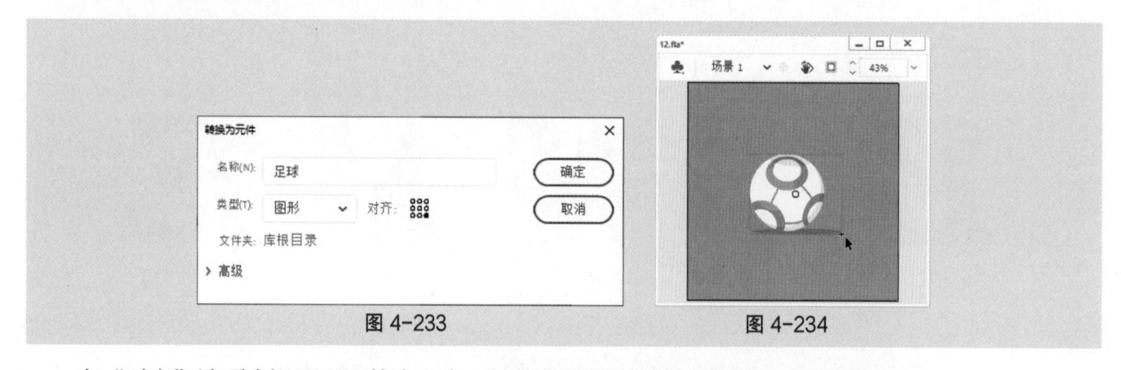

图 4-233　　图 4-234

在“对齐”选项中设置不同的中心点，转换的图形元件效果如图 4-235 所示。

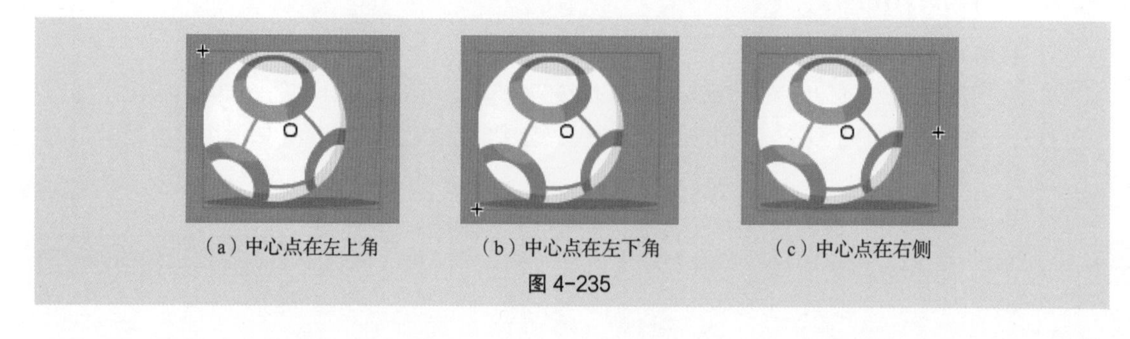

（a）中心点在左上角　　（b）中心点在左下角　　（c）中心点在右侧

图 4-235

3. 转换元件类型

在转换元件的过程中，可以根据需要将一种类型的元件转换为另一种类型的元件。

选中“库”面板中的图形元件，如图 4-236 所示，单击面板底部的“属性”按钮，弹出“元件属性”对话框，在“类型”下拉列表中选择“影片剪辑”选项，如图 4-237 所示，单击“确定”按钮，图形元件转换为影片剪辑元件，如图 4-238 所示。

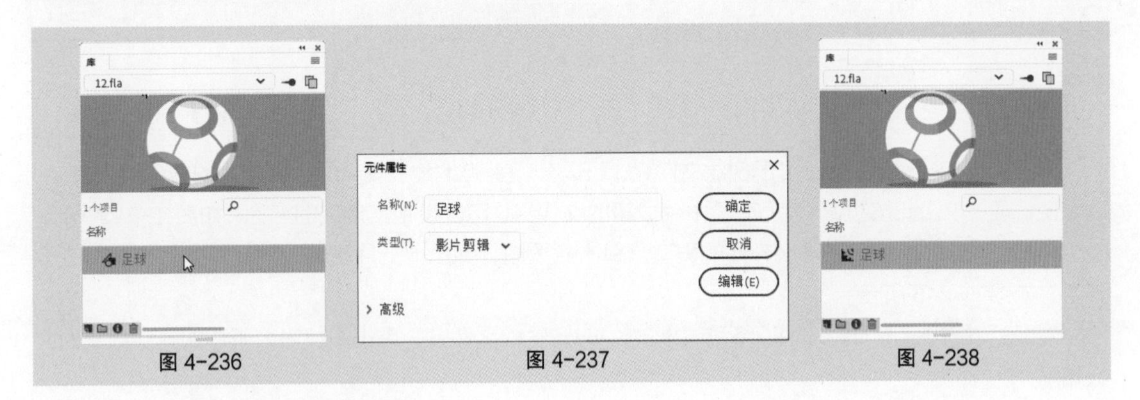

图 4-236 图 4-237 图 4-238

4.4.7 “库”面板的组成

选择“窗口 > 库”命令，或按 Ctrl+L 组合键，将弹出“库”面板，如图 4-239 所示。

“库”面板的顶部显示出与“库”面板相对应的文档名称。在文档名称的下方显示预览区域，可以在此观察选定元件的效果。如果选定的元件为多帧组成的动画，预览区域的右上角会显示出两个按钮，如图 4-240 所示。单击“播放”按钮可以在预览区域播放动画。单击“停止”按钮可以停止播放动画。预览区域的下方显示出当前“库”面板中的元件数量。

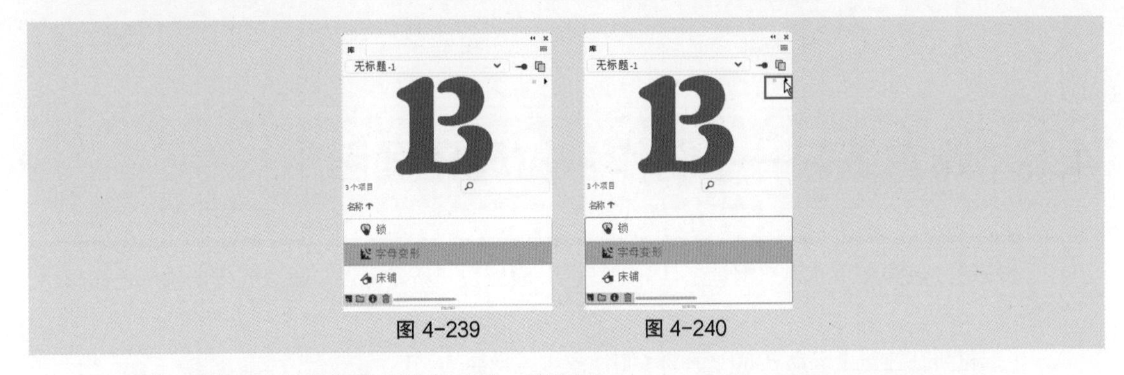

图 4-239 图 4-240

当“库”面板呈最大宽度显示时将出现一些按钮。

“名称”按钮：单击此按钮，“库”面板中的元件将按名称排序，如图 4-241 所示。

“类型”按钮：单击此按钮，“库”面板中的元件将按类型排序，如图 4-242 所示。

“使用次数”按钮：单击此按钮，“库”面板中的元件将按被使用的次数排序。

“链接”按钮：与“库”面板弹出式菜单中“链接”命令的设置相关联。

“修改日期”按钮：单击此按钮，“库”面板中的元件按照修改的日期排序，如图 4-243 所示。

在“库”面板的底部有 4 个按钮。

“新建元件”按钮：用于创建元件。单击此按钮，弹出“创建新元件”对话框，可以通过设置创建新的元件，如图 4-244 所示。

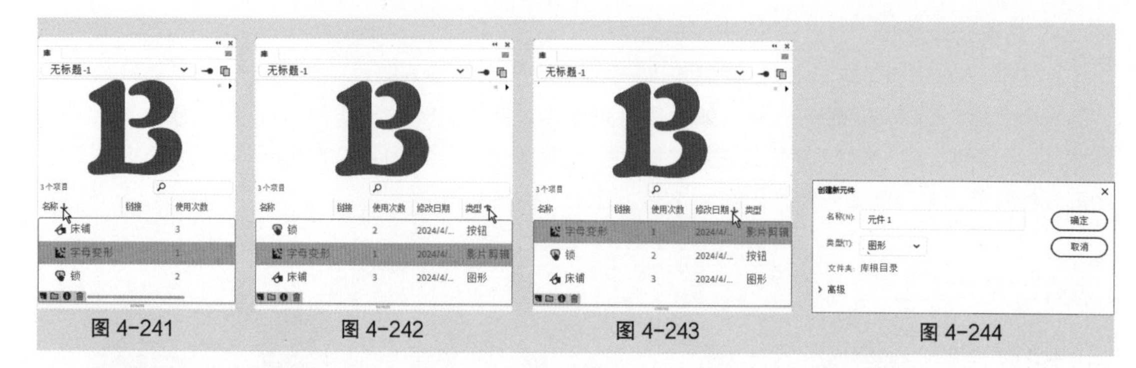

图 4-241　　图 4-242　　图 4-243　　图 4-244

“新建文件夹”按钮 ：用于创建文件夹。可以分门别类地建立文件夹，将相关的元件调入其中，以方便管理。单击此按钮，“库”面板中生成新的文件夹，可以设定文件夹的名称，如图 4-245 所示。

“属性”按钮 ：用于转换元件的类型。单击此按钮，弹出“元件属性”对话框，可以转换元件类型，如图 4-246 所示。

“删除”按钮 ：删除“库”面板中被选中的元件或文件夹。单击此按钮，所选的元件或文件夹被删除。

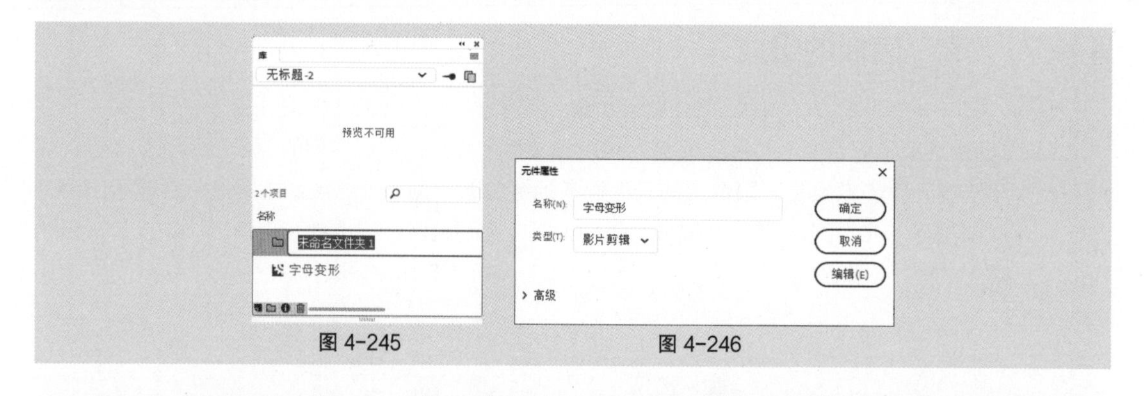

图 4-245　　图 4-246

4.5 课堂练习——制作乡村风景插画

【练习知识要点】使用“钢笔工具”“颜色”面板和“新建元件”命令完成乡村风景插画的制作。

【素材所在位置】云盘 /Ch04/ 素材 / 制作乡村风景插画 /01。

【效果文件所在位置】云盘 /Ch04/ 效果 / 制作乡村风景插画 . fla，如图 4-247 所示。

图 4-247

4.6 课后习题——绘制飞机插画

【习题知识要点】使用“柔化填充边缘”命令制作太阳，使用“钢笔工具”，绘制白云。

【素材所在位置】云盘 /Ch04/ 素材 / 绘制飞机插画 /01、02。

【效果文件所在位置】云盘 /Ch04/ 效果 / 绘制飞机插画 . fla，如图 4-248 所示。

图 4-248

扫码观看
本案例视频

05

第5章 基本动画

本章介绍

在使用 Animate 2020 制作动画的过程中，时间轴和帧起到了关键性的作用。本章将介绍动画中帧和时间轴的使用方法及技巧。读者通过学习能了解并掌握如何灵活地使用帧和时间轴，并根据设计需要制作出丰富多彩的动画效果。

学习目标

- 了解动画和帧的基本概念。
- 掌握逐帧动画的制作方法。
- 掌握形状补间动画的制作方法。
- 掌握传统补间动画的制作方法。
- 掌握动画预设的使用方法。

技能目标

- 掌握“打字效果”的制作方法和技巧。
- 掌握“文化动态海报”的制作方法和技巧。
- 掌握“小汽车动画”的制作方法和技巧。
- 掌握“小风扇主图动画”的制作方法和技巧。

5.1 帧动画

要将静止的画面按照某种顺序快速、连续地播放，需要用时间轴和帧为它们安排时间和顺序。

5.1.1 课堂案例——制作打字效果

【案例学习目标】使用不同的绘图工具绘制图形，使用时间轴制作动画。

【案例知识要点】使用“线条工具”绘制光标图形，使用“文本工具”添加文字，使用“翻转帧”命令将帧进行翻转，效果如图 5–1 所示。

【效果文件所在位置】云盘 /Ch05/ 效果 / 制作打字效果 .fla。

图 5–1

1. 导入图片并制作元件

（1）按 Ctrl+O 组合键，在弹出的“打开”对话框中选择云盘中的“Ch05 > 素材 > 制作打字效果 > 01”文件，单击“打开”按钮，打开文件。

（2）按 Ctrl+F8 组合键，弹出“创建新元件”对话框，在“名称”文本框中输入“光标”，在“类型”下拉列表中选择“图形”选项，单击“确定”按钮，新建图形元件“光标”，如图 5–2 所示。舞台随之转换为图形元件的舞台。

（3）选择“线条工具” ╱，在“属性”面板“工具”选项卡中，将“笔触颜色”设为黑色、“笔触大小”设为 2，其他选项的设置如图 5–3 所示，按住 Shift 键在舞台中绘制 1 条直线段，效果如图 5–4 所示。

图 5–2　　图 5–3　　图 5–4

2. 添加文字并制作打字效果

（1）按 Ctrl+F8 组合键，弹出“创建新元件”对话框，在“名称”文本框中输入“文字动画”，在“类型”下拉列表中选择“影片剪辑”选项，单击“确定”按钮，新建影片剪辑元件“文字动画”，如图 5-5 所示。舞台随之转换为影片剪辑元件的舞台。

（2）将“图层 _1”图层重新命名为“文字”。选择“文本工具”**T**，在“属性”面板“工具”选项卡中进行设置，在舞台中适当的位置输入大小为 28pt、“字母间距”为 -2、“行距”为 -5、字体为“方正字迹 - 邢体隶一简体”的黑色文字，效果如图 5-6 所示。

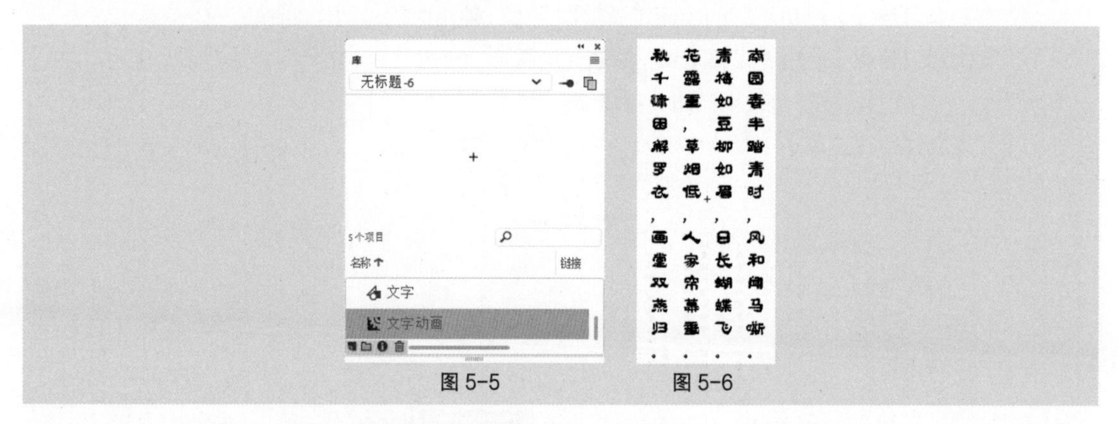

图 5-5　　图 5-6

（3）在“时间轴”面板中创建新图层并将其命名为“光标”。分别选中“文字”图层和“光标”图层的第 5 帧，按 F6 键插入关键帧，如图 5-7 所示。选中“光标”图层的第 5 帧，将“库”面板中的图形元件“光标”拖曳到舞台中，放置在最后 1 个句号的下方，如图 5-8 所示。

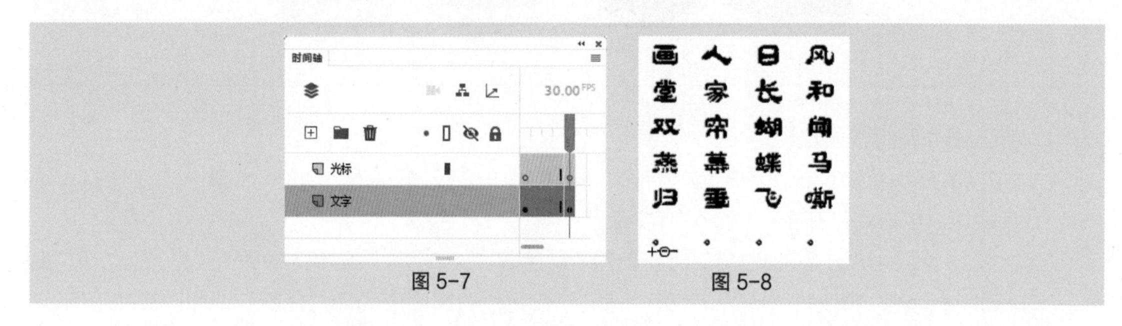

图 5-7　　图 5-8

（4）选中“文字”图层的第 5 帧，选择“文本工具”**T**，将光标上方的句号删除，效果如图 5-9 所示。分别选中“文字”图层和“光标”图层的第 10 帧，按 F6 键插入关键帧。

（5）选中“光标”图层的第 10 帧，将光标竖直拖曳到文字“归”的下方，如图 5-10 所示。选中“文字”图层的第 10 帧，将光标上方的“归”字删除，效果如图 5-11 所示。

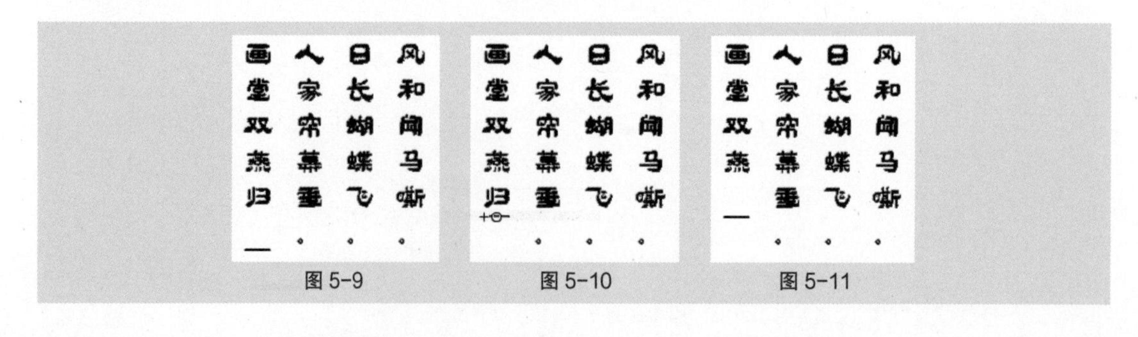

图 5-9　　图 5-10　　图 5-11

（6）每间隔 5 帧用相同的方法插入 1 个关键帧，在插入的关键帧上将光标拖曳到前一个字的下方，并删除该字，直到删除完所有的字，“时间轴”面板如图 5-12 所示，舞台中的效果如图 5-13 所示。

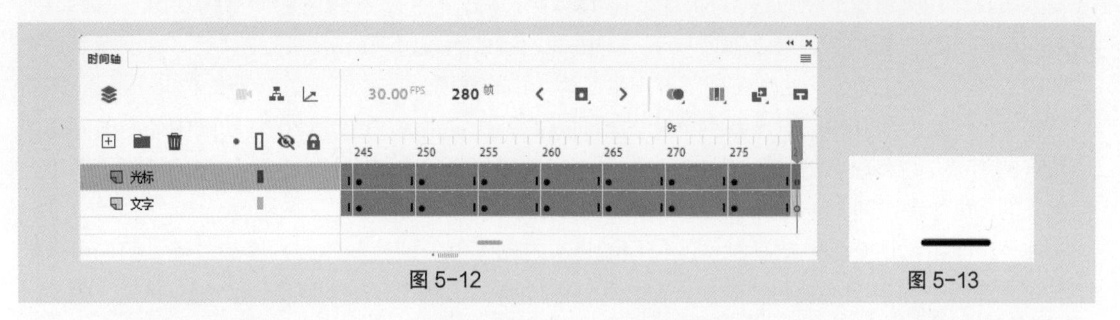
图 5-12　　图 5-13

（7）按住 Shift 键的同时单击“文字”图层和“光标”图层的名称，选中两个图层中的所有帧，如图 5-14 所示，选择“修改 > 时间轴 > 翻转帧”命令，对所有帧进行翻转，效果如图 5-15 所示。选中“文字”图层和“光标”图层的第 310 帧，按 F5 键插入普通帧。

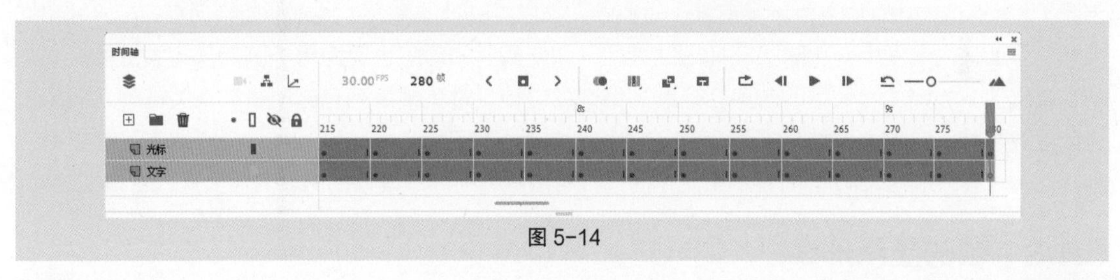
图 5-14

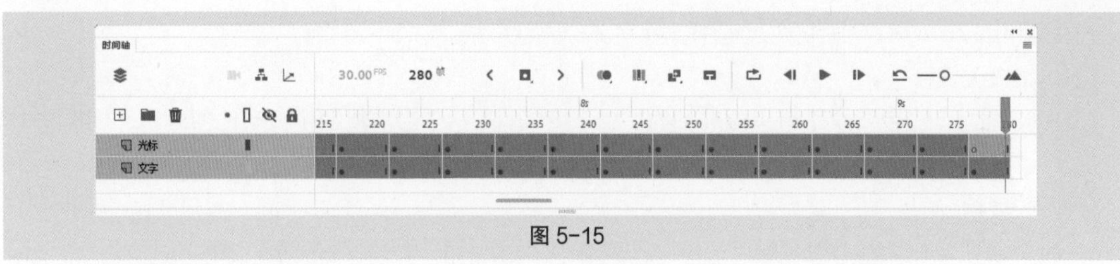
图 5-15

（8）单击舞台左上方的按钮←，进入“场景 1”的舞台。在“时间轴”面板中创建新图层并将其命名为“文字”。选中“文字”图层的第 20 帧，按 F6 键插入关键帧。将“库”面板中的影片剪辑元件“文字动画”拖曳到舞台中适当的位置，如图 5-16 所示。打字效果制作完成，按 Ctrl+Enter 组合键查看效果，如图 5-17 所示。

图 5-16　　图 5-17

5.1.2 动画中帧的概念

人类具有视觉暂留的特点，即人眼看到物体或画面后，它们会在视网膜停留约 0.1s ～ 0.4s。利用这一原理，在一幅画面消失之前播放下一幅画面，就会给人带来流畅的视觉体验。动画就是通过连续播放一系列静止画面，使其在视觉上产生连续变化的效果。

在 Animate 2020 中，这一系列静止的画面就叫帧，它是 Animate 2020 动画中最小时间单位里出现的画面。每秒显示的帧数叫帧率，如果帧率太慢就会给人带来视觉上不流畅的感觉。所以，根据人的视觉暂留原理，一般将动画的帧率设为 24 帧 / 秒。

在 Animate 2020 中，动画制作的过程就是决定动画每一帧显示什么内容的过程。用户可以像制作传统动画一样自己绘制动画的每一帧，即逐帧动画。但制作逐帧动画的工作量非常大，因此，Animate 2020 提供了一种简单的动画制作方法，即采用关键帧处理技术的插值动画。插值动画又分为运动动画和变形动画两种。

制作插值动画的关键是绘制动画的起始帧和结束帧，中间帧由 Animate 2020 自动计算得出。因此，Animate 2020 中提供了关键帧、过渡帧、空白关键帧的概念。关键帧描绘动画的起始帧和结束帧。当动画内容发生变化时必须插入关键帧，即使是逐帧动画也要为每个画面创建关键帧。关键帧有延续性，起始关键帧中的对象会延续到结束关键帧。过渡帧是动画起始、结束关键帧之间系统自动生成的帧。空白关键帧是不包含任何对象的关键帧。因为 Animate 2020 只支持在关键帧中绘画或插入对象，所以，当动画内容发生变化而又不希望延续前面关键帧的内容时需要插入空白关键帧。

5.1.3 帧的显示形式

在 Animate 2020 动画制作过程中，帧有多种显示形式。

1. 空白关键帧

在时间轴中，浅色背景带有黑圈的帧为空白关键帧，表示在当前舞台中没有任何内容，如图 5-18 所示。

2. 关键帧

在时间轴中，深色背景带有黑点的帧为关键帧，表示在当前舞台中存在一些内容，如图 5-19 所示。

图 5-20 所示的时间轴中存在多个帧。带有黑色圆点的第 1 帧为关键帧，最后一帧上面带有黑的矩形，为普通帧。除了第 1 帧以外，其他帧均为普通帧。

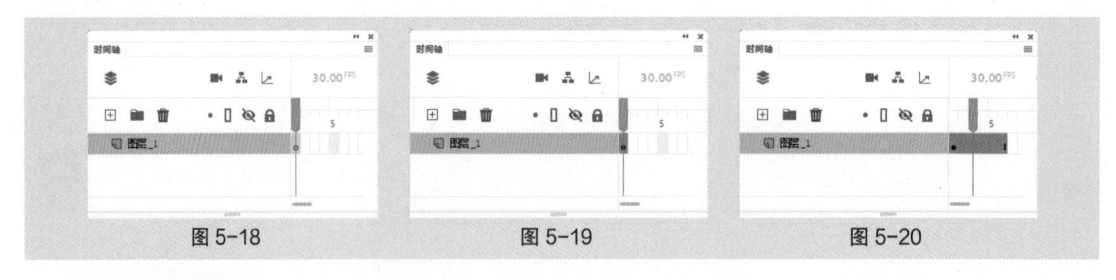

图 5-18　图 5-19　图 5-20

3. 传统补间帧

图 5-21 所示的时间轴中，带有黑色圆点的第 1 帧和最后 1 帧为关键帧，中间紫色背景带有黑色箭头的帧为传统补间帧。

4. 形状补间帧

图 5-22 所示的时间轴中，带有黑色圆点的第 1 帧和最后 1 帧为关键帧，中间浅咖色背景带有黑色箭头的帧为形状补间帧。

在时间轴中，帧上出现虚线表示补间动画未完成或中断，虚线表示不能生成补间帧，如图 5-23 所示。

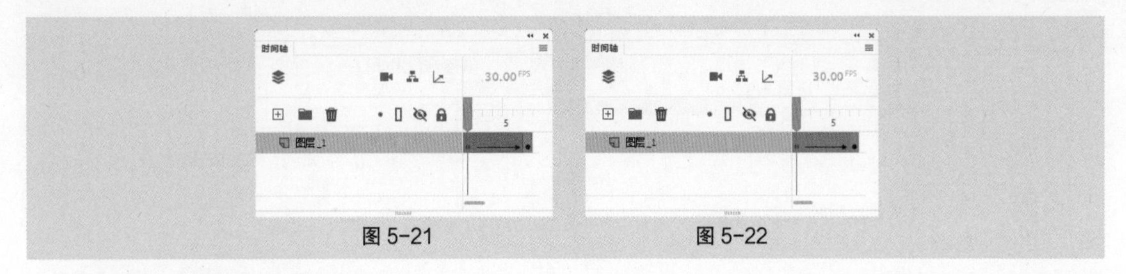

图 5-21　　图 5-22

5. 包含动作语句的帧

图 5-24 所示的时间轴中，第 1 帧上有字母“a”，表示这一帧中包含使用“动作”面板设置的动作语句。

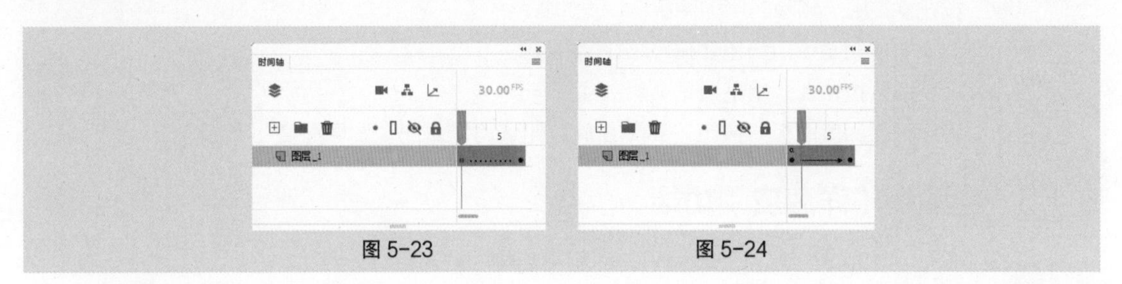

图 5-23　　图 5-24

6. 帧标签

图 5-25 所示的时间轴中，第 1 帧上有一个红旗，表示这一帧的标签类型是名称。红旗右侧的“mc”是帧标签的名称。

图 5-26 所示的时间轴中，第 1 帧上有两条绿色斜杠，表示这一帧的标签类型是注释。帧注释是对帧的解释，帮助理解该帧在影片中的作用。

图 5-27 所示的时间轴中，第 1 帧上有一个金色的锚，表示这一帧的标签类型是锚记。帧锚记表示该帧是一个定位，方便浏览者在浏览器中快进、快退。

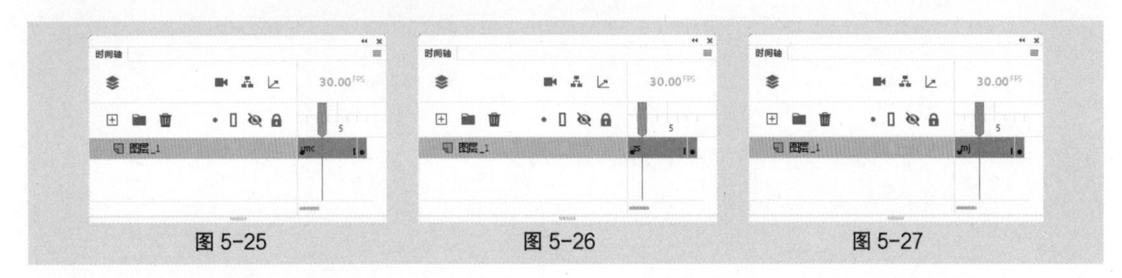

图 5-25　　图 5-26　　图 5-27

5.1.4 “时间轴”面板

“时间轴”面板由图层控制区和时间线控制区组成，如图 5-28 所示。

眼睛图标：单击此图标，可以隐藏或显示图层中的内容。

锁状图标：单击此图标，可以锁定或解锁图层。

线框图标：单击此图标，可以将图层中的内容以线框的方式显示。

圆点图标：单击此图标，可以将选中的图层突出显示。

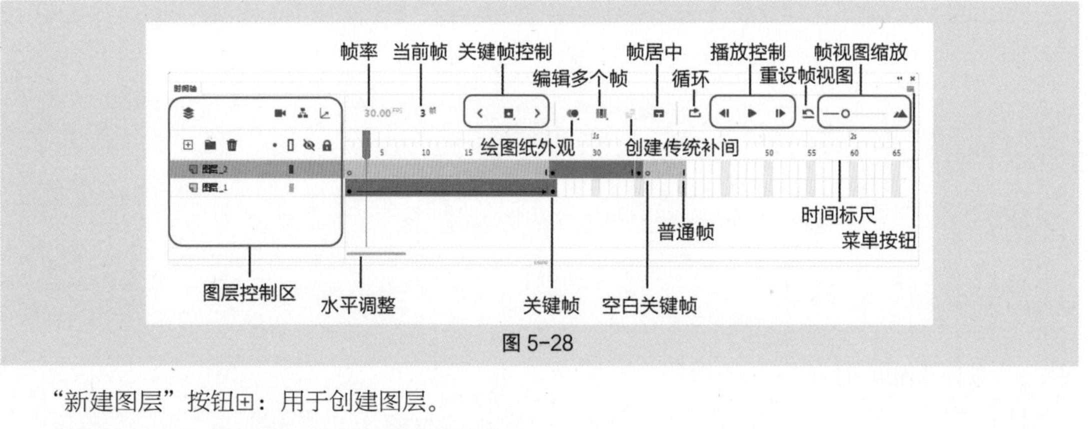

图 5-28

“新建图层”按钮⊞：用于创建图层。

“新建文件夹”按钮■：用于创建图层文件夹。

“删除”按钮🗑：用于删除无用的图层。

“添加摄像头”按钮■：用于创建摄像机图层。

“显示父级视图”按钮品：用于显示父级关系。

“单击以调用图层深度面板”按钮⩗：单击此按钮，可以调出“图层深度”面板。

5.1.5 绘图纸（洋葱皮）功能

一般情况下，Animate 2020 的舞台只能显示当前帧中的对象。如果希望在舞台上出现多帧对象以帮助当前帧对象的定位和编辑，可以使用 Animate 2020 提供的绘图纸（洋葱皮）功能。

打开云盘中的“基础素材 > Ch05 > 01”文件。“时间轴”面板顶部的按钮功能如下。

“帧居中”按钮▭：单击此按钮，播放头所在帧会显示在时间轴的中间位置。

“循环”按钮⟲：单击此按钮，在标记范围内的帧将循环播放。

“绘图纸外观（选定范围）”按钮●：单击此按钮，时间轴标尺上出现绘图纸的标记，如图 5-29 所示，在标记范围内的帧上的对象将同时显示在舞台中，如图 5-30 所示。可以用鼠标拖曳标记来增加显示的帧数，如图 5-31 所示。

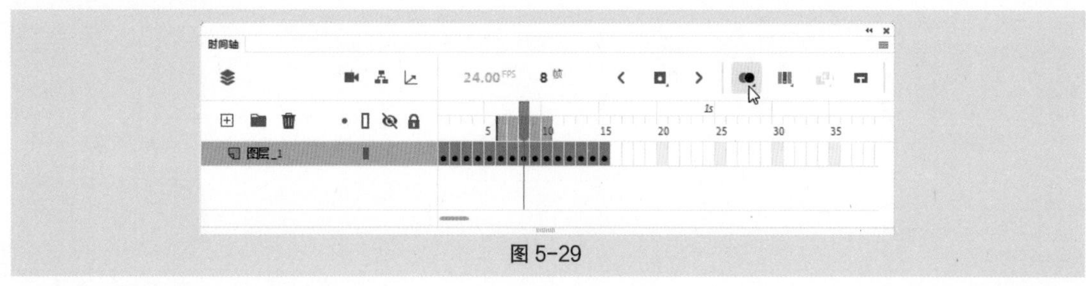

图 5-29

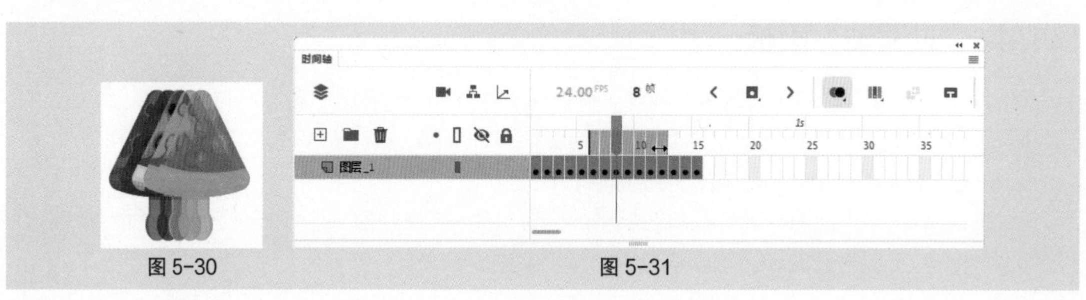

图 5-30　　图 5-31

长按“绘图纸外观”按钮，弹出下拉菜单，如图 5-32 所示。

“选定范围”命令：在时间轴标尺上总是显示出绘图纸标记。

“所有帧”命令：绘图纸标记显示范围为时间轴中的所有帧，如图 5-33 所示，图形显示效果如图 5-34 所示。

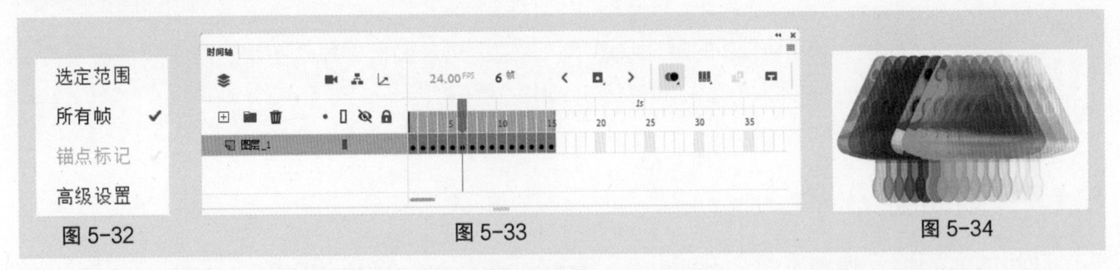

图 5-32　　图 5-33　　图 5-34

“锚定标记”命令：锁定绘图纸标记的显示范围，移动播放头将不会改变显示范围，如图 5-35 所示。

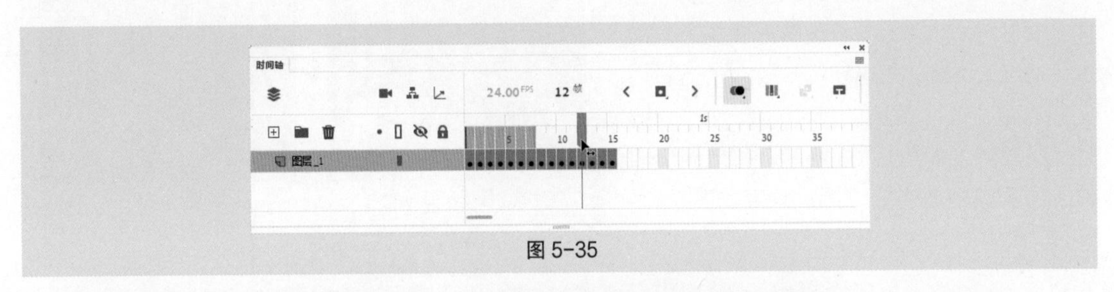

图 5-35

“高级设置”命令：选择此命令后，可以自定义绘图纸标记的显示范围。

5.1.6　在“时间轴”面板中设置帧

在“时间轴”面板中，可以对帧进行一系列的操作。

1. 插入帧

选择“插入 > 时间轴 > 帧”命令，或按 F5 键，可以在时间轴上插入一个普通帧。

选择“插入 > 时间轴 > 关键帧”命令，或按 F6 键，可以在时间轴上插入一个关键帧。

选择“插入 > 时间轴 > 空白关键帧”命令，可以在时间轴上插入一个空白关键帧。

2. 选择帧

选择“编辑 > 时间轴 > 选择所有帧”命令，可以选中时间轴中的所有帧。

单击要选的帧，帧变为蓝色。

用鼠标选中要选择的帧，再向前或向后进行拖曳，鼠标指针经过的帧全部被选中。

按住 Ctrl 键的同时单击要选择的帧，可以选择多个不连续的帧。

按住 Shift 键的同时单击两个帧，这两个帧及它们之间的所有帧都被选中。

3. 移动帧

选中一个或多个帧，按住鼠标左键，移动所选帧到目标位置。在移动过程中，如果按住 Alt 键，会在目标位置上复制出所选的帧。

选中一个或多个帧，选择“编辑 > 时间轴 > 剪切帧”命令，或按 Ctrl+Alt+X 组合键，剪切所选的帧；选中目标位置，选择“编辑 > 时间轴 > 粘贴帧”命令，或按 Ctrl+Alt+V 组合键，在目标位置上粘贴所选的帧。

4. 删除帧

用鼠标右键单击要删除的帧，在弹出的快捷菜单中选择“清除帧”命令。

选中要删除的普通帧，按 Shift+F5 组合键删除帧。选中要删除的关键帧，按 Shift+F6 组合键，删除关键帧。

知识提示

在 Animate 2020 的默认状态下，“时间轴”面板中每个图层的第 1 帧都被设置为关键帧。后面插入的帧将拥有第 1 帧中的所有内容。

5.1.7 帧动画

打开云盘中的“基础素材 > Ch05 > 02”文件，如图 5-36 所示。选中“鱼”图层的第 5 帧，按 F6 键插入关键帧。选择“选择工具” ▶，在舞台中将鱼图形向左上方拖曳到适当的位置，效果如图 5-37 所示。

选中“鱼”图层的第 10 帧，按 F6 键插入关键帧，如图 5-38 所示，将鱼图形向左上方拖曳到适当的位置，效果如图 5-39 所示。

图 5-36

图 5-37

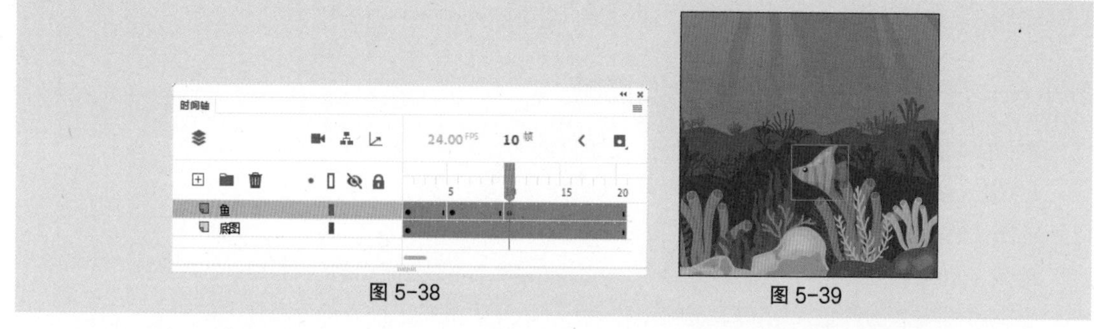

图 5-38　　图 5-39

选中“鱼”图层的第 15 帧，按 F6 键插入关键帧，如图 5-40 所示，将鱼图形向左下方拖曳到适当的位置，效果如图 5-41 所示。

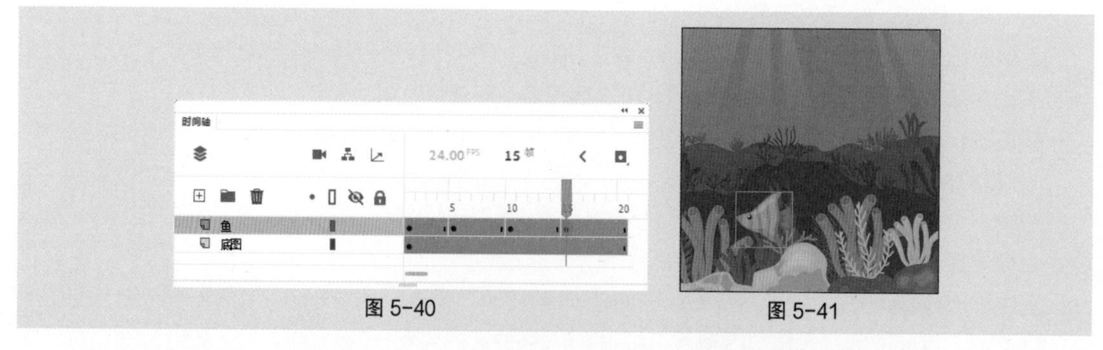

图 5-40　　图 5-41

按 Enter 键播放，观看效果。在不同的关键帧上动画显示的效果如图 5-42 所示。

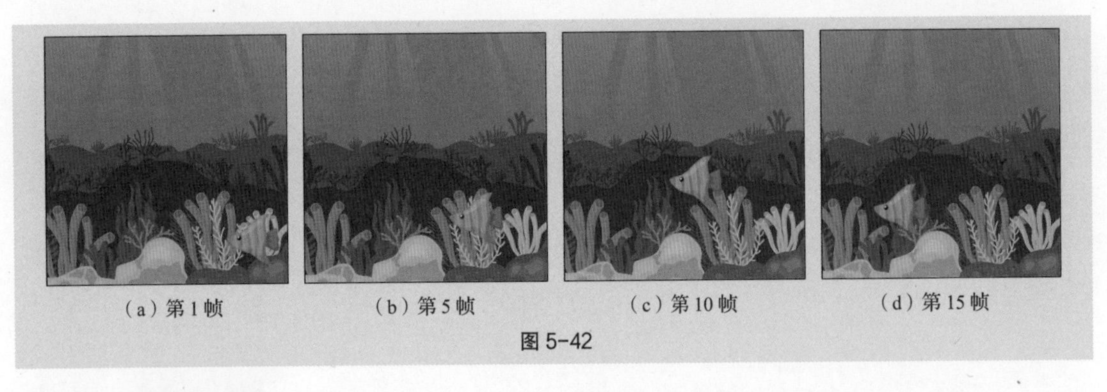
（a）第 1 帧　（b）第 5 帧　（c）第 10 帧　（d）第 15 帧

图 5-42

5.1.8 逐帧动画

新建空白文档，选择“文本工具”T，在第 1 帧的舞台中输入文字“美”，如图 5-43 所示。在“时间轴”面板中选中第 2 帧，如图 5-44 所示。按 F6 键插入关键帧，如图 5-45 所示。

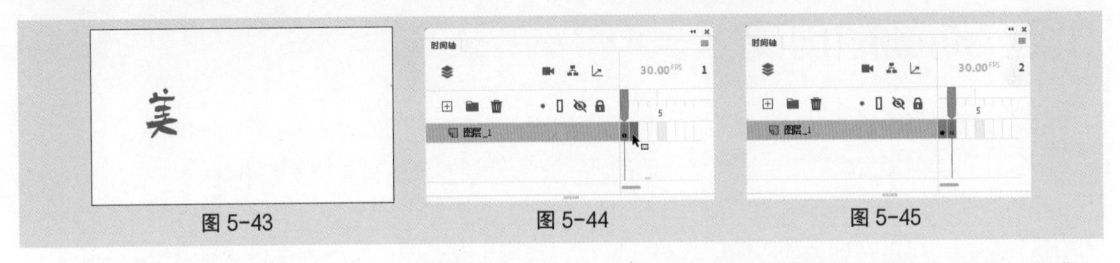

图 5-43　图 5-44　图 5-45

在第 2 帧的舞台中输入“好”，如图 5-46 所示。在第 3 帧上插入关键帧，在舞台中输入“时”，如图 5-47 所示。在第 4 帧上插入关键帧，在舞台中输入“光”，如图 5-48 所示。按 Enter 键播放，观看效果。

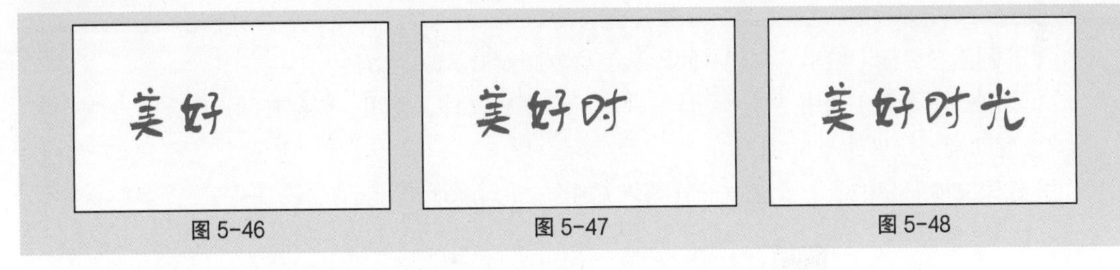

图 5-46　图 5-47　图 5-48

还可以通过从外部导入图片组来实现逐帧动画。

选择“文件 > 导入 > 导入到舞台”命令，弹出“导入”对话框，在对话框中选择云盘中的“基础素材 > Ch05 > 逐帧动画 > 01”文件，如图 5-49 所示，单击“打开”按钮，弹出提示对话框，询问是否将图像序列中的所有图像导入，如图 5-50 所示。

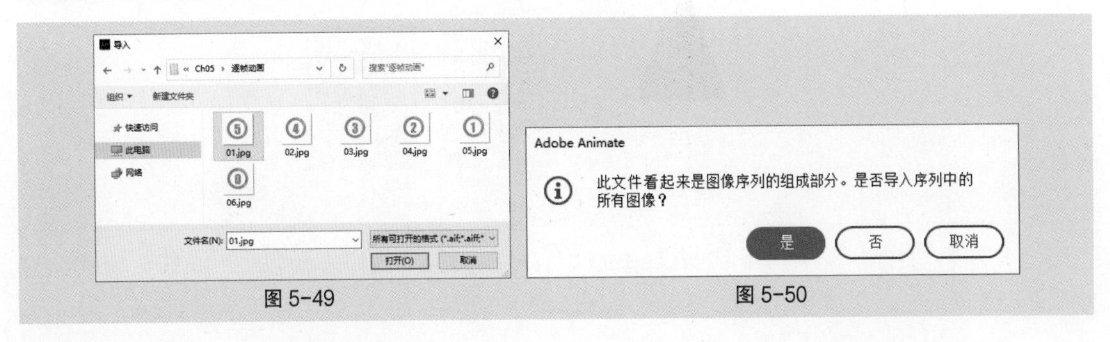

图 5-49　图 5-50

单击“是”按钮，将图像序列导入舞台中，如图 5-51 所示。按 Enter 键播放，观看效果。

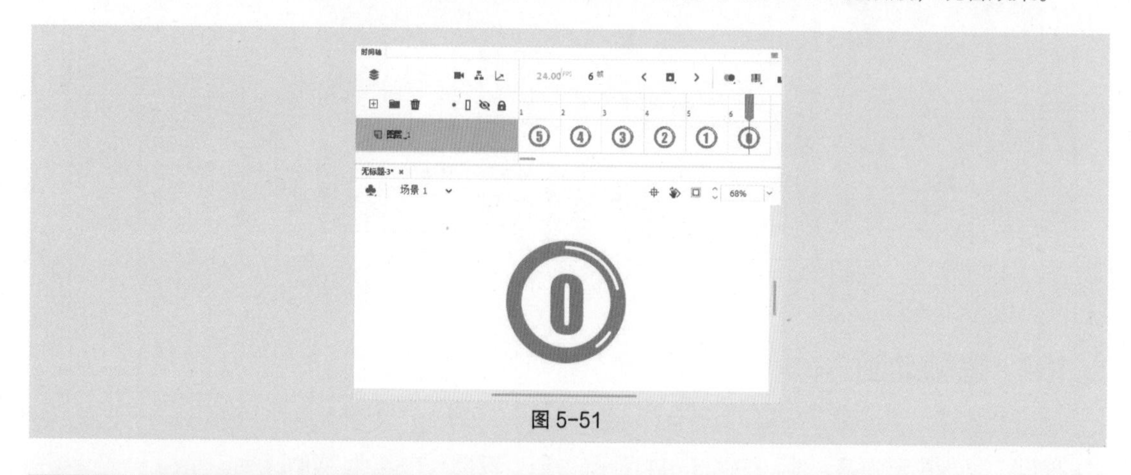

图 5-51

5.2 动画的创建

可以使用帧制作帧动画或逐帧动画，利用在不同帧上设置不同的对象来实现动画效果。

形状补间动画是使图形形状发生变化的动画，它所处理的对象是舞台上的图形。

动作补间动画所处理的对象是舞台上的组件实例、多个图形的组合、文字、导入的素材对象。利用这种动画，可以实现上述对象的大小、位置、旋转角度、颜色及透明度等变化效果。色彩变化动画是指对象没有动作和形状上的变化，只是在颜色上产生了变化。

5.2.1 课堂案例——制作文化动态海报

【案例学习目标】使用“创建补间形状”命令制作形状改变动画。

【案例知识要点】使用“导入到库”命令导入素材文件，使用“创建补间形状”命令制作形状改变动画，效果如图 5-52 所示。

【效果文件所在位置】云盘 /Ch05/ 效果 / 制作文化动态海报 .fla。

图 5-52

（1）选择“文件 > 打开”命令，在弹出的“打开”对话框中选择云盘中的“Ch05 > 素材 > 制作文化动态海报 > 01”文件，单击“打开”按钮，打开文件。

（2）选择“文件 > 导入 > 导入到库”命令，在弹出的“导入到库”对话框中选择云盘中的“Ch05 > 素材 > 制作文化动态海报 > 02 ～ 05”文件，单击“打开”按钮，文件被导入“库”面板中，如图 5-53 所示。

（3）在“时间轴”面板中创建新图层并将其命名为“动画 9”。选中“动画 9”图层的第 10 帧，按 F6 键插入关键帧。将“库”面板中的图形元件“02”拖曳到舞台中并放置在适当的位置，如图 5-54 所示。

（4）保持实例的选取状态，按 Ctrl+B 组合键将其打散，效果如图 5-55 所示。选中“动画 9”图层的第 19 帧，按 F7 键插入空白关键帧。将“库”面板中的图形元件“03”拖曳到舞台中，并放置在与“02”图形相同的位置，如图 5-56 所示。

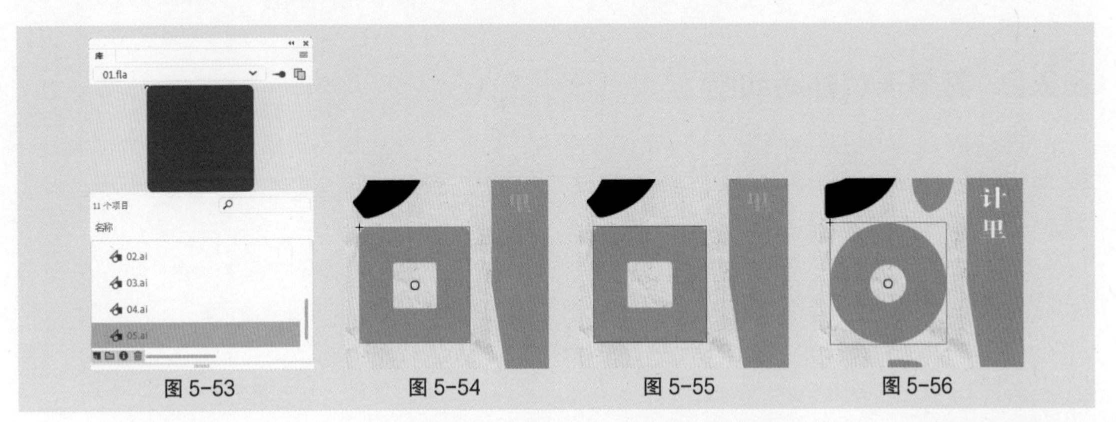

图 5-53　图 5-54　图 5-55　图 5-56

（5）保持实例的选取状态，按 Ctrl+B 组合键将其打散，效果如图 5-57 所示。用鼠标右键单击“动画 9”图层的第 10 帧，在弹出的快捷菜单中选择“创建补间形状”命令，创建形状补间动画，如图 5-58 所示。

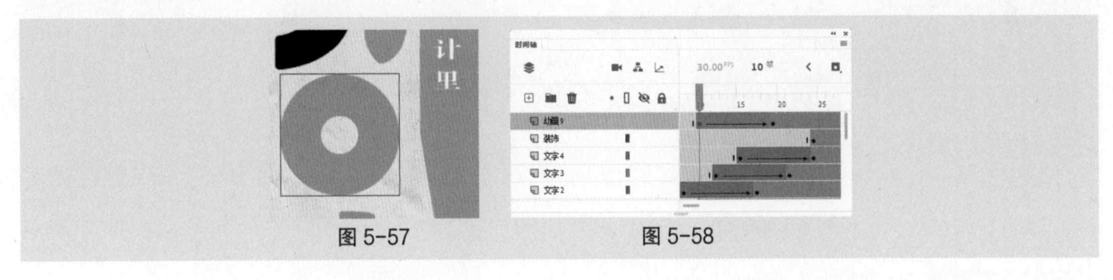

图 5-57　图 5-58

（6）在“时间轴”面板中创建新图层并将其命名为“动画 10”。选中“动画 10”图层的第 12 帧，按 F6 键插入关键帧。将“库”面板中的图形元件“04”拖曳到舞台中并放置在适当的位置，如图 5-59 所示。

（7）保持实例的选取状态，按 Ctrl+B 组合键将其打散，效果如图 5-60 所示。选中“动画 10”图层的第 21 帧，按 F7 键插入空白关键帧。将“库”面板中的图形元件“05”拖曳到舞台中，并放置在与“02”图形相同的位置，如图 5-61 所示。

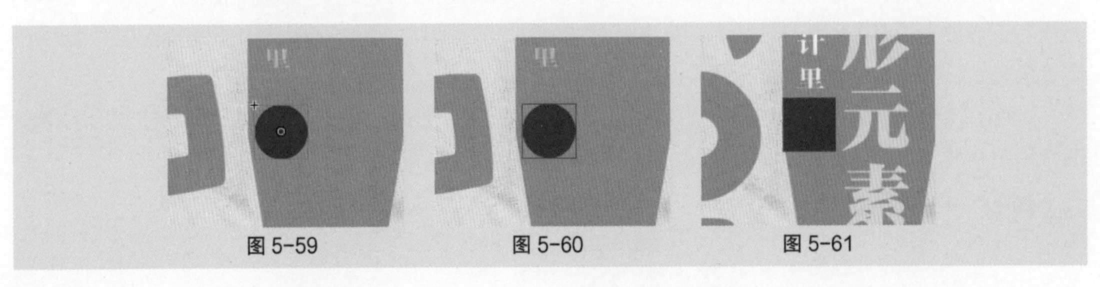

图 5-59　图 5-60　图 5-61

（8）在“时间轴”面板中，按住 Shift 键选中“动画 9”图层和“动画 10”图层，如图 5-62 所示。将选中的图层拖曳到“动画 8”图层的上方，如图 5-63 所示。文化动态海报制作完成，按 Ctrl+Enter 组合键查看效果。

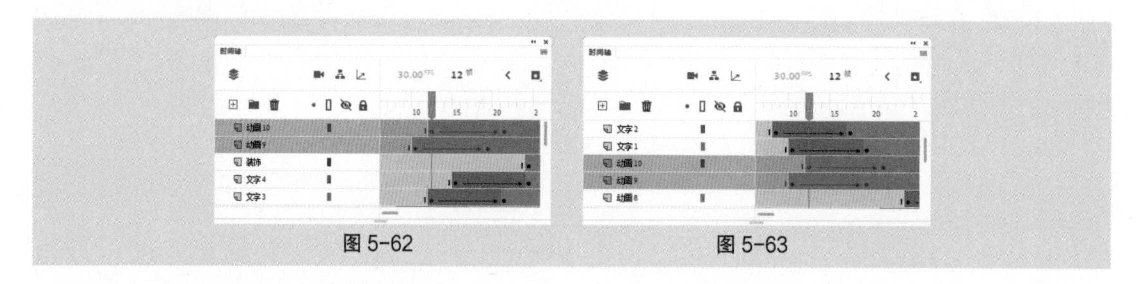

图 5-62　　图 5-63

5.2.2　简单形状补间动画

如果舞台上的对象是组件实例、多个图形的组合、文字、导入的素材对象，必须先分离或取消组合，将其打散成图形，这样才能制作形状补间动画。利用这种动画，也可以实现上述对象的大小、位置、旋转角度、颜色及透明度等的变化。

选择“文件 > 导入 > 导入到舞台”命令，在弹出的“导入”对话框中选择云盘中的“基础素材 > Ch05 > 03”文件，单击“打开”按钮，弹出“将‘03.ai’导入到舞台”对话框，单击“导入”按钮，将“03”文件导入第 1 帧的舞台中。按 Ctrl+B 组合键多次将其打散，如图 5-64 所示。

选中“图层_1”图层的第 10 帧，按 F7 键插入空白关键帧，如图 5-65 所示。

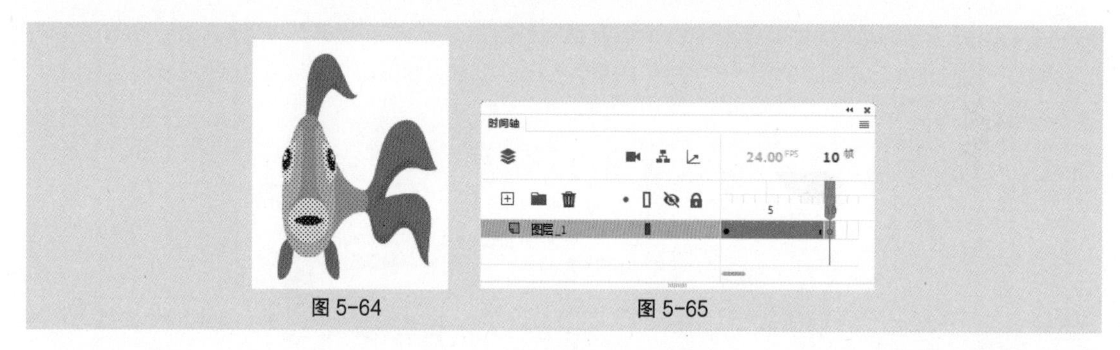

图 5-64　　图 5-65

选择“文件 > 导入 > 导入到库”命令，在弹出的“导入到库”对话框中，选择云盘中的“基础素材 > Ch05 > 04”文件，单击“打开”按钮，弹出“将‘04.ai’导入到库”对话框，单击“导入”按钮，将“04”文件导入“库”面板中。将“库”面板中的图形元件“04”拖曳到第 10 帧的舞台中，按 Ctrl+B 组合键多次将其打散，如图 5-66 所示。

用鼠标右键单击第 1 帧，在弹出的快捷菜单中选择“创建补间形状”命令，如图 5-67 所示。

创建补间形状后，“属性”面板“帧”选项卡中出现如下两个选项。

“缓动强度”选项：用于设定变形动画从开始到结束时的变形速度，其取值范围为 −100 ～ 100。当值为正数时，变形速度呈减速度，即开始时速度快，然后速度逐渐减慢；当值为负数时，变形速度呈加速度，即开始时速度慢，然后速度逐渐加快。

“混合”选项：提供了“分布式”和“角形”两个选项。选择“分布式”选项可以使变形的中间形状趋于平滑。选择“角形”选项则创建包含角度和直线的中间形状。

设置完成后，在“时间轴”面板中，第 1 帧到第 10 帧出现浅咖色的背景和黑色的箭头，表示生成形状补间动画，如图 5-68 所示。按 Enter 键播放，观看效果。

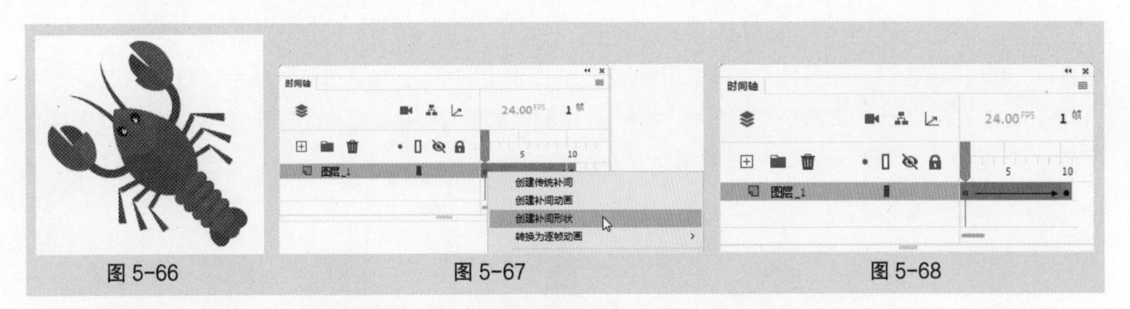

图 5-66　　图 5-67　　图 5-68

在变形过程中每一帧上的图形都发生不同的变化，如图 5-69 所示。

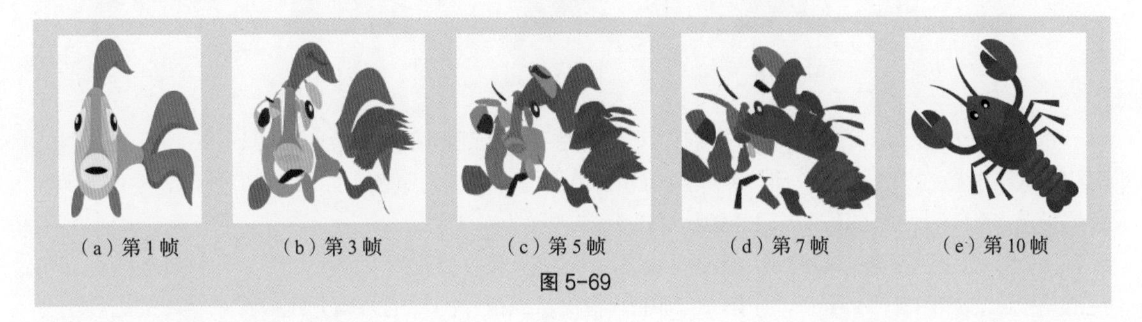

（a）第 1 帧　（b）第 3 帧　（c）第 5 帧　（d）第 7 帧　（e）第 10 帧

图 5-69

5.2.3　使用变形提示

使用变形提示可以让原图形上的某一点变换到目标图形的某一点上，还可以制作出各种复杂的变形效果。

选择“多角星形工具”，在“属性”面板“工具”选项卡中进行设置，在第 1 帧的舞台中绘制出 1 个五角星，如图 5-70 所示。选中第 10 帧，按 F7 键插入空白关键帧，如图 5-71 所示。

选择“文本工具”T，在“属性”面板“工具”选项卡中进行设置，在舞台中适当的位置输入大小为 200pt、字体为“汉仪超粗黑简”的玫红色（#FD2D61）字母，效果如图 5-72 所示。

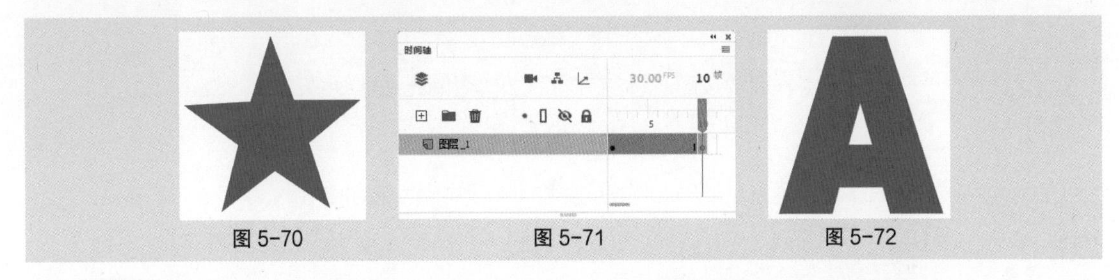

图 5-70　　图 5-71　　图 5-72

选择“选择工具”，选择字母“A”，按 Ctrl+B 组合键将其打散，效果如图 5-73 所示。用鼠标右键单击第 1 帧，在弹出的快捷菜单中选择“创建补间形状”命令，如图 5-74 所示，在“时间轴”面板中，第 1 帧到第 10 帧出现浅咖色的背景和黑色的箭头，表示生成形状补间动画，如图 5-75 所示。

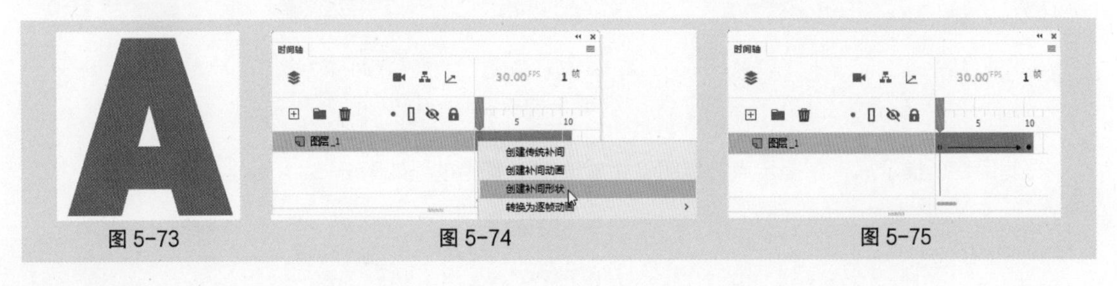

图 5-73　　图 5-74　　图 5-75

将“时间轴”面板中的播放头放在第 1 帧上，选择“修改 > 形状 > 添加形状提示”命令，或按 Ctrl+Shift+H 组合键，在五角星的中间出现红色的提示点“a”，如图 5-76 所示。将提示点移动到五角星上方的角点上，如图 5-77 所示。将“时间轴”面板中的播放头放在第 10 帧上，第 10 帧的字母上也出现红色的提示点“a”，如图 5-78 所示。

图 5-76　　图 5-77　　图 5-78

将字母上的提示点移动到右下方的边线上，提示点从红色变为绿色，如图 5-79 所示。这时，再将播放头放置在第 1 帧上，可以观察到刚才红色的提示点变为黄色，如图 5-80 所示，这表示第 1 帧的提示点和第 10 帧的提示点已经相互对应。

用相同的方法在第 1 帧的五角星中再添加 2 个提示点，分别为“b”“c”，并将其放置在五角星的角点上，如图 5-81 所示。在第 10 帧中，将提示点按顺时针的方向分别放置在字母的边线上，如图 5-82 所示。提示点的设置完成，按 Enter 键播放，观看效果。

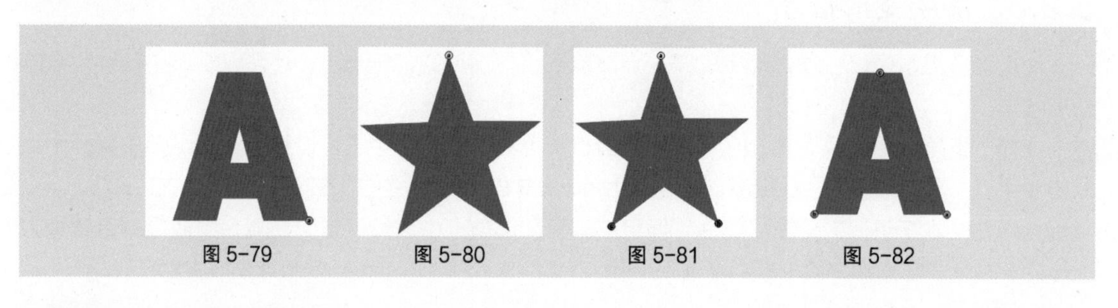

图 5-79　　图 5-80　　图 5-81　　图 5-82

形状提示点一定要按顺时针的方向添加，否则无法实现效果。

在未使用变形提示前，Animate 2020 自动生成的图形变化过程如图 5-83 所示。

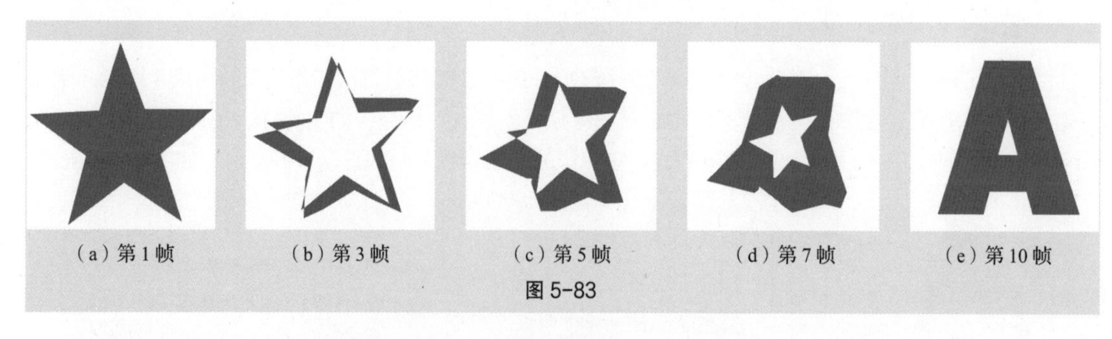

（a）第 1 帧　（b）第 3 帧　（c）第 5 帧　（d）第 7 帧　（e）第 10 帧

图 5-83

在使用变形提示后，在提示点的作用下生成的图形变化过程如图 5-84 所示。

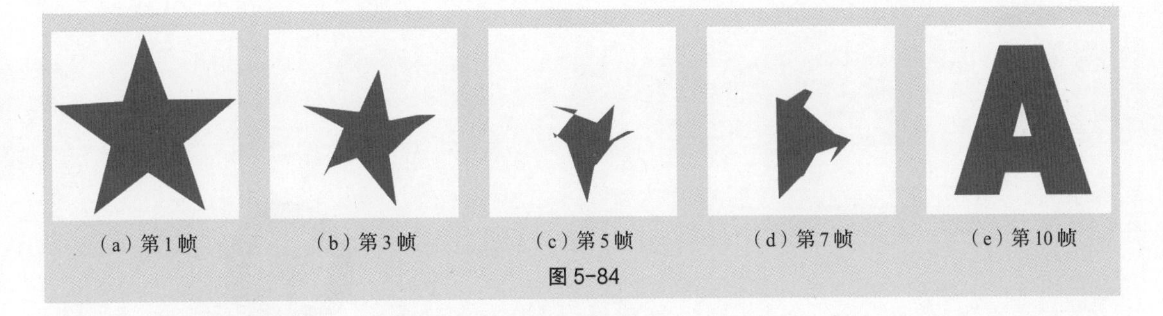

（a）第 1 帧　（b）第 3 帧　（c）第 5 帧　（d）第 7 帧　（e）第 10 帧

图 5-84

5.2.4 课堂案例——制作小汽车动画

【案例学习目标】使用“创建传统补间”命令制作动画。

【案例知识要点】使用“导入到库”命令导入素材，制作图形元件；使用“创建传统补间”命令创建传统补间动画；使用“属性”面板改变实例的旋转方向，效果如图 5-85 所示。

【效果文件所在位置】云盘 /Ch05/ 效果 / 制作小汽车动画 .fla。

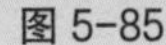

图 5-85

（1）选择“文件 > 新建”命令，弹出“新建文档”对话框，在“详细信息”选项组中，将“宽”设为 1000、“高”设为 700，在“平台类型”下拉列表中选择“ActionScript 3.0”选项，单击“创建”按钮，完成文档的创建。

（2）选择“文件 > 导入 > 导入到库”命令，在弹出的“导入到库”对话框中选择云盘中的“Ch05 > 素材 > 制作小汽车动画 > 01 ～ 04”文件，单击“打开”按钮，文件被导入“库”面板中，如图 5-86 所示。

（3）按 Ctrl+F8 组合键，弹出“创建新元件”对话框，在“名称”文本框中输入“车轮”，在“类型”下拉列表中选择“图形”选项，单击“确定”按钮，新建图形元件“车轮”，如图 5-87 所示，舞台随之转换为图形元件“车轮”的舞台。将“库”面板中的“03”文件拖曳到舞台中并放置在适当的位置，如图 5-88 所示。

（4）新建图形元件“线条”，舞台随之转换为图形元件“线条”的舞台。将“库”面板中的“04”文件拖曳到舞台中并放置在适当的位置，如图 5-89 所示。

（5）新建影片剪辑元件“车轮动”，舞台随之转换为影片剪辑元件“车轮动”的舞台。将“库”面板中的图形元件“车轮”拖曳到舞台中，如图 5-90 所示。

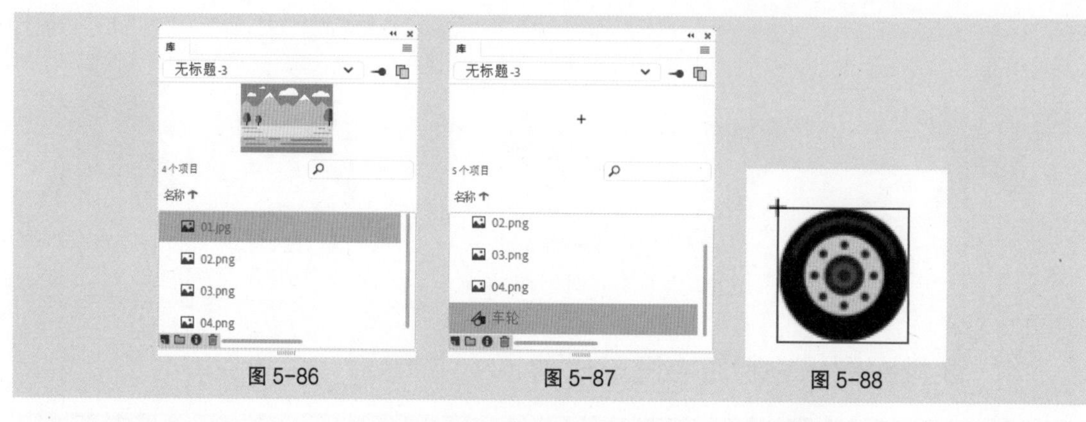

图 5-86　　图 5-87　　图 5-88

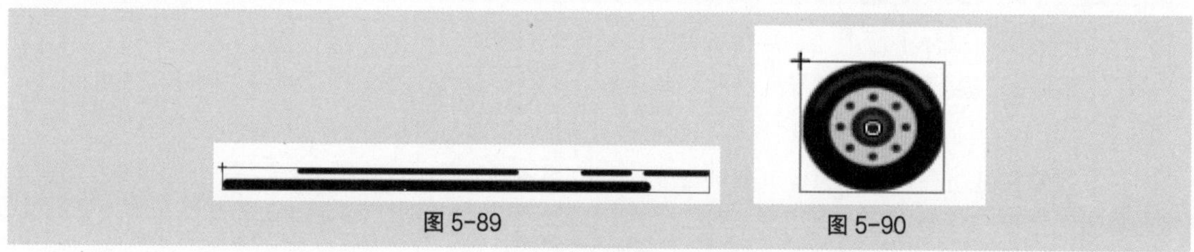
图 5-89　　图 5-90

（6）选中“图层_1”图层的第 30 帧，按 F6 键插入关键帧，如图 5-91 所示。用鼠标右键单击“图层_1”图层的第 1 帧，在弹出的快捷菜单中选择“创建传统补间”命令，生成传统补间动画，如图 5-92 所示。

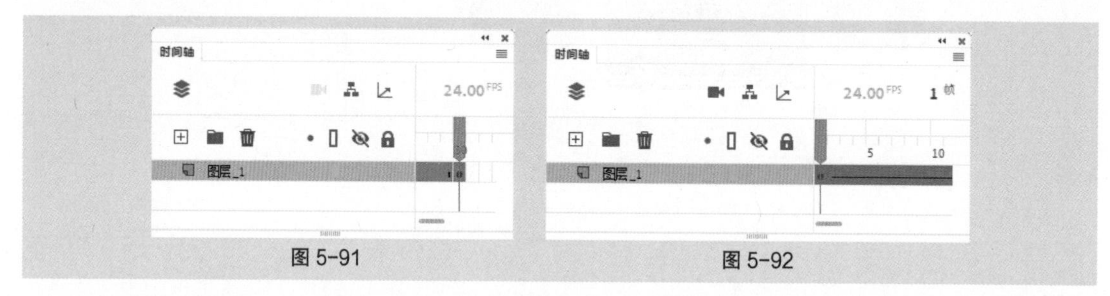

图 5-91　　图 5-92

（7）选中“图层_1”图层的第 1 帧，在“属性”面板“帧”选项卡中，展开“补间”选项组，将“旋转”设为“逆时针”、“旋转次数”设为 1，如图 5-93 所示。

（8）新建影片剪辑元件“线条动”，舞台随之转换为影片剪辑元件“线条动”的舞台。将“库”面板中的图形元件“线条”拖曳到舞台中并放置在适当的位置，如图 5-94 所示。

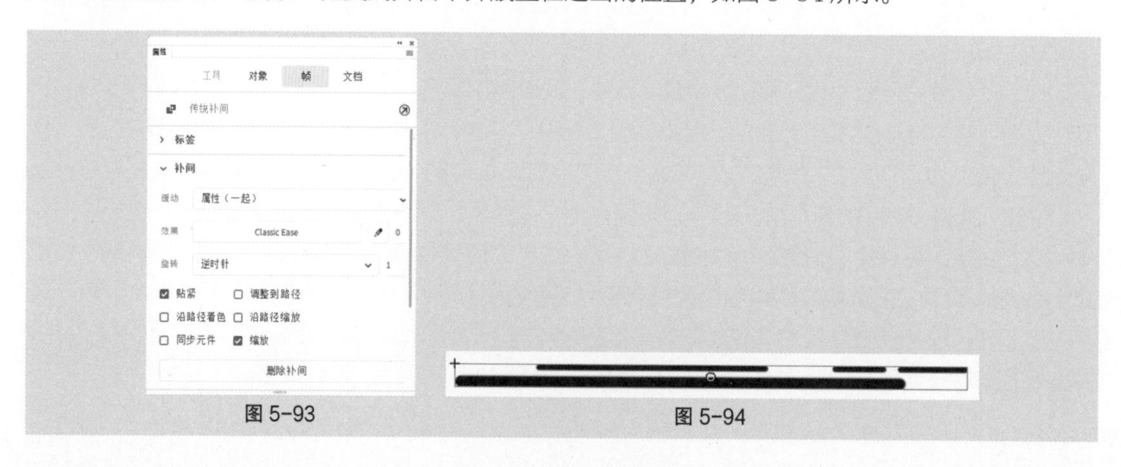

图 5-93　　图 5-94

（9）分别选中“图层_1”图层的第 15 帧、第 30 帧，按 F6 键插入关键帧。选中“图层_1”图层的第 15 帧，在舞台中将“线条”实例水平向右拖曳到适当的位置，如图 5-95 所示。

（10）分别用鼠标右键单击“图层_1”的第 1 帧、第 15 帧，在弹出的快捷菜单中选择“创建传统补间”命令，生成传统补间动画，如图 5-96 所示。

图 5-95　　图 5-96

（11）新建影片剪辑元件“汽车动”，舞台随之转换为影片剪辑元件“汽车动”的舞台。将“图层_1”图层重命名为“车体”。将“库”面板中的“02”文件拖曳到舞台中并放置在适当的位置，如图 5-97 所示。

（12）在“时间轴”面板中创建新图层并将其命名为“车轮”。将“库”面板中的影片剪辑元件“车轮动”拖曳到舞台中并放置在适当的位置，如图 5-98 所示。

图 5-97　　图 5-98

（13）选择“选择工具”▶，选中“车轮动”实例，按住 Alt+Shift 组合键的同时将其拖曳到适当的位置，复制“车轮动”实例，效果如图 5-99 所示。

（14）在“时间轴”面板中创建新图层并将其命名为“装饰”。将“库”面板中的影片剪辑元件“线条动”拖曳到舞台中并放置在适当的位置，如图 5-100 所示。

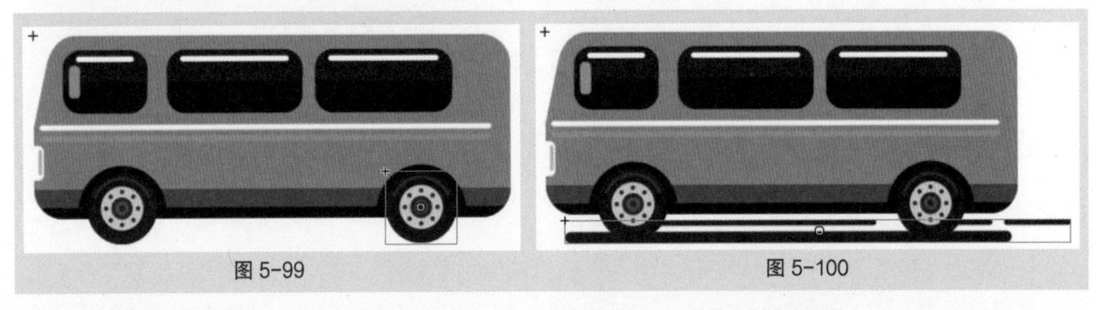

图 5-99　　图 5-100

（15）在“时间轴”面板中，将“装饰”图层拖曳到“车体”图层的下方，如图 5-101 所示，效果如图 5-102 所示。

（16）单击舞台左上方的按钮←，进入“场景 1”的舞台。将“图层_1”图层重新命名为“底图”。将“库”面板中的“01”文件拖曳到舞台的中心位置，如图 5-103 所示。选中“底图”图层的第 120 帧，按 F5 键插入普通帧。

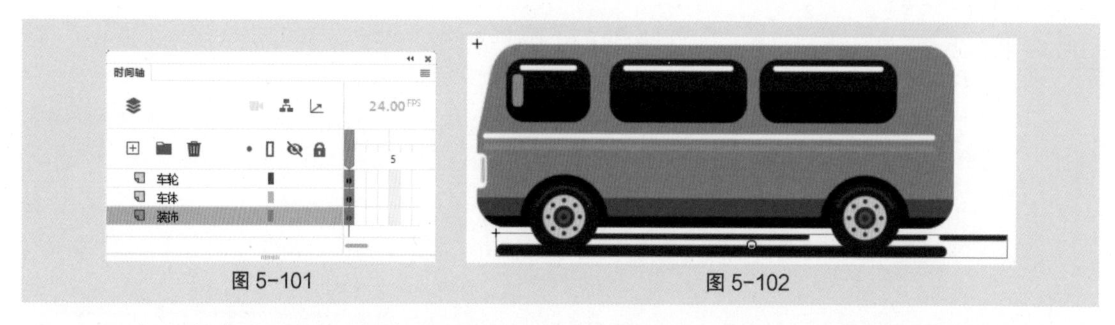

图 5-101　　图 5-102

（17）在“时间轴”面板中创建新图层并将其命名为“汽车”。将“库”面板中的影片剪辑元件“汽车动”拖曳到舞台的右外侧，如图 5-104 所示。选中“汽车”图层的第 120 帧，按 F6 键插入关键帧。在舞台中将“汽车动”实例水平向左拖曳到舞台的左外侧，如图 5-105 所示。

图 5-103　　图 5-104　　图 5-105

（18）用鼠标右键单击“汽车”图层的第 1 帧，在弹出的快捷菜单中选择“创建传统补间”命令，生成传统补间动画，如图 5-106 所示。小汽车动画效果制作完成，按 Ctrl+Enter 组合键查看效果，如图 5-107 所示。

图 5-106　　图 5-107

5.2.5　创建补间动画

补间动画是一种使用元件的动画，可以对元件进行位移、大小、旋转、透明度和颜色等动画设置。

打开云盘中的“基础素材 > Ch05 > 05”文件，如图 5-108 所示。在“时间轴”面板中创建新图层并将其命名为“飞机”，如图 5-109 所示。将“库”面板中的图形元件“飞机”拖曳到舞台的左外侧，如图 5-110 所示。

分别选中“底图”图层和“飞机”图层的第 40 帧，按 F5 键插入普通帧。用鼠标右键单击“飞机”图层的第 1 帧，在弹出的快捷菜单中选择“创建补间动画”命令，如图 5-111 所示，创建补间动画，如图 5-112 所示。

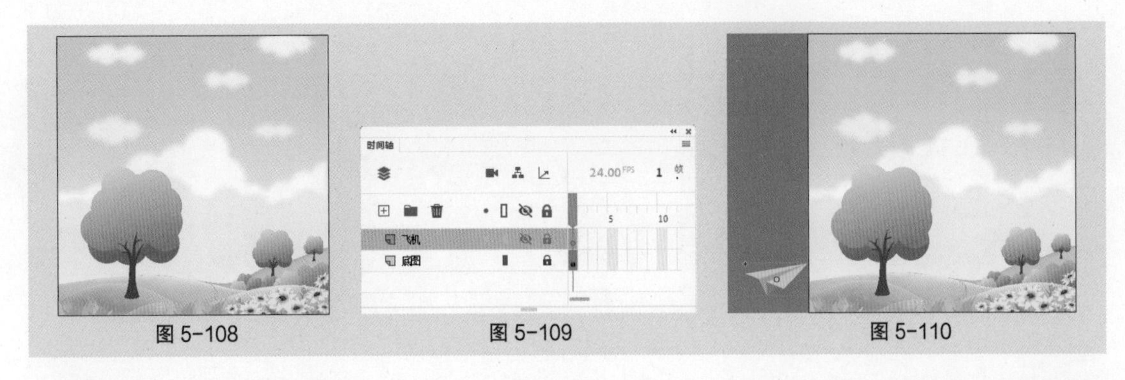

图 5-108　　图 5-109　　图 5-110

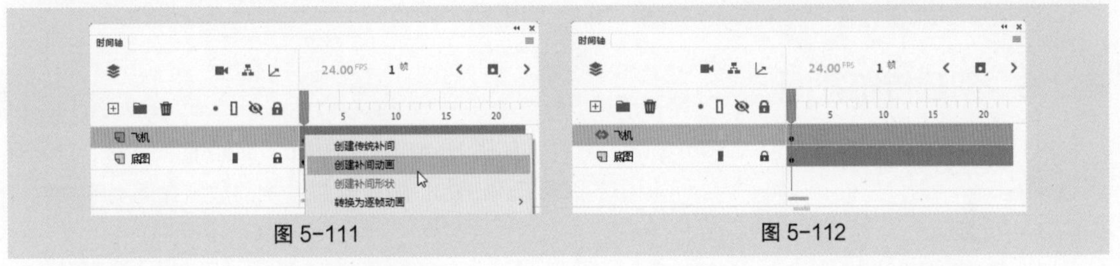

图 5-111　　图 5-112

创建完成后补间范围以黄色背景显示，而且只有第 1 帧为关键帧，其余帧均为普通帧。

创建补间动画后，“属性”面板“帧”选项卡中出现多个新的选项，如图 5-113 所示。

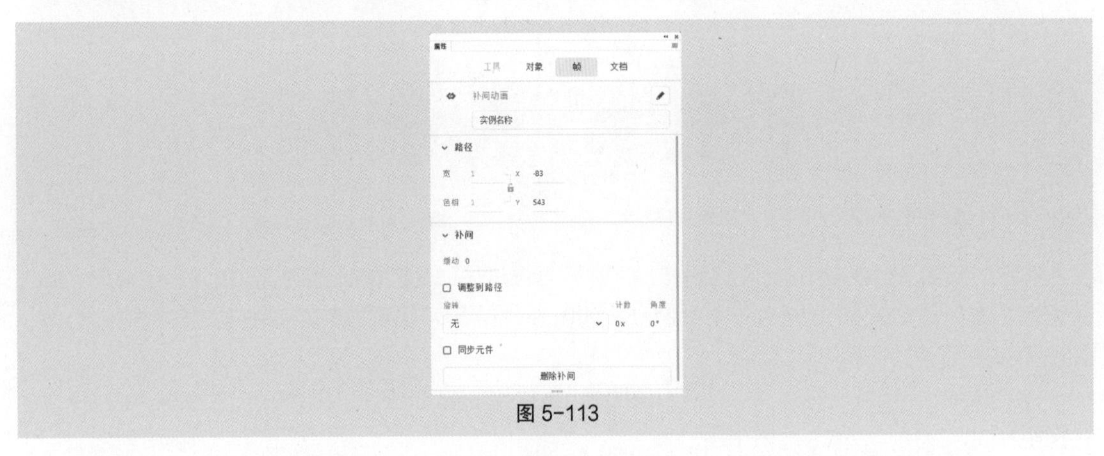

图 5-113

“缓动”选项：用于设定动作补间动画从开始到结束时的运动速度，其取值范围为 −100 ～ 100。当值为正数时，运动速度呈减速度，即开始时速度快，然后速度逐渐减慢；当值为负数时，运动速度呈加速度，即开始时速度慢，然后速度逐渐加快。

“旋转”选项：用于设置对象在运动过程中的旋转样式和次数。

“调整到路径”选项：勾选此选项后，可以按照运动轨迹曲线改变变化的方向。

“路径”选项组：用于设置运动轨迹。

“同步图形元件”选项：勾选此选项后，如果对象是一个包含动画效果的图形组件实例，其动画和主时间轴同步。

选中“飞机”图层的第 40 帧，在舞台中将“飞机”实例拖曳到适当的位置，如图 5-114 所示。此时在第 40 帧上会自动产生一个属性关键帧，并在舞台中显示运动轨迹。

选择“选择工具”▸，将鼠标指针放置在运动轨迹上，鼠标指针变为↖，如图 5-115 所示，拖曳鼠标可以更改运动轨迹，效果如图 5-116 所示。

图 5-114　　图 5-115　　图 5-116

补间动画的制作完成。按 Enter 键播放，观看效果。

5.2.6　创建传统补间

打开云盘中的“基础素材 > Ch05 > 06”文件，如图 5-117 所示。在“时间轴”面板中创建新图层并将其命名为“飞机”。将“库”面板中的图形元件“02”拖曳到舞台中并放置在适当的位置，如图 5-118 所示。

图 5-117　　图 5-118

在“时间轴”面板中用鼠标右键单击“飞机”图层的第 10 帧，在弹出的快捷菜单中选择“插入关键帧”命令，在第 10 帧插入一个关键帧，如图 5-119 所示。将飞机图形拖曳到舞台的右上角，如图 5-120 所示。

在“时间轴”面板中选中“飞机”图层的第 1 帧，单击鼠标右键，在弹出的快捷菜单中选择“创建传统补间”命令，如图 5-121 所示。

图 5-119　　图 5-120　　图 5-121

创建传统补间后，“属性”面板“帧”选项卡中出现多个新的选项，如图 5-122 所示。

“贴紧”选项：勾选此选项后，如果使用运动引导动画，则根据对象的中心点将其吸附到运动路径上。

“调整到路径”选项：勾选此选项后，对象在运动引导动画过程中，可以根据引导路径的曲线改变变化的方向。

“沿路径着色”选项：勾选此选项后，对象在运动引导动画过程中，可以根据引导路径的曲线的颜色自动着色。

“沿路径缩放”选项：勾选此选项后，对象在运动引导动画过程中，可以在动画过程中改变比例。

“同步元件”选项：勾选此选项后，如果对象是一个包含动画效果的图形组件实例，其动画和主时间轴同步。

“缩放”选项：勾选此选项后，对象在动画过程中可以改变比例。

还可以在对象的运动过程中改变其大小、透明度等，下面将进行介绍。

新建空白文档，选择“文件 > 导入 > 导入到库”命令，在弹出的“导入到库”对话框中选择云盘中的“基础素材 > Ch05 > 07”文件，单击“打开”按钮，弹出“将‘07.ai’文件导入到库”对话框，单击“导入”按钮，将文件导入“库”面板，如图 5-123 所示，将图形拖曳到舞台的中心，如图 5-124 所示。

用鼠标右键单击“图层 _1”图层的第 10 帧，在弹出的快捷菜单中选择“插入关键帧”命令，在第 10 帧插入一个关键帧，如图 5-125 所示。

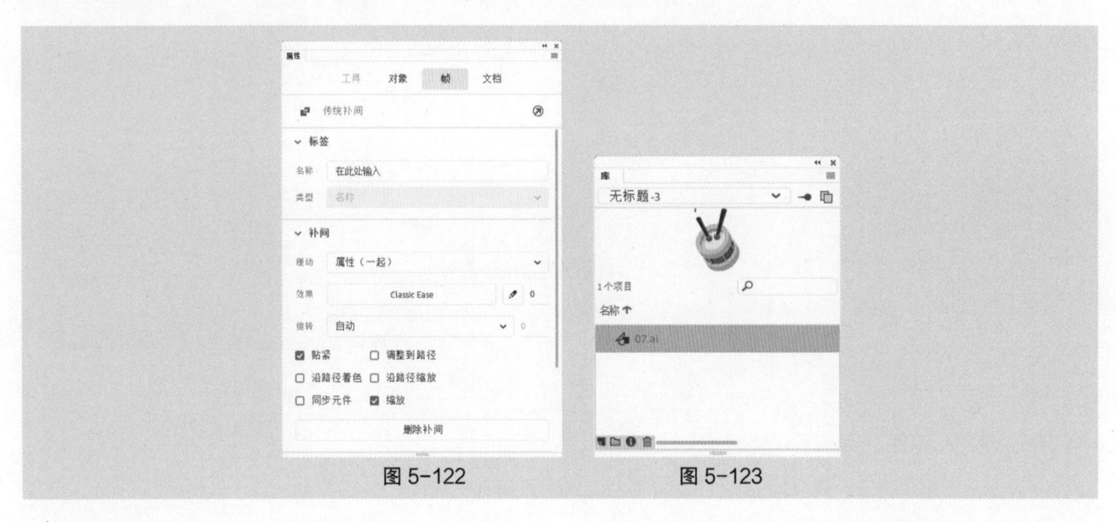

图 5-122　　图 5-123

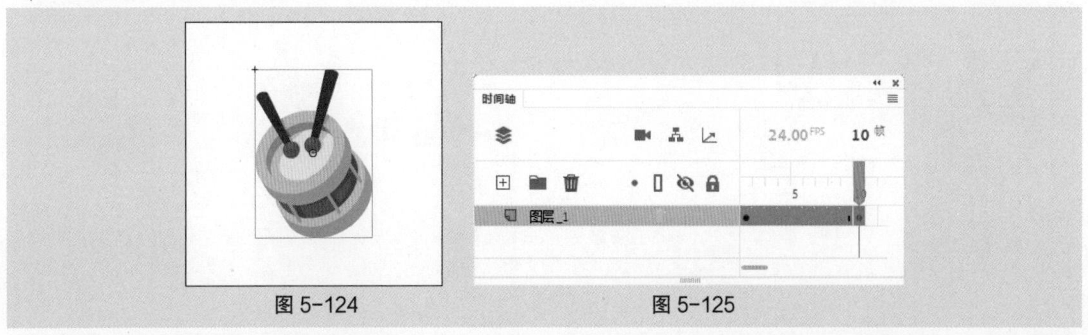

图 5-124　　图 5-125

按 Ctrl+T 组合键，弹出“变形”面板，单击面板底部的“水平翻转所选内容”按钮 ⧓，如图 5-126 所示，效果如图 5-127 所示。

在“变形”面板中，将“缩放宽度”和“缩放高度”均设为 70.0%，如图 5-128 所示，效果如图 5-129 所示。

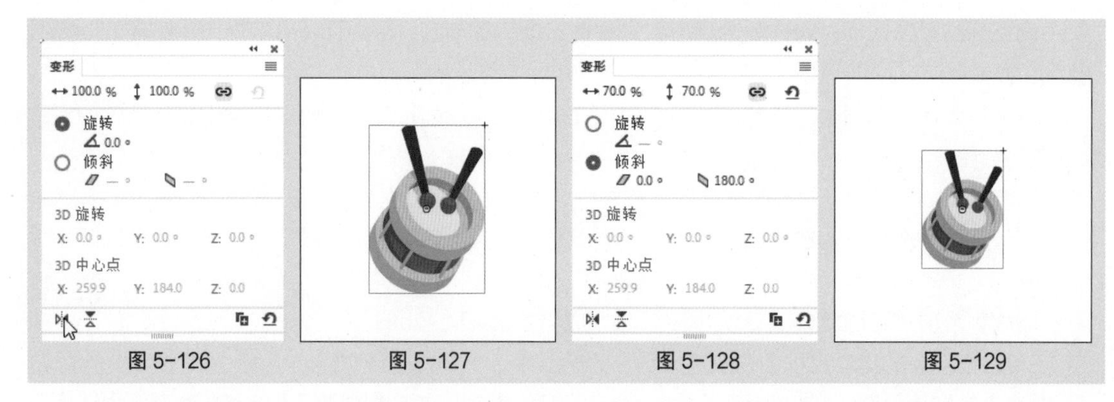
图 5-126　图 5-127　图 5-128　图 5-129

选择“选择工具”▸，在舞台中选中“07”实例，切换到“属性”面板“对象”选项卡，在“色彩效果”选项组的“颜色样式”下拉列表中选择“Alpha”选项，将“Alpha数量”设为20%，如图5-130所示。

舞台中图形的不透明度改变，如图5-131所示。在“时间轴”面板中，用鼠标右键单击“图层_1”图层的第1帧，在弹出的快捷菜单中选择“创建传统补间”命令，第1帧到第10帧生成动作补间动画，如图5-132所示。按Enter键播放，观看效果。

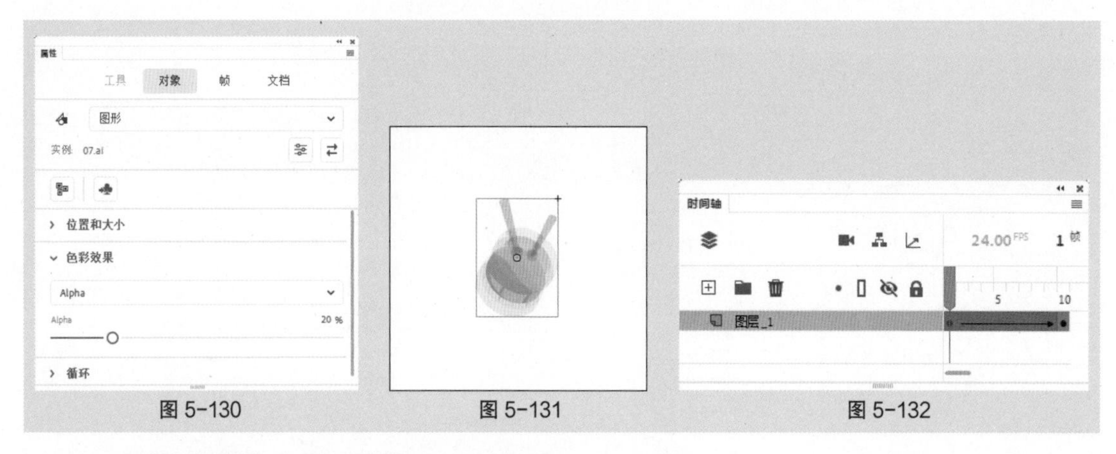
图 5-130　图 5-131　图 5-132

在不同的关键帧中，图形的动作变化效果如图5-133所示。

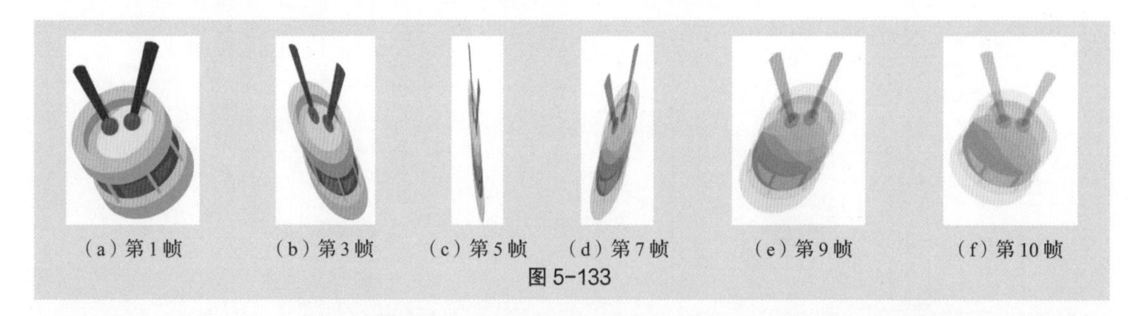
（a）第1帧　（b）第3帧　（c）第5帧　（d）第7帧　（e）第9帧　（f）第10帧

图 5-133

5.3 使用动画预设

动画预设是预配置的补间动画，可以将它们应用于舞台上的对象。只需选择对象并单击“动画预设”面板中的“应用”按钮，即可为选中的对象添加动画效果。

使用动画预设是在 Animate 2020 中添加动画的快捷方法。一旦了解了预设的工作方式，自己制作动画就非常容易了。

用户可以创建并保存自己的自定义预设。它可以来自已修改的现有动画预设，也可以来自用户自己创建的自定义补间。

还可以使用“动画预设”面板导入和导出预设。用户可以与协作人员共享预设，或使用由 Animate 2020 设计社区成员共享的预设。

5.3.1 课堂案例——制作小风扇主图动画

【案例学习目标】使用不同的预设命令制作动画。

【案例知识要点】使用“创建新元件”对话框制作图形元件，使用“从左边飞入”选项、“从顶部飞入”选项、“从右边飞入”选项、“从底部飞入”选项制作文字动画，使用“脉搏”选项制作价位动画，效果如图 5-134 所示。

【效果文件所在位置】云盘 /Ch05/ 效果 / 制作小风扇主图动画 .fla。

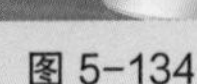
图 5-134

1. 创建图形元件

（1）选择“文件 > 新建”命令，弹出“新建文档”对话框，在“详细信息”选项组中，将“宽”设为 800、“高”设为 800，在“平台类型”下拉列表中选择“ActionScript 3.0”选项，单击“创建”按钮，完成文档的创建。

（2）选择“文件 > 导入 > 导入到库”命令，在弹出的“导入到库”对话框中选择云盘中的“Ch05 > 素材 > 制作小风扇主图动画 > 01、02”文件，单击“打开”按钮，文件被导入“库”面板中，如图 5-135 所示。

（3）按 Ctrl+F8 组合键，弹出“创建新元件”对话框，在“名称”文本框中输入“小风扇”，在“类型”下拉列表中选择“图形”选项，单击“确定”按钮，新建图形元件“小风扇”，如图 5-136 所示，舞台随之转换为图形元件“小风扇”的舞台。将“库”面板中的位图“02”拖曳到舞台中并放置在适当的位置，如图 5-137 所示。

（4）新建图形元件“价位”，舞台随之转换为图形元件“价位”的舞台。选择“文本工具”T，在“属性”面板“工具”选项卡中进行设置，在舞台中适当的位置输入大小为 112pt、字母间距为 3、字体为“Impact”的青色（#0A8FBF）数字，效果如图 5-138 所示。再次在舞台中适当的位置输入大小为 48pt、字体为“方正兰亭粗黑简体”的青色（#0A8FBF）文字，效果如图 5-139 所示。

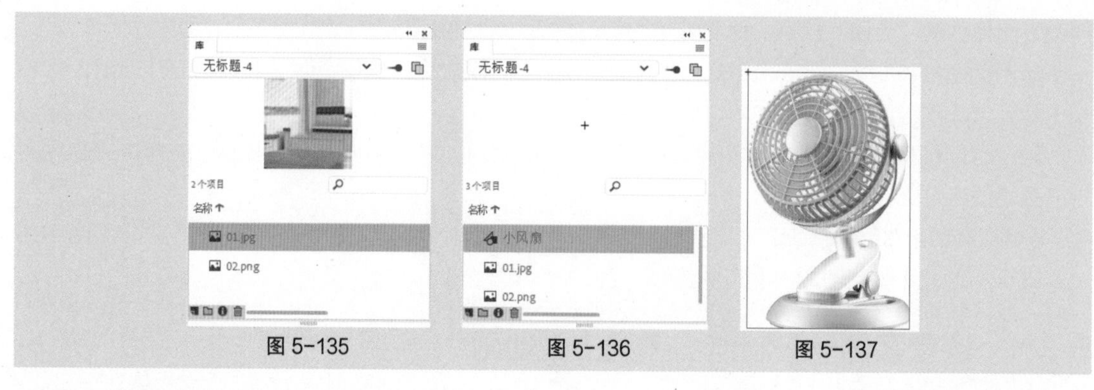

图 5-135　　图 5-136　　图 5-137

图 5-138　　图 5-139

（5）新建图形元件“文字 1”，舞台随之转换为图形元件“文字 1”的舞台。选择“文本工具”T，在“属性”面板“工具”选项卡中，单击“改变文本方向”按钮，在弹出的下拉列表中选择“垂直”选项，将“字体”设为“方正兰亭粗黑简体”、“大小”设为 78pt、“颜色”设为深灰色（#343434）、“字母间距”设为 0，其他选项的设置如图 5-140 所示，在舞台中输入文字，效果如图 5-141 所示。

（6）将光标放置在“音”与“大”的中间，如图 5-142 所示。在“属性”面板中将“字母间距”设为 10，效果如图 5-143 所示。

图 5-140　　图 5-141　　图 5-142　　图 5-143

（7）新建图形元件“文字 2”，舞台随之转换为图形元件“文字 2”的舞台。将“图层 _1”图层重命名为“圆角矩形”。选择“基本矩形工具”，在工具箱中将“笔触颜色”设为无、“填充颜色”设为青色（#27C0F7），在舞台中绘制 1 个矩形，如图 5-144 所示。

（8）保持矩形的选取状态，在“属性”面板“对象”选项卡中，将“宽”设为 70、“高”设为 250、“X”和“Y”均设为 0，其他选项的设置如图 5-145 所示，效果如图 5-146 所示。

（9）在“时间轴”面板中创建新图层并将其命名为“文字”。选择“文本工具”T，在“属性”面板“工具”选项卡中，单击“改变文本方向”按钮，在弹出的下拉列表中选择“垂直”选项，将“字体”设为“方正准圆简体”、“大小”设为 51pt、“颜色”设为白色、“行距”设为 2 点，在舞台中输入文字，效果如图 5-147 所示。

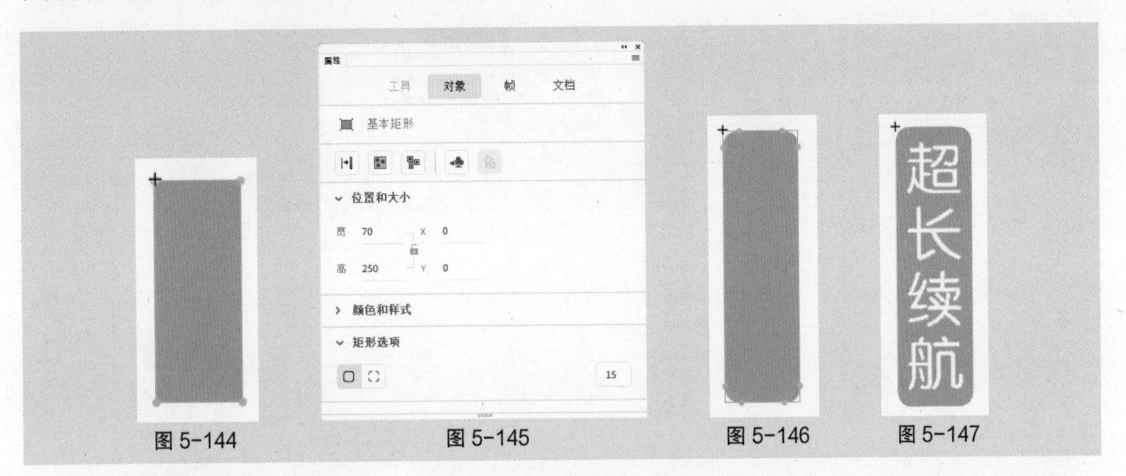

图 5-144　图 5-145　图 5-146　图 5-147

（10）新建图形元件“文字 3”，如图 5-148 所示，舞台随之转换为图形元件“文字 3”的舞台。选择“文本工具”T，在“属性”面板“工具”选项卡中，单击“改变文本方向”按钮，在弹出的下拉列表中选择“垂直”选项，将“字体”设为“方正准圆简体”、“大小”设为 30pt、“颜色”设为灰色（#535353）、“行距”设为 2 点，其他选项的设置如图 5-149 所示，在舞台中输入文字，效果如图 5-150 所示。

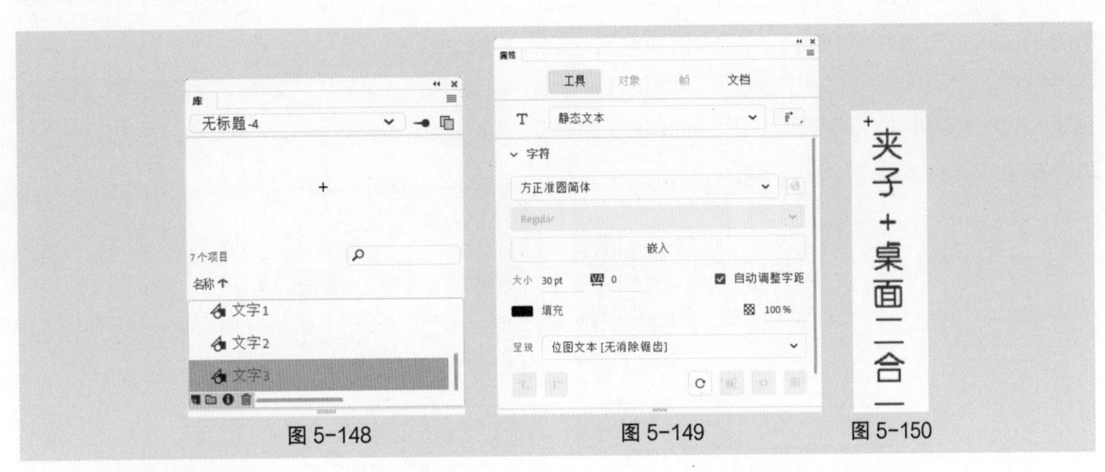

图 5-148　图 5-149　图 5-150

2. 制作场景动画

（1）单击舞台左上方按钮←，进入“场景 1”的舞台。将“图层_1”图层重命名为“底图”，如图 5-151 所示。将“库”面板中的位图“01”拖曳到舞台的中心位置，如图 5-152 所示。选中“底图”图层的第 90 帧，按 F5 键插入普通帧。

（2）在“时间轴”面板中创建新图层并将其命名为“风扇”。选中“风扇”图层的第 1 帧，将“库”面板中的图形元件“小风扇”拖曳到舞台的右外侧，如图 5-153 所示。

（3）保持“小风扇”实例的选取状态，选择“窗口 > 动画预设”命令，弹出“动画预设”面板，单击“默认预设”文件夹前面的图标，如图 5-154 所示，展开默认预设。

（4）在“动画预设”面板的“默认预设”文件夹中选择“从右边飞入”选项，如图 5-155 所示，单击“应用”按钮 应用 ，舞台中的效果如图 5-156 所示。

图 5-151　图 5-152　图 5-153

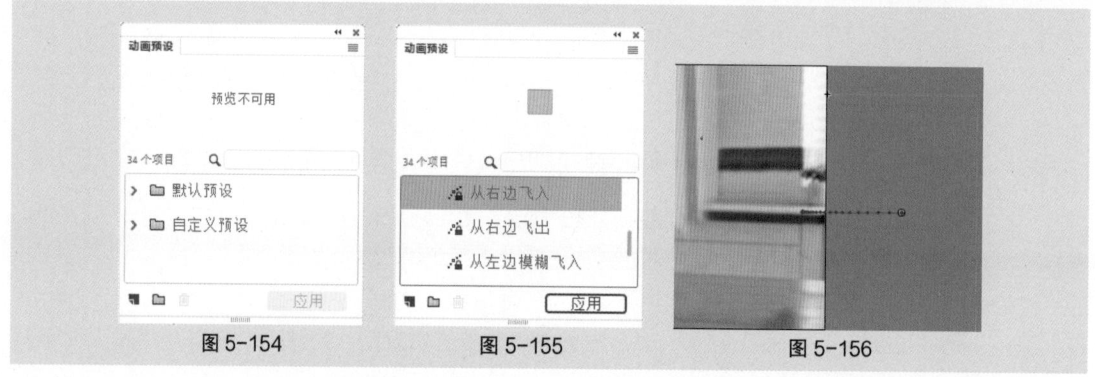

图 5-154　图 5-155　图 5-156

（5）选中“风扇”图层的第 24 帧，在舞台中将“小风扇”实例水平向左拖曳到适当的位置，如图 5-157 所示。选中“风扇”图层的第 90 帧，按 F5 键插入普通帧。

（6）在“时间轴”面板中创建新图层并将其命名为“文字 1”。选中“文字 1”图层的第 10 帧，按 F6 键插入关键帧。将“库”面板中的图形元件“文字 1”拖曳到舞台的左外侧，如图 5-158 所示。

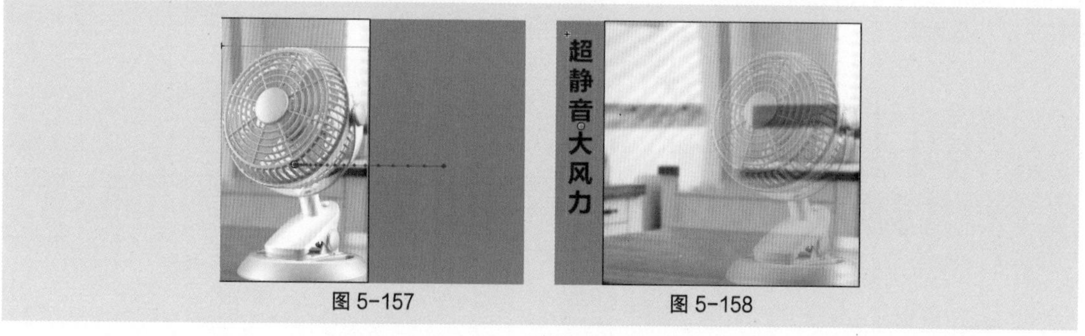

图 5-157　图 5-158

（7）保持“文字 1”实例的选取状态，在“动画预设”面板的“默认预设”文件夹中选择“从左边飞入”选项，如图 5-159 所示，单击“应用”按钮 应用 ，舞台中的效果如图 5-160 所示。

（8）选中“文字 1”图层的第 33 帧，在舞台中将“文字 1”实例水平向右拖曳到适当的位置，如图 5-161 所示。选中“文字 1”图层的第 90 帧，按 F5 键插入普通帧。

（9）在“时间轴”面板中创建新图层并将其命名为“文字 2”。选中“文字 2”图层的第 10 帧，按 F6 键插入关键帧。将“库”面板中的图形元件“文字 2”拖曳到舞台的上方外侧，如图 5-162 所示。

（10）保持“文字 2”实例的选取状态，在“动画预设”面板的“默认预设”文件夹中选择“从顶部飞入”选项，如图 5-163 所示，单击“应用”按钮 应用 ，舞台中的效果如图 5-164 所示。

图 5-159　　图 5-160　　图 5-161

图 5-162　　图 5-163　　图 5-164

（11）选中“文字 2”图层的第 33 帧，在舞台中将“文字 2”实例竖直向下拖曳到适当的位置，如图 5-165 所示。选中“文字 2”图层的第 90 帧，按 F5 键插入普通帧。

（12）在“时间轴”面板中创建新图层并将其命名为“文字 3”。选中“文字 3”图层的第 10 帧，按 F6 键插入关键帧。将“库”面板中的图形元件“文字 3”拖曳到舞台中并放置在适当的位置，如图 5-166 所示。

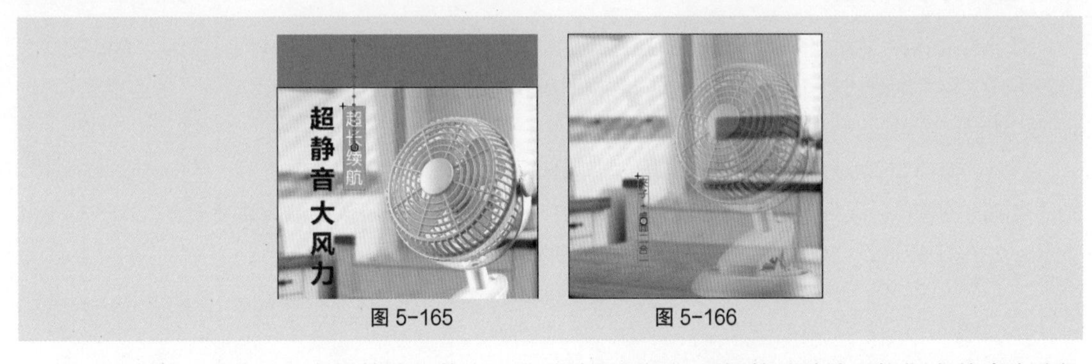

图 5-165　　图 5-166

（13）保持“文字 3”实例的选取状态，在“动画预设”面板的“默认预设”文件夹中选择“从底部飞入”选项，如图 5-167 所示，单击“应用”按钮 应用 ，舞台中的效果如图 5-168 所示。

（14）选中“文字 3”图层的第 33 帧，在舞台中将“文字 3”实例竖直向上拖曳到适当的位置，如图 5-169 所示。选中“文字 3”图层的第 90 帧，按 F5 键插入普通帧。

（15）在“时间轴”面板中创建新图层并将其命名为“价位”。选中“价位”图层的第 10 帧，按 F6 键插入关键帧。将“库”面板中的图形元件“价位”拖曳到舞台中并放置在适当的位置，如图 5-170 所示。

图 5-167　　图 5-168　　图 5-169　　图 5-170

（16）保持"价位"实例的选取状态，在"动画预设"面板的"默认预设"文件夹中选择"脉搏"选项，如图 5-171 所示，单击"应用"按钮 应用 ，为实例应用预设。

（17）选中"价位"图层的第 90 帧，按 F5 键插入普通帧。小风扇主图动画制作完成，按 Ctrl+Enter 组合键查看效果，如图 5-172 所示。

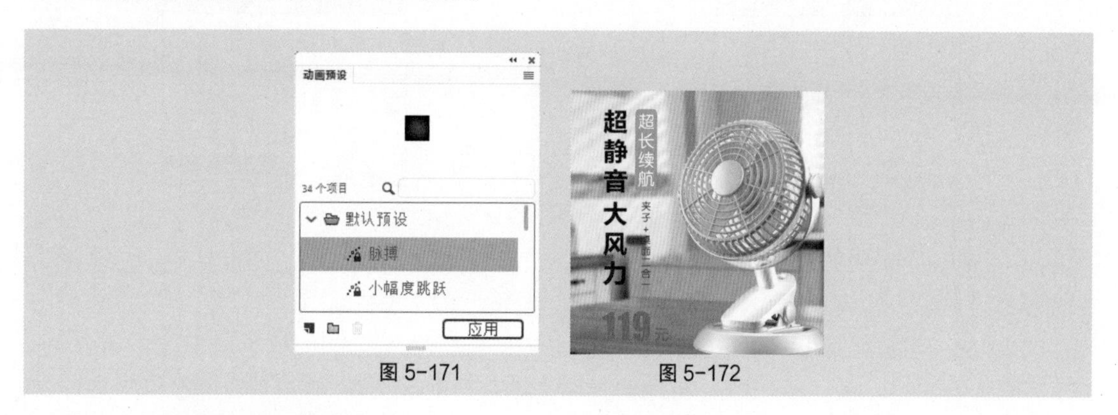

图 5-171　　图 5-172

5.3.2　预览动画预设

对于 Animate 2020 的每个动画预设，都可在"动画预设"面板中查看其预览效果。通过预览，用户可以了解将动画应用于 FLA 文件中的对象时所获得的效果。对于用户创建或导入的自定义预设，可以添加自己的预览。

选择"窗口 > 动画预设"命令，弹出"动画预设"面板，如图 5-173 所示。单击"默认预设"文件夹前面的图标，展开默认预设选项，选择其中一个预设选项即可预览默认动画预设，如图 5-174 所示。在"动画预设"面板外单击即可停止播放预览。

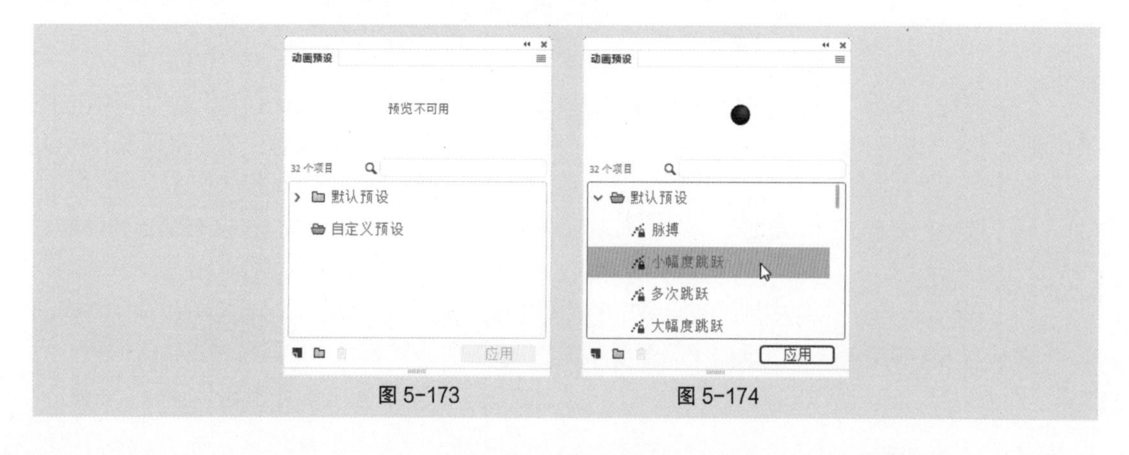

图 5-173　　图 5-174

5.3.3 应用动画预设

在舞台上选中可补间的对象（元件实例或文本）后，可单击“应用”按钮来应用预设。每个对象只能应用一个预设。如果将第二个预设应用于相同的对象，则第二个预设将替换第一个预设。

一旦将预设应用于舞台上的对象，在时间轴中创建的补间就不再与“动画预设”面板有任何关系了。在“动画预设”面板中删除或重命名某个预设对以前使用该预设创建的所有补间没有任何影响。如果在面板中的现有预设上保存新预设，它对使用原始预设创建的任何补间没有影响。

每个动画预设都包含特定数量的帧。在应用预设时，在时间轴中创建的补间范围将包含此数量的帧。如果目标对象已应用了不同长度的补间，补间范围将进行调整，以符合动画预设的长度。可在应用预设后调整时间轴中的补间范围。

包含 3D 动画的动画预设只能应用于影片剪辑实例。已补间的 3D 属性不适用于图形或按钮元件，也不适用于文本。可以将 2D 或 3D 动画预设应用于任何 2D 或 3D 影片剪辑实例。

提示

如果动画预设对 3D 影片剪辑实例在 z 轴上的位置进行了动画处理，则该影片剪辑实例在显示时也会改变其在 x 轴和 y 轴上的位置。这是因为，z 轴上的移动是沿着从 3D 消失点（在 3D 元件实例属性检查器中设置）辐射到舞台边缘的不可见透视线执行的。

打开云盘中的“基础素材 > Ch05 > 08”文件，如图 5-175 所示。单击“时间轴”面板中的“新建图层”按钮 ⊞，新建“图层 _2”图层，如图 5-176 所示。

图 5-175　　图 5-176

将“库”面板中的图形元件“花瓣”拖曳到舞台中并放置在适当的位置，如图 5-177 所示。选择“窗口 > 动画预设”命令，弹出“动画预设”面板。单击“默认预设”文件夹前面的图标，展开默认预设选项，如图 5-178 所示。

在舞台中选择“花瓣”实例，在“动画预设”面板中选择“从顶部飞入”选项，如图 5-179 所示。

图 5-177　　图 5-178　　图 5-179

单击“动作预设”面板右下角的“应用”按钮 应用 ，为“花瓣”实例添加动画预设，舞台中的效果如图 5-180 所示，“时间轴”面板的效果如图 5-181 所示。

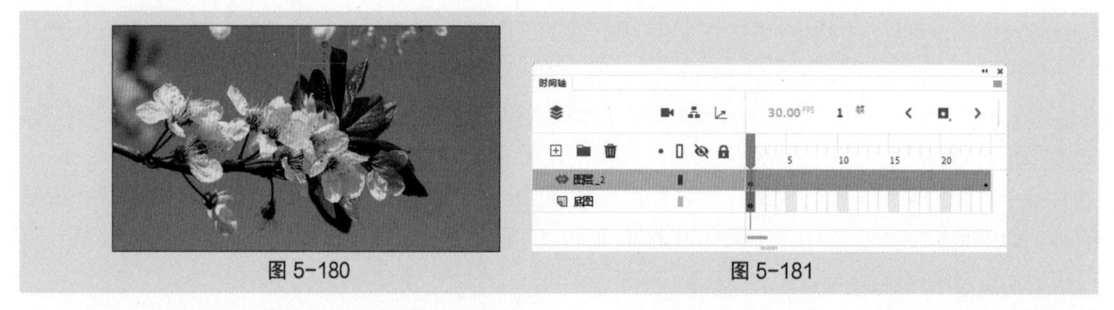

图 5-180　　图 5-181

选中“图层 _2”的第 24 帧，选择“选择工具”，在舞台中向下拖曳“花瓣”实例到适当的位置，如图 5-182 所示。选中“底图”图层的第 24 帧，按 F5 键插入普通帧，如图 5-183 所示。

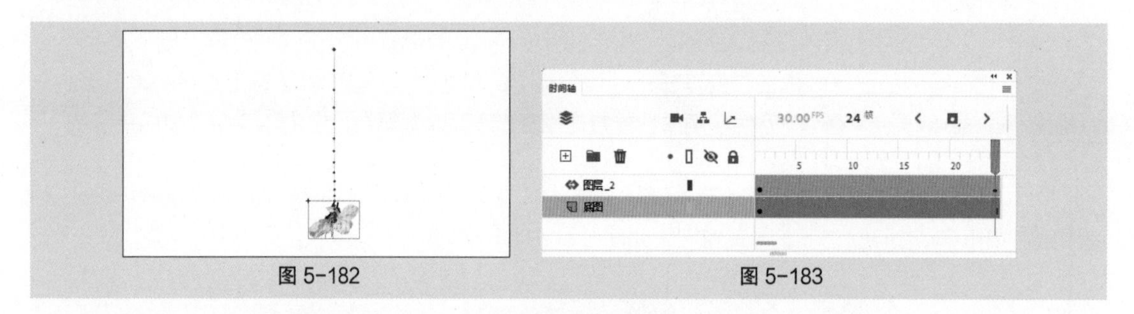

图 5-182　　图 5-183

按 Ctrl+Enter 组合键测试动画效果，在动画中花瓣会自上向下降落。

5.3.4　将补间另存为自定义动画预设

如果用户想将自己创建的补间，或对从“动画预设”面板应用的补间进行更改，可将它另存为新的动画预设。新预设将显示在“动画预设”面板的“自定义预设”文件夹中。

选择“基本椭圆工具”，在工具箱中将“笔触颜色”设为无、“填充颜色”设为红色渐变，按住 Shift 键在舞台中绘制 1 个圆形，如图 5-184 所示。

选择“选择工具”，选中渐变圆形，按 F8 键，弹出“转换为元件”对话框，在“名称”文本框中输入“渐变球”，在“类型”下拉列表中选择“图形”选项，如图 5-185 所示，单击“确定”按钮，将渐变圆形转换为图形元件。

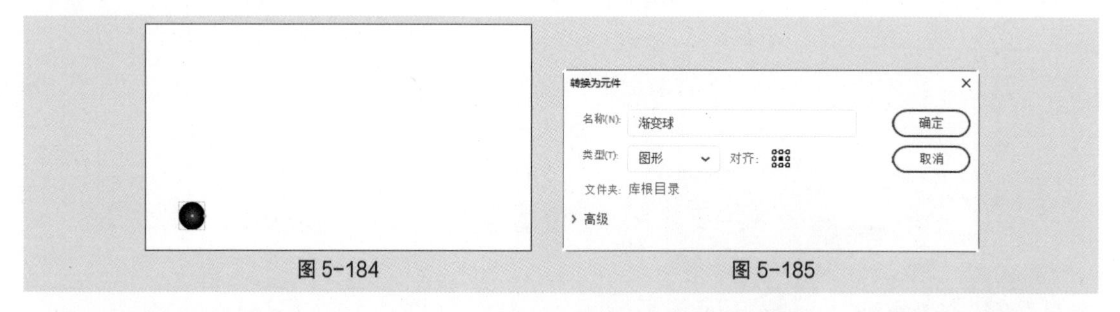

图 5-184　　图 5-185

在舞台中用鼠标右键单击“渐变球”实例，在弹出的快捷菜单中选择“创建补间动画”命令，生成补间动画，“时间轴”面板如图 5-186 所示。在舞台中将“渐变球”实例向右上方拖曳到适当的位置，如图 5-187 所示。

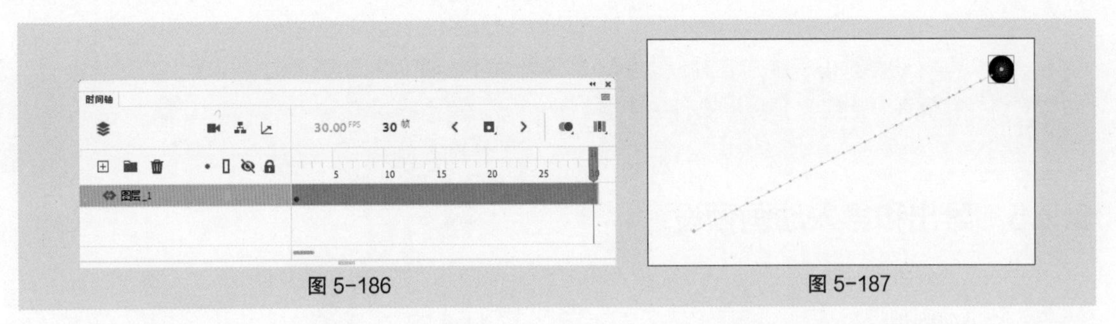

图 5-186　　图 5-187

选择“选择工具”▶，将鼠标指针放置在运动路径上，当鼠标指针变为↖时，将其向上拖曳到适当的位置，将运动路径调为弧线，效果如图 5-188 所示。在“时间轴”面板中将播放头拖曳到第 15 帧的位置，选择“任意变形工具”⌗，在舞台中放大“渐变球”实例，效果如图 5-189 所示。

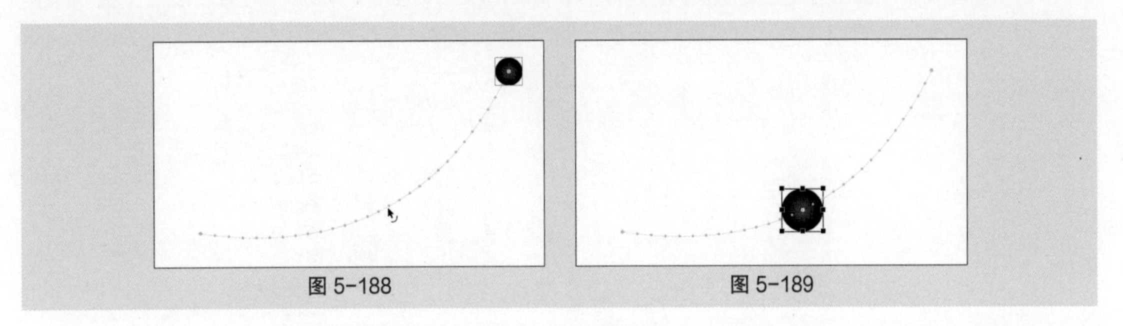
图 5-188　　图 5-189

在“时间轴”面板中单击“图层 _1”图层，将该图层中的所有补间选中，如图 5-190 所示。单击“动画预设”面板底部的“将选区另存为预设”按钮▪，弹出“将预设另存为”对话框，如图 5-191 所示。

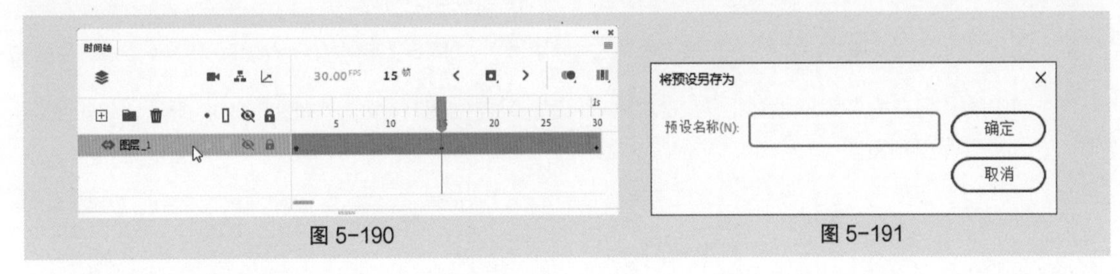

图 5-190　　图 5-191

在“预设名称”文本框中输入一个名称，如图 5-192 所示，单击“确定”按钮，另存为预设效果，“动画预设”面板如图 5-193 所示。

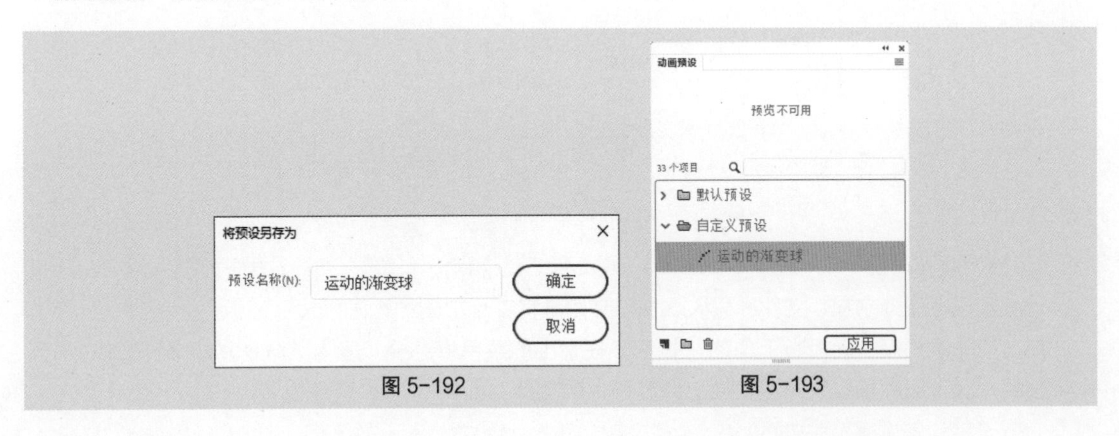

图 5-192　　图 5-193

提示

动画预设只能包含补间动画。传统补间不能保存为动画预设。自定义的动画预设存储在“自定义预设”文件夹中。

5.3.5 导出和导入动画预设

在 Animate 2020 中，除了使用默认预设和自定义预设外，还可以进行导出和导入预设的操作。

1. 导出动画预设

在 Animate 2020 中，可以将制作好的动画预设导出为 XML 文件，以便与其他 Animate 用户共享。

在“动画预设”面板中选择需要导出的预设，如图 5-194 所示，单击“动画预设”面板右上角的☰按钮，在弹出的菜单中选择“导出”命令，如图 5-195 所示。

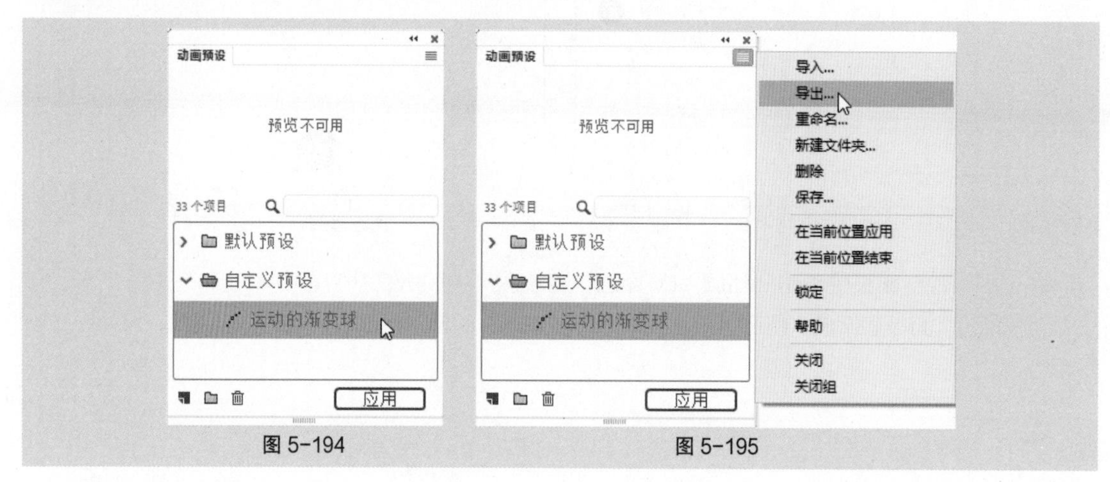

图 5-194　　图 5-195

在弹出的“另存为”对话框中，为 XML 文件设置保存位置及名称，如图 5-196 所示，单击“保存”按钮即可导出预设。

图 5-196

2. 导入动画预设

动画预设存储为 XML 文件，导入 XML 文件可将其添加到“动画预设”面板。

单击“动画预设”面板右上角的☰按钮，在弹出的菜单中选择“导入”命令，如图 5-197 所示，在弹出的“导入动画预设”对话框中选择要导入的文件，如图 5-198 所示。

图 5-197　　　　图 5-198

单击“打开”按钮，运动的渐变球 123 预设被导入“动画预设”面板中，如图 5-199 所示。

图 5-199

5.3.6 删除动画预设

可在“动画预设”面板中删除预设。在删除预设时，Animate 将从磁盘中删除其 XML 文件。如果以后有再次使用这些的预设的可能，建议先导出这些预设的副本。

在“动画预设”面板中选择需要删除的预设，如图 5-200 所示，单击面板底部的“删除项目”按钮 🗑，弹出“删除预设”对话框，如图 5-201 所示，单击“删除”按钮即可将选中的预设删除。

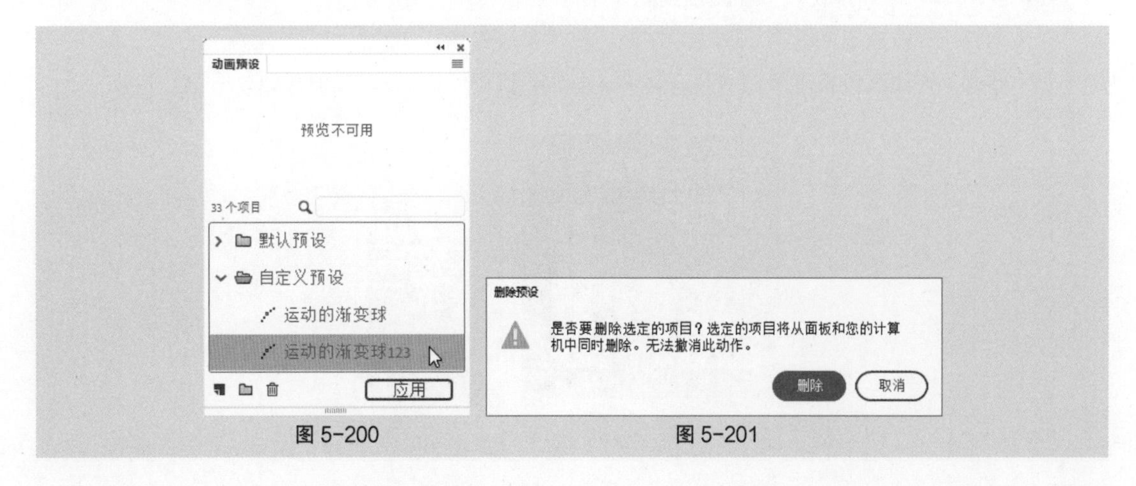

图 5-200　　　　图 5-201

提示

“默认预设”文件夹中的预设无法删除。

5.4 课堂练习——制作逐帧动画

【练习知识要点】使用“导入到舞台”命令导入图像序列，使用“时间轴”面板制作逐帧动画。

【素材所在位置】云盘 /Ch05/ 素材 / 制作逐帧动画 /01 ～ 15。

【效果文件所在位置】云盘 /Ch05/ 效果 / 制作逐帧动画 .fla，如图 5-202 所示。

图 5-202

5.5 课后习题——制作旅行箱广告

【习题知识要点】使用“导入到库”命令导入素材，制作图形元件；使用“从顶部飞入”“从右边飞入”和“从左边飞入”动画预设制作旅行箱广告。

【素材所在位置】云盘 /Ch05/ 素材 / 制作旅行箱广告 /01、02。

【效果文件所在位置】云盘 /Ch05/ 效果 / 制作旅行箱广告 .fla，如图 5-203 所示。

图 5-203

06

第6章 高级动画

本章介绍

图层在 Animate 2020 中有着举足轻重的作用。只有掌握图层的概念并熟练使用不同性质的图层，才有可能真正成为 Animate 高手。本章详细介绍图层的使用技巧，以及如何使用不同性质的图层来制作高级动画。读者通过学习能了解并掌握图层的强大功能，并能充分利用图层为自己的动画设计作品增光添彩。

学习目标

- 掌握图层的基本操作。
- 掌握普通引导层和运动引导层动画的制作方法。
- 掌握遮罩层的使用方法和使用技巧。
- 熟练运用“分散到图层”功能编辑对象。
- 领会场景动画的制作思路。

技能目标

- 掌握“飘落的叶子动画”的制作方法和技巧。
- 掌握“化妆品主图动画”的制作方法和技巧。

6.1 引导动画

图层类似于透明纸，可以透过上面图层中不包含内容的区域看到下面图层中的内容。除了普通图层，还有一种特殊类型的图层——引导层。在引导层中，可以像其他层一样绘制各种图形和引入元件等，但最终发布时引导层中的对象不会显示出来。

6.1.1 课堂案例——制作飘落的叶子动画

【案例学习目标】使用“添加传统运动引导层”命令添加运动引导层。

【案例知识要点】使用“添加传统运动引导层”命令添加运动引导层，使用“创建传统补间”命令制作传统补间动画，使用“铅笔工具”绘制运动路径，效果如图 6–1 所示。

【效果文件所在位置】云盘 /Ch06/ 效果 / 制作飘落的叶子动画 .fla。

图 6–1

1. 导入素材制作图形元件

（1）选择“文件 > 新建”命令，弹出“新建文档”对话框，将“宽”设为 1920、“高”设为 600，在“平台类型”下拉列表中选择“ActionScript 3.0”选项，单击“创建”按钮，完成文档的创建。

（2）选择“文件 > 导入 > 导入到库”命令，在弹出的“导入到库”对话框中选择云盘中的“Ch08 > 素材 > 制作飘落的叶子动画 > 01 ～ 05”文件，单击“打开”按钮，将文件导入“库”面板中，如图 6–2 所示。

（3）按 Ctrl+F8 组合键，弹出“创建新元件”对话框，在“名称”文本框中输入“叶子 1”，在“类型”下拉列表中选择“图形”选项，单击“确定”按钮，新建图形元件“叶子 1”，如图 6–3 所示。舞台随之转换为图形元件“叶子 1”的舞台。将“库”面板中的位图“02”拖曳到舞台中并放置在适当的位置，如图 6–4 所示。

（4）用相同的方法将“库”面板中的位图“03”“04”和“05”分别制作成图形元件“叶子 2”“叶子 3”和“叶子 4”，如图 6–5 所示。

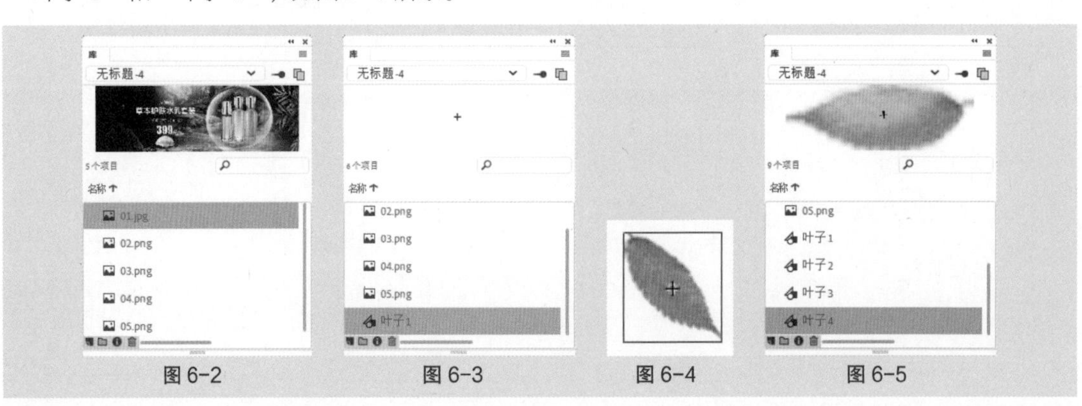

图 6–2　　图 6–3　　图 6–4　　图 6–5

2. 制作影片剪辑元件

（1）按 Ctrl+F8 组合键，弹出“创建新元件”对话框，在“名称”文本框中输入“叶子 1 动”，在“类型”下拉列表中选择“影片剪辑”选项，如图 6-6 所示，单击“确定”按钮，新建影片剪辑元件“叶子 1 动”。舞台随之转换为影片剪辑元件“叶子 1 动”的舞台。

（2）在“图层 _1”图层上单击鼠标右键，在弹出的快捷菜单中选择“添加传统运动引导层”命令，为“图层 _1”图层添加运动引导层，如图 6-7 所示。

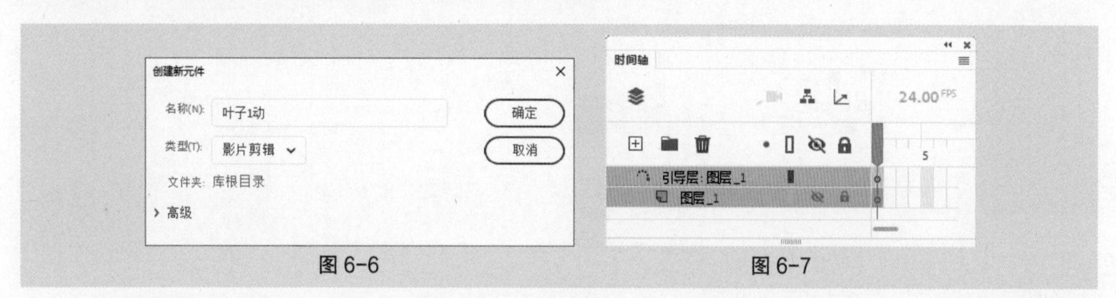

图 6-6　　图 6-7

（3）选择“铅笔工具”，在工具箱中将“笔触颜色”设为红色（#FF0000），单击工具箱底部的“铅笔模式”图标，在弹出的下拉列表中选择“平滑”选项，选中运动引导层的第 1 帧，在舞台中绘制出 1 条曲线，如图 6-8 所示。选中运动引导层的第 40 帧，按 F5 键插入普通帧，如图 6-9 所示。

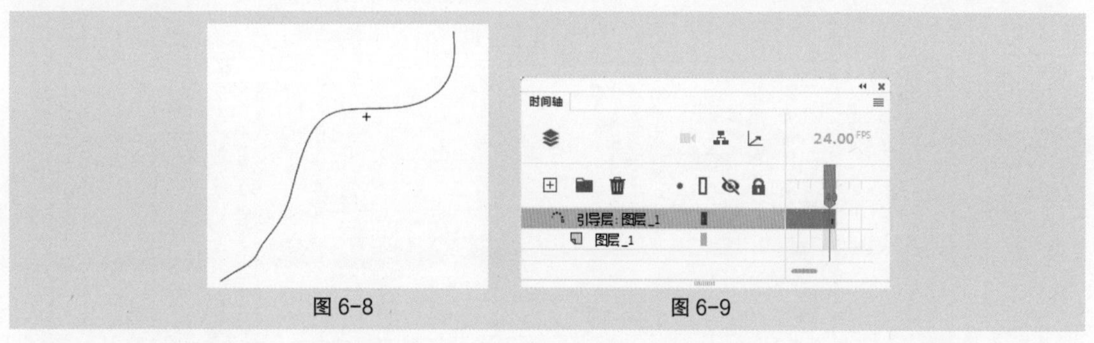

图 6-8　　图 6-9

（4）选中“图层 _1”图层的第 1 帧，将“库”面板中的图形元件“叶子 1”拖曳到舞台中，将其放置在曲线上方的端点上，效果如图 6-10 所示。

（5）选中“图层 _1”图层的第 40 帧，按 F6 键插入关键帧，如图 6-11 所示。选择“选择工具”，在舞台中将“叶子 1”实例拖曳到曲线下方的端点上，效果如图 6-12 所示。

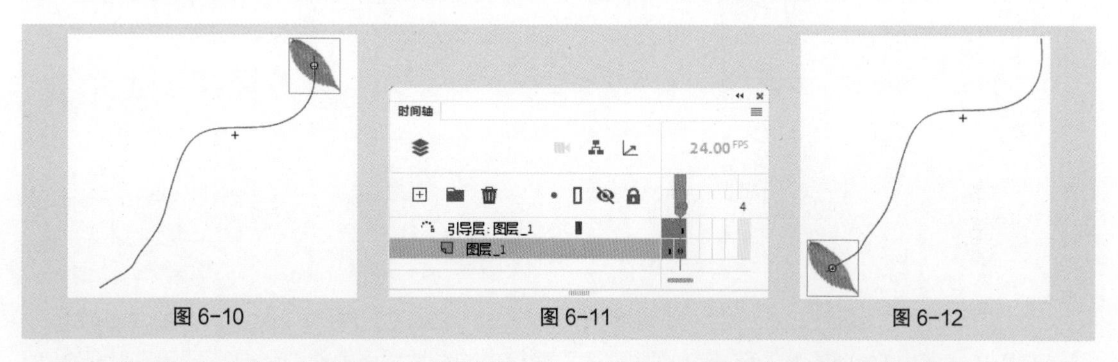

图 6-10　　图 6-11　　图 6-12

（6）用鼠标右键单击“图层 _1”图层的第 1 帧，在弹出的快捷菜单中选择“创建传统补间”命令，第 1 帧到第 40 帧之间生成传统补间动画，如图 6-13 所示。在“属性”面板“帧”选项卡中，勾选“补间”选项组中的“调整到路径”选项，如图 6-14 所示。

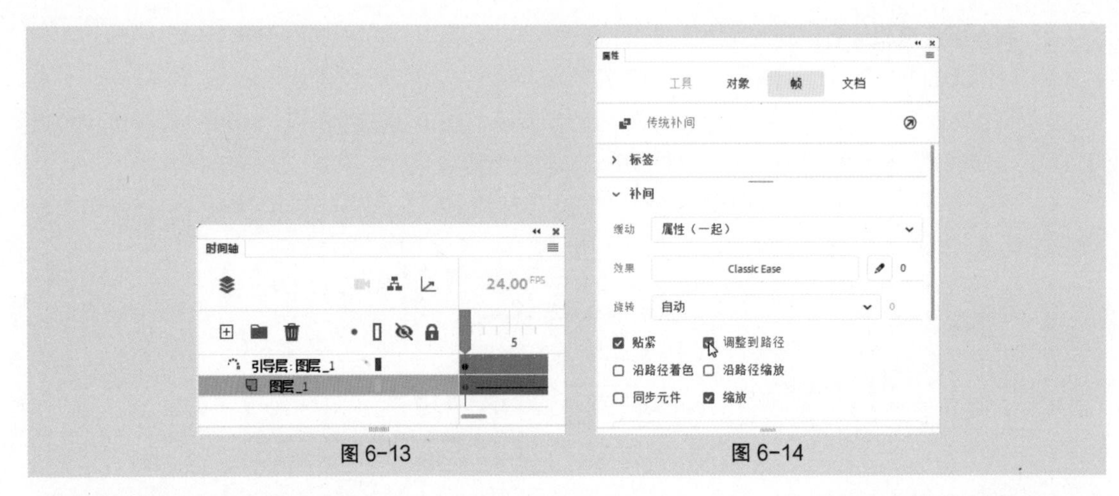

图 6-13　　图 6-14

（7）用上述的方法将图形元件“叶子 2”“叶子 3”和“叶子 4”分别制作成影片剪辑元件“叶子 2 动”“叶子 3 动”和“叶子 4 动”，如图 6-15 所示。

（8）按 Ctrl+F8 组合键，弹出“创建新元件”对话框，在“名称”文本框中输入“一起动”，在“类型”下拉列表中选择“影片剪辑”选项，单击“确定”按钮，新建影片剪辑元件“一起动”，如图 6-16 所示。舞台随之转换为影片剪辑元件“一起动”的舞台。

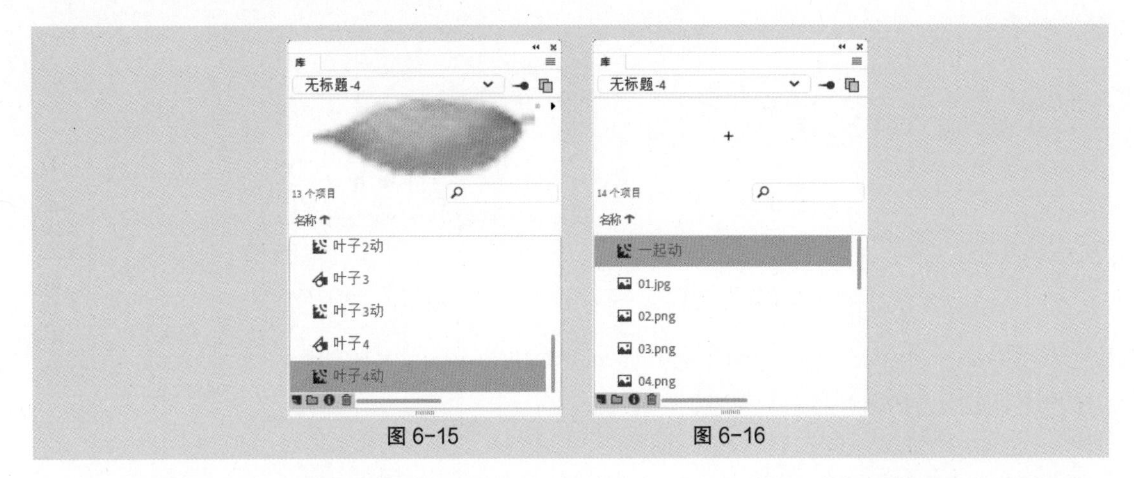

图 6-15　　图 6-16

（9）分别将“库”面板中的影片剪辑元件“叶子 1 动”和“叶子 4 动”拖曳到舞台中并放置在适当的位置，如图 6-17 所示。选中“图层 _1”图层的第 40 帧，按 F5 键插入普通帧。

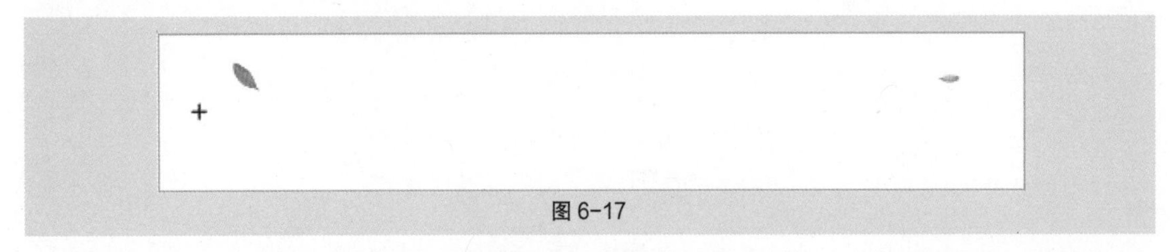
图 6-17

（10）单击“时间轴”面板中的“新建图层”按钮⊞，新建“图层 _2”图层。选中“图层 _2”图层的第 10 帧，按 F6 键插入关键帧。分别将“库”面板中的影片剪辑元件“叶子 2 动”和“叶子 3 动”向舞台中拖曳两次并放置在适当的位置，效果如图 6-18 所示。选中“图层 _2”图层的第 50 帧，按 F5 键插入普通帧。

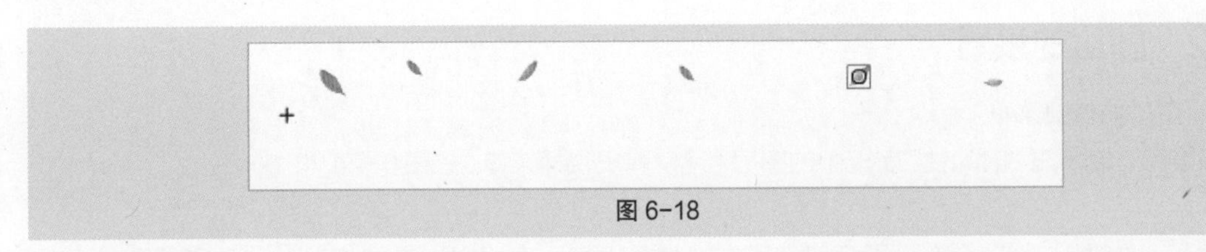

图 6-18

（11）单击“时间轴”面板中的“新建图层”按钮⊞，新建“图层_3”图层。选中“图层_3”图层的第 20 帧，按 F6 键插入关键帧。分别将“库”面板中的影片剪辑元件“叶子 3 动”和“叶子 1 动”拖曳到舞台中并放置在适当的位置，效果如图 6-19 所示。选中“图层_3”图层的第 60 帧，按 F5 键插入普通帧。

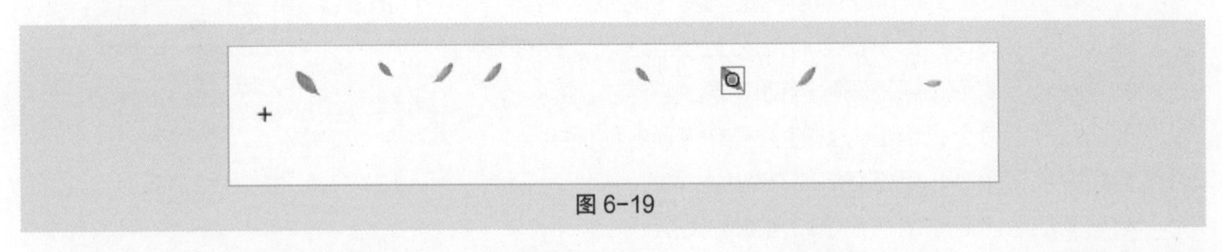

图 6-19

（12）单击“时间轴”面板中的“新建图层”按钮⊞，新建“图层_4”图层。选中“图层_4”图层的第 30 帧，按 F6 键插入关键帧。将“库”面板中的影片剪辑元件“叶子 4 动”向舞台中拖曳 3 次并放置在适当的位置，效果如图 6-20 所示。选中“图层_4”图层的第 70 帧，按 F5 键插入普通帧。

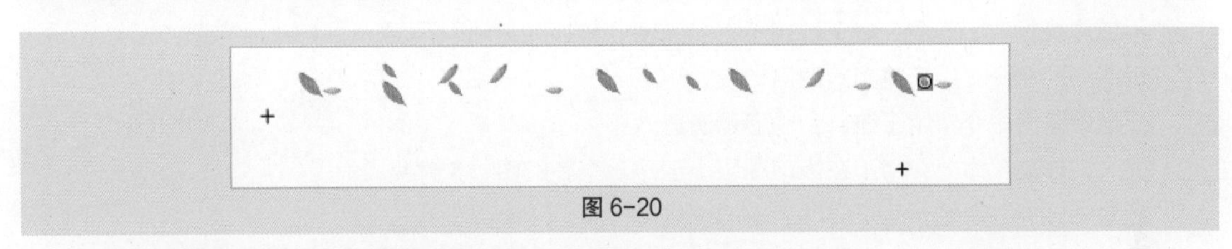

图 6-20

（13）单击舞台左上方的按钮←，进入“场景 1”的舞台。将“图层_1”图层重命名为“底图”。将“库”面板中的位图“01”拖曳到舞台中，如图 6-21 所示。

（14）在“时间轴”面板中创建新图层并将其命名为“叶子”。将“库”面板中的影片剪辑元件“一起动”拖曳到舞台中并放置在适当的位置，如图 6-22 所示。

图 6-21　　图 6-22

（15）飘落的叶子动画制作完成，按 Ctrl+Enter 组合键查看效果，如图 6-23 所示。

图 6-23

6.1.2 图层的设置

1. 图层的快捷菜单

用鼠标右键单击“时间轴”面板中的图层名称，弹出快捷菜单，如图 6-24 所示。

图 6-24

“显示并解锁全部”命令：用于显示所有的隐藏图层、图层文件夹并将其解锁。

“锁定其他图层”命令：用于锁定除当前图层以外的所有图层。

“隐藏其他图层”命令：用于隐藏除当前图层以外的所有图层。

“显示其他透明图层”命令：用于显示除当前图层以外的其他透明图层。

“插入图层”命令：用于在当前图层上方创建一个新的图层。

“删除图层”命令：用于删除当前图层。

“剪切图层”命令：用于将当前图层剪切到剪贴板中。

“拷贝图层”命令：用于复制当前图层。

“粘贴图层”命令：用于粘贴所复制的图层。

“复制图层”命令：用于复制当前图层并生成一个复制图层。

“合并图层”命令：用于将选中的两个或两个以上的图层合并为一个图层。

“引导层”命令：用于将当前图层转换为普通引导层。

“添加传统运动引导层”命令：用于将当前图层转换为运动引导层。

“遮罩层”命令：用于将当前图层转换为遮罩层。

“显示遮罩”命令：用于在舞台中显示遮罩效果。

“插入文件夹”命令：用于在当前图层上创建一个新的图层文件夹。

“删除文件夹”命令：用于删除当前的图层文件夹。

“展开文件夹”命令：用于展开当前的图层文件夹，显示出其包含的图层。

“折叠文件夹”命令：用于折叠当前的图层文件夹。

“展开所有文件夹”命令：用于展开“时间轴”面板中所有的图层文件夹，显示出所包含的图层。

“折叠所有文件夹”命令：用于折叠“时间轴”面板中所有的图层文件夹。

“属性”命令：用于设置图层的属性。

2. 创建图层

为了分门别类地组织动画内容，需要创建普通图层。可以选择“插入 > 时间轴 > 图层”命令，创建一个新的图层；也可以在“时间轴”面板中单击“新建图层”按钮⊞，创建一个新的图层。

知识提示

默认状态下，新创建的图层按“图层 _1”“图层 _2”……的顺序命名，也可以根据需要自行设定图层的名称。

3. 选取图层

选取图层就是将图层变为当前图层，用户可以在当前图层上放置对象、添加文本和图形以及进行编辑。使图层成为当前图层的方法很简单，在“时间轴”面板中单击该图层即可。当前图层会在“时间轴”面板中以浅蓝色显示，如图 6-25 所示。

按住 Ctrl 键的同时单击要选择的图层，可以同时选中多个图层，如图 6-26 所示。按住 Shift 键的同时单击两个图层，这两个图层及它们之间的图层被同时选中，如图 6-27 所示。

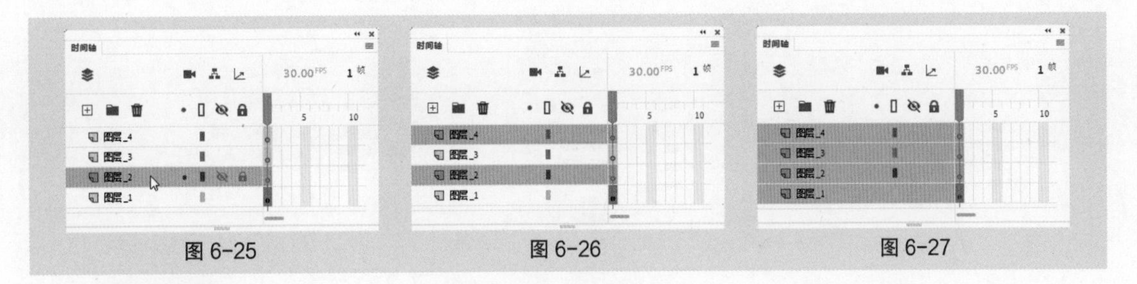

图 6-25　　图 6-26　　图 6-27

4. 排列图层

可以根据需要在“时间轴”面板中为图层重新排列顺序。

在“时间轴”面板中选中“图层_3”图层，如图 6-28 所示，按住鼠标左键不放，将“图层_3”图层向下拖曳，这时会出现一条直线，如图 6-29 所示，将直线拖曳到“图层_1”图层的下方，松开鼠标左键，则“图层_3”图层移动到“图层_1”图层的下方，如图 6-30 所示。

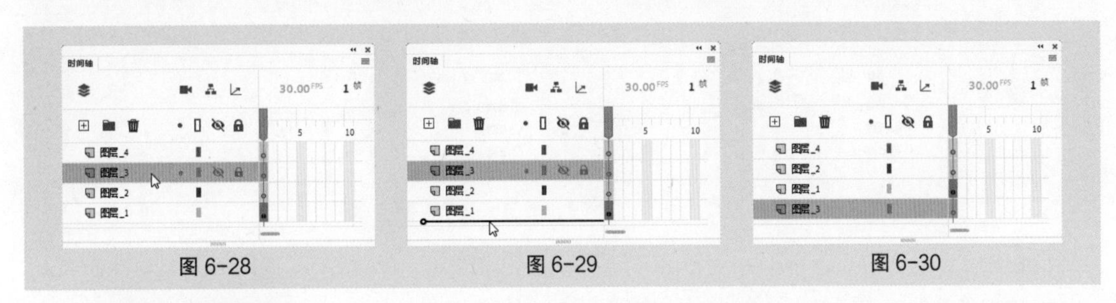

图 6-28　　图 6-29　　图 6-30

5. 复制、粘贴图层

可以根据需要将图层中的所有对象复制并粘贴到其他图层或场景中。

在“时间轴”面板中单击要复制的图层，如图 6-31 所示，选择“编辑 > 时间轴 > 复制帧”命令进行复制。在“时间轴”面板中单击“新建图层”按钮⊞，创建一个新的图层，选中新建的图层，如图 6-32 所示，选择“编辑 > 时间轴 > 粘贴帧”命令，在新建的图层中粘贴复制的内容，如图 6-33 所示。

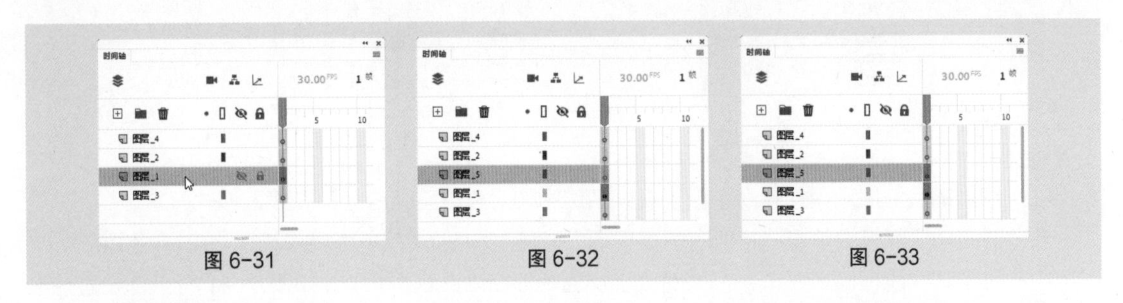

图 6-31　　图 6-32　　图 6-33

6. 删除图层

如果某个图层不再需要，可以将其删除。删除图层有两种方法：在“时间轴”面板中选中要删除的图层，在面板中单击“删除”按钮🗑，如图 6-34 所示；还可在要删除的图层上单击鼠标右键，在弹出的快捷菜单中选择“删除图层”命令，如图 6-35 所示，效果如图 6-36 所示。

7. 隐藏、锁定图层和图层的线框显示模式

（1）隐藏图层：动画经常是多个图层叠加在一起的效果，为了便于观察某个图层中对象的效果，可以把其他的图层先隐藏起来。

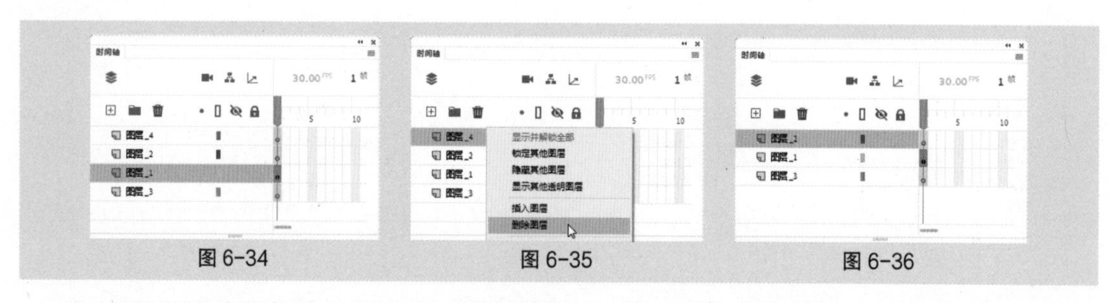

图 6-34　　图 6-35　　图 6-36

在“时间轴”面板中单击“显示或隐藏所有图层”按钮下方的图标，这时图标所在的图层就被隐藏，在该图层上显示出图标，如图 6-37 所示，此时该图层不能被编辑。

在“时间轴”面板中单击“显示或隐藏所有图层”按钮，面板中的所有图层被同时隐藏，如图 6-38 所示。再次单击此按钮可解除隐藏。

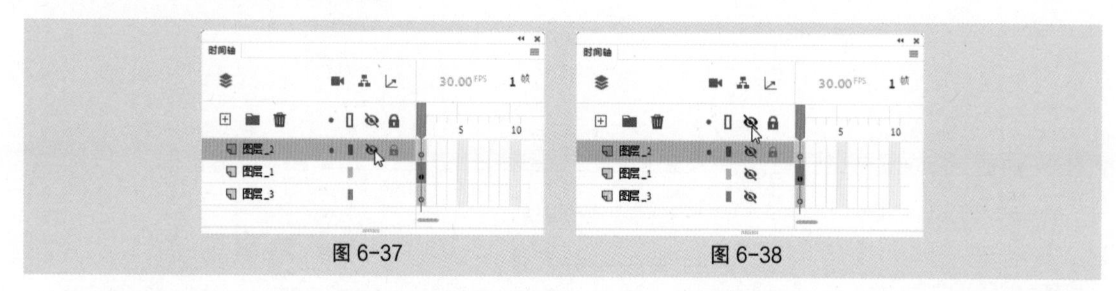

图 6-37　　图 6-38

（2）锁定图层：如果某个图层上的内容已符合要求，则可以锁定该图层，以避免内容被意外地更改。

在“时间轴”面板中单击“锁定或解除锁定所有图层”按钮下方的图标，这时图标所在的图层就被锁定，在该图层上显示出锁状图标，如图 6-39 所示，此时图层不能被编辑。

在“时间轴”面板中单击“锁定或解除锁定所有图层”按钮，面板中的所有图层将被同时锁定，如图 6-40 所示。再次单击此按钮可解除锁定。

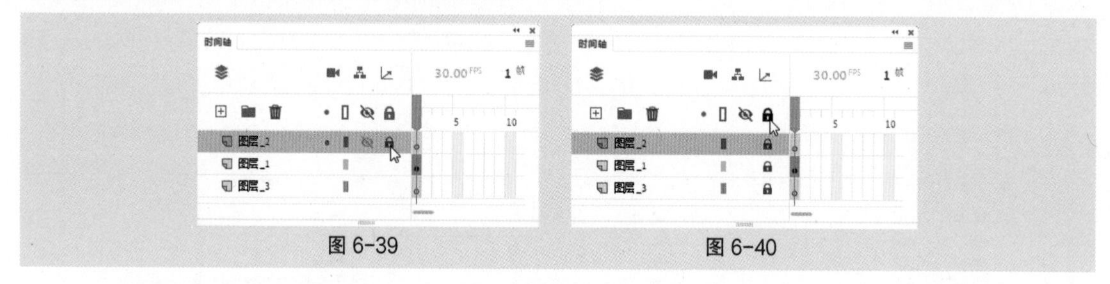

图 6-39　　图 6-40

（3）图层的线框显示模式：为了便于观察图层中的对象，可以将对象以线框模式显示。

在“时间轴”面板中单击“将所有图层显示为轮廓”按钮下方的实色矩形，这时实色矩形所在图层中的对象就以线框模式显示，在该图层上实色矩形变为线框按钮，如图 6-41 所示，此时并不影响图层编辑。

在“时间轴”面板中单击“将所有图层显示为轮廓”按钮，面板中的所有图层将同时以线框模式显示，如图 6-42 所示。再次单击此按钮可返回到普通模式。

（4）突出显示图层模式：为了便于观察图层，可以将重要图层突出显示。

在“时间轴”面板中单击“突出显示图层”按钮下方的实色圆点，这时实色圆点所在图层将突出显示，该图层的下方出现一条实线，如图 6-43 所示。

在“时间轴”面板中单击“突出显示图层”按钮，面板中的所有图层将同时突出显示，如图 6-44 所示。再次单击此按钮可取消突出显示。

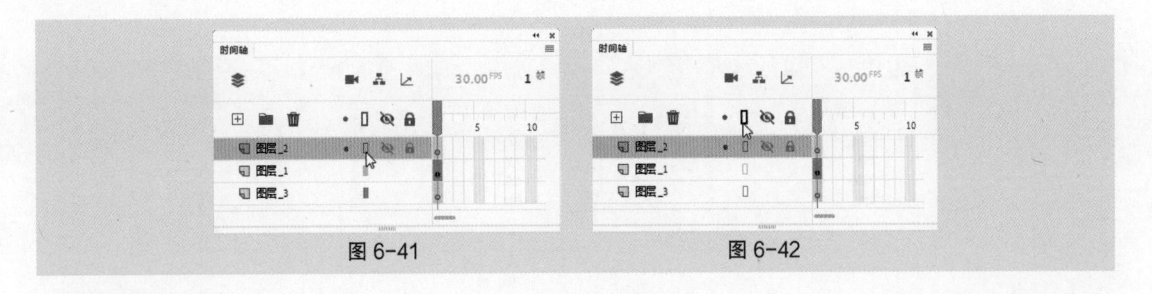

图 6-41　　图 6-42

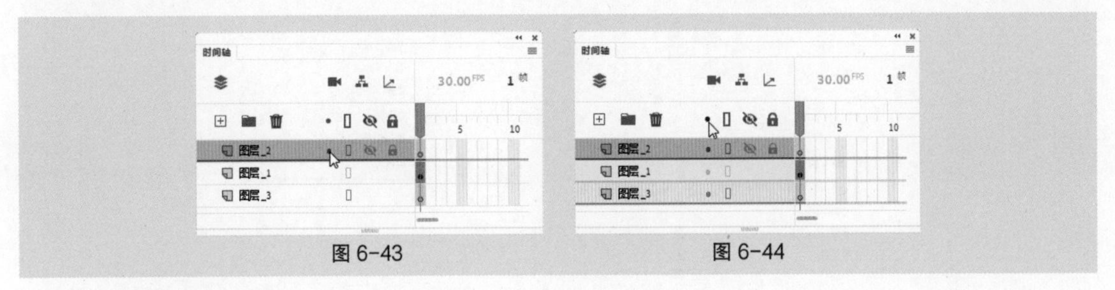

图 6-43　　图 6-44

8. 重命名图层

可以根据需要更改图层的名称。更改图层名称有以下两种方法。

（1）双击“时间轴”面板中的图层名称，名称变为可编辑状态，如图 6-45 所示。输入要更改的图层名称，如图 6-46 所示。在图层旁边单击，完成图层名称的修改，如图 6-47 所示。

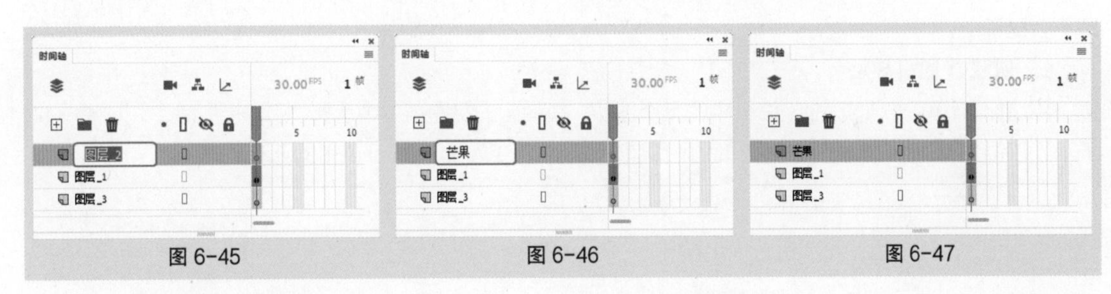

图 6-45　　图 6-46　　图 6-47

（2）选中要修改名称的图层，选择“修改 > 时间轴 > 图层属性”命令，在弹出的“图层属性”对话框中修改图层的名称。

6.1.3　图层文件夹

在“时间轴”面板中可以创建图层文件夹来组织和管理图层，这样“时间轴”面板中图层的层次结构将非常清晰。

1. 创建图层文件夹

选择“插入 > 时间轴 > 图层文件夹”命令，在“时间轴”面板中创建图层文件夹，如图 6-48 所示。还可单击“时间轴”面板中的“新建文件夹”按钮，在“时间轴”面板中创建图层文件夹，如图 6-49 所示。

2. 删除图层文件夹

在“时间轴”面板中选中要删除的图层文件夹，单击面板中的“删除”按钮即可删除图层文件夹，如图 6-50 所示。还可在“时间轴”面板中选中要删除的图层文件夹，并在该文件夹上单击鼠标右键，在弹出的快捷菜单中选择“删除文件夹”命令，如图 6-51 所示，即可删除文件夹。

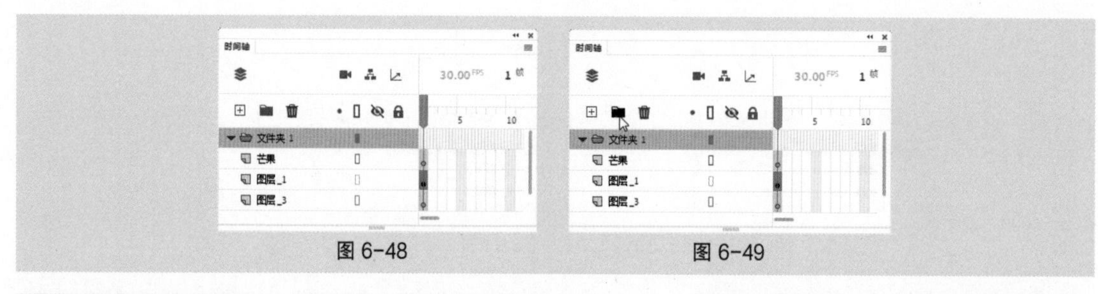

图 6-48　　图 6-49

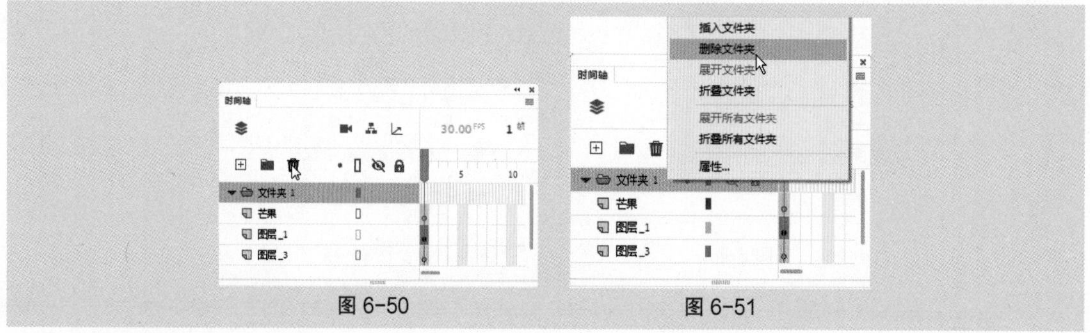

图 6-50　　图 6-51

6.1.4　普通引导层

普通引导层主要用于为其他图层提供辅助绘图和绘图定位功能，引导层中的图形在播放影片时是不会显示的。

1. 创建普通引导层

用鼠标右键单击“时间轴”面板中的某个图层，在弹出的快捷菜单中选择“引导层”命令，如图 6-52 所示，该图层转换为普通引导层，此时图层前面的图标变为，如图 6-53 所示。

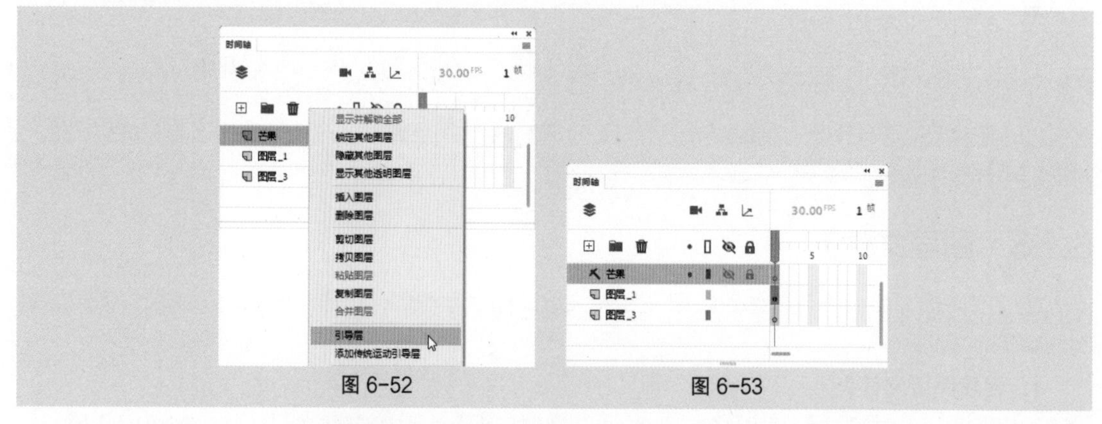

图 6-52　　图 6-53

还可在“时间轴”面板中选中要转换的图层，选择“修改 > 时间轴 > 图层属性”命令，弹出“图层属性”对话框，在“类型”选项组中选择“引导层”单选项，如图 6-54 所示，单击“确定”按钮，选中的图层转换为普通引导层，此时图层前面的图标变为，如图 6-55 所示。

2. 将普通引导层转换为普通图层

如果要在播放影片时显示引导层中的对象，还可将引导层转换为普通图层。

用鼠标右键单击“时间轴”面板中的引导层，在弹出的快捷菜单中选择“引导层”命令，如图 6-56 所示，引导层转换为普通图层，此时图层前面的图标变为，如图 6-57 所示。

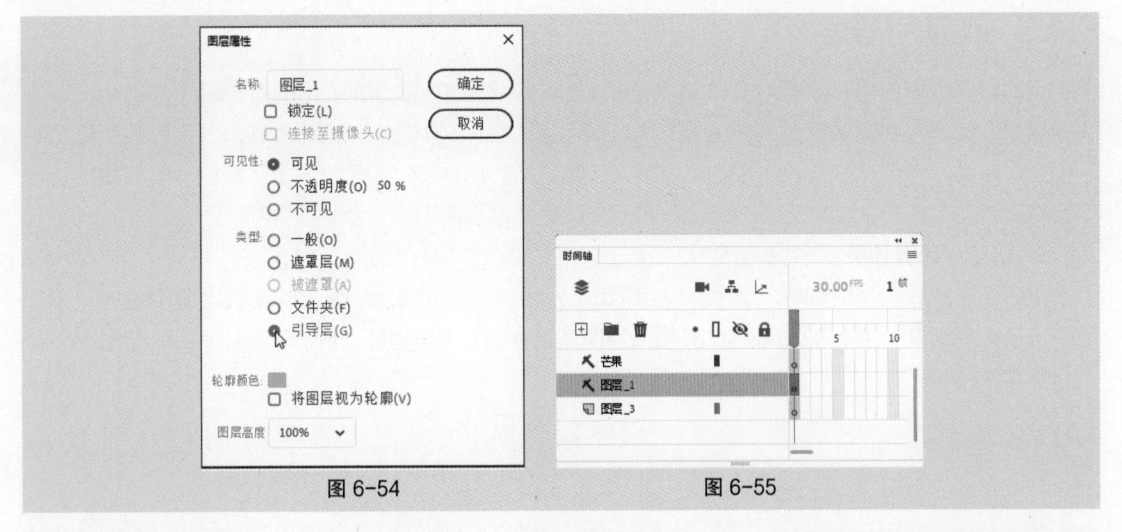

图 6-54　　图 6-55

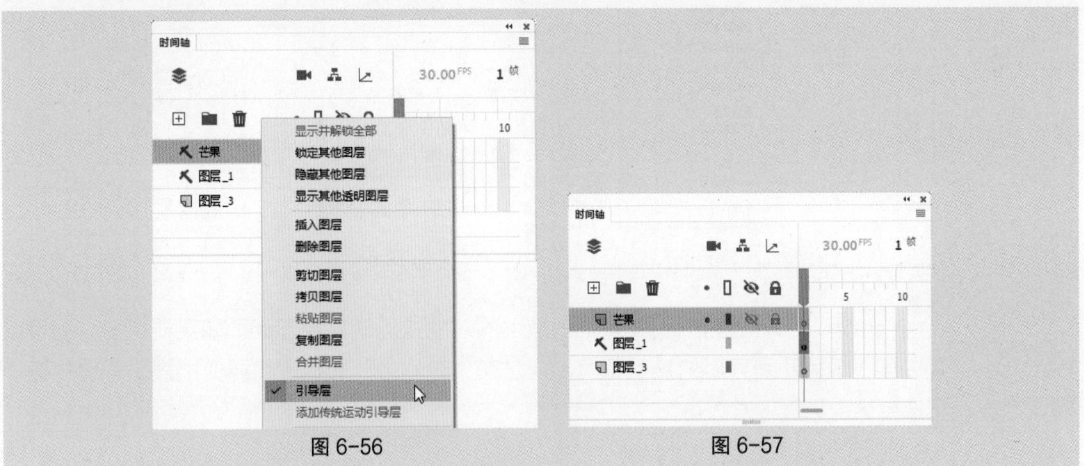

图 6-56　　图 6-57

还可在“时间轴”面板中选中引导层，选择“修改 > 时间轴 > 图层属性”命令，弹出“图层属性”对话框，在“类型”选项组中选择“一般”单选项，如图 6-58 所示，单击“确定”按钮，选中的引导层转换为普通图层，此时图层前面的图标变为▢，如图 6-59 所示。

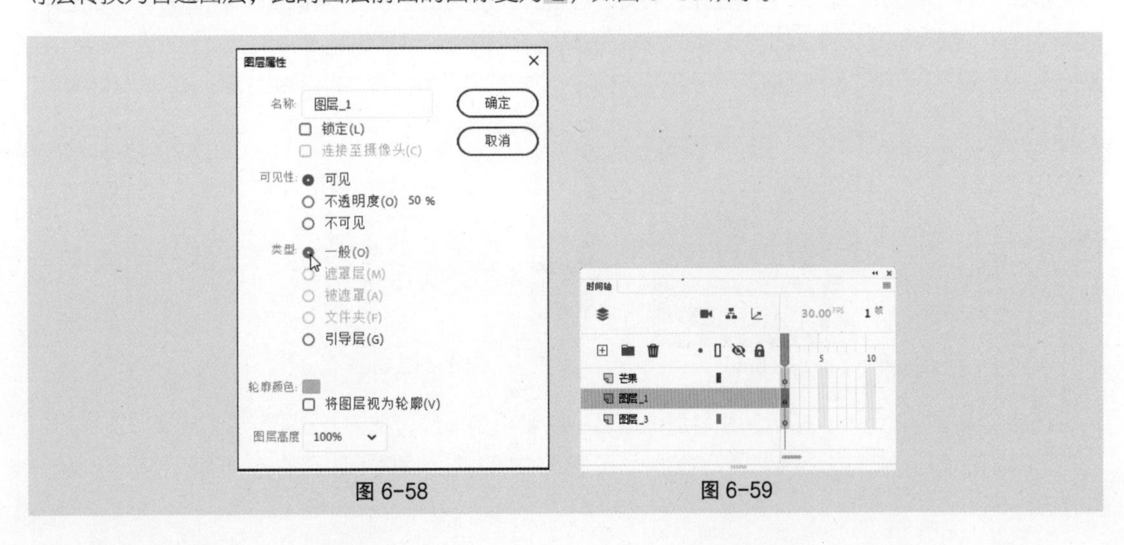

图 6-58　　图 6-59

6.1.5 运动引导层

运动引导层的作用是设置对象的运动路径，使与之链接的被引导层中的对象沿着路径运动，运动引导层上的路径在播放动画时不显示。在运动引导层上可创建多个运动轨迹，以引导被引导层上的多个对象沿不同的路径运动。要创建按照轨迹运动的动画就需要添加运动引导层，但创建的运动引导层动画必须是动作补间动画，形状补间动画、逐帧动画不可用。

1. 创建运动引导层

用鼠标右键单击“时间轴”面板中要添加运动引导层的图层，在弹出的快捷菜单中选择“添加传统运动引导层”命令，如图 6-60 所示，为图层添加运动引导层，此时运动引导层前面出现图标 ，如图 6-61 所示。

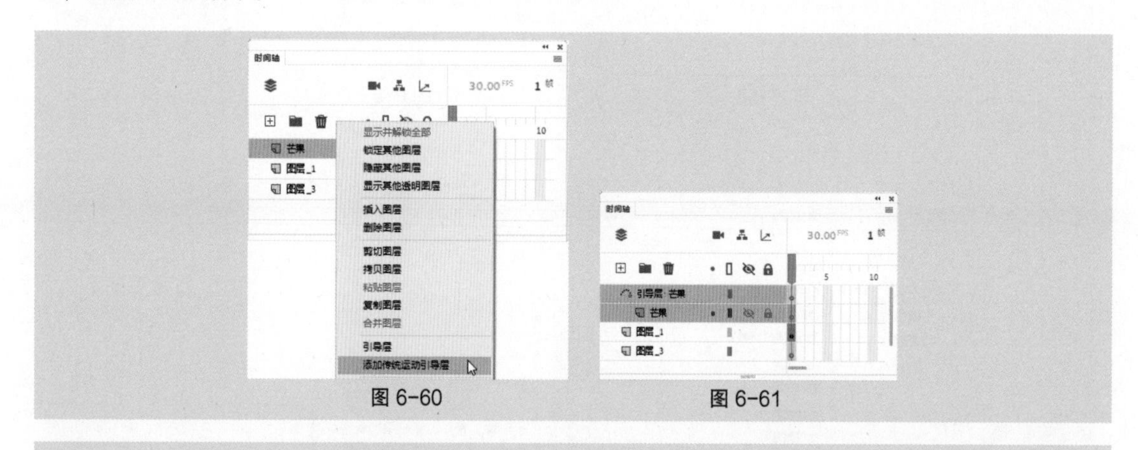

图 6-60　　图 6-61

知识提示 一个运动引导层可以引导多个图层上的对象按运动路径运动。如果要将多个图层变成某一个运动引导层的被引导层，只需在“时间轴”面板上将要变成被引导层的图层拖曳至引导层下方即可。

2. 将运动引导层转换为普通图层

将运动引导层转换为普通图层的方法与普通引导层转换的方法一样，这里不再赘述。

3. 使用运动引导层制作动画

选择“文件 > 打开”命令，在弹出的“打开”对话框中选择云盘中的“基础素材 > Ch06 > 01”文件，单击“打开”按钮打开文件，如图 6-62 所示。用鼠标右键单击“时间轴”面板中的“飞机”图层，在弹出的快捷菜单中选择“添加传统运动引导层”命令，为“飞机”图层添加运动引导层，如图 6-63 所示。

图 6-62　　图 6-63

选择“钢笔工具” ，在运动引导层的舞台中绘制 1 条曲线，如图 6-64 所示。选择“引导层：飞机”图层的第 60 帧，按 F5 键插入普通帧。用相同的方法在“底图”图层的第 60 帧上插入普通帧，如图 6-65 所示。

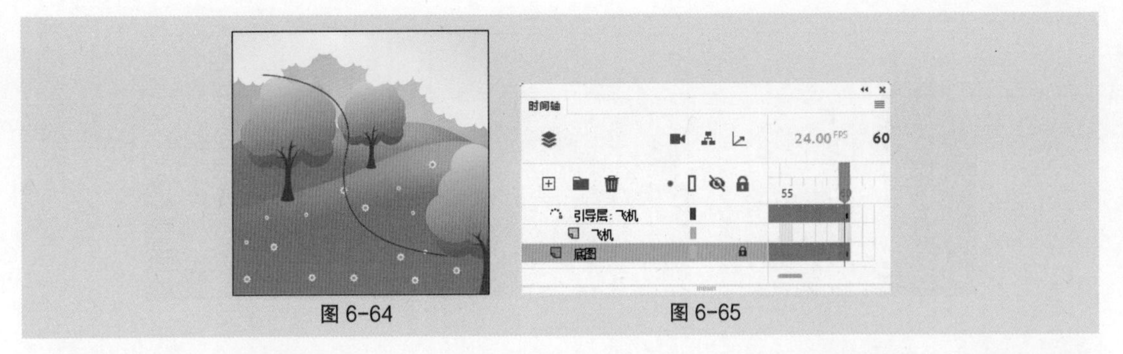

图 6-64　　图 6-65

选中“飞机”图层的第 1 帧，将“库”面板中的图形元件“飞机”拖曳到舞台中，放置在曲线的右端点上，如图 6-66 所示。选择“任意变形”工具，旋转“飞机”实例的角度，与曲线一致，如图 6-67 所示。

选中“飞机”图层的第 60 帧，按 F6 键插入关键帧。将舞台中的“飞机”实例拖曳到曲线的左端点，如图 6-68 所示。

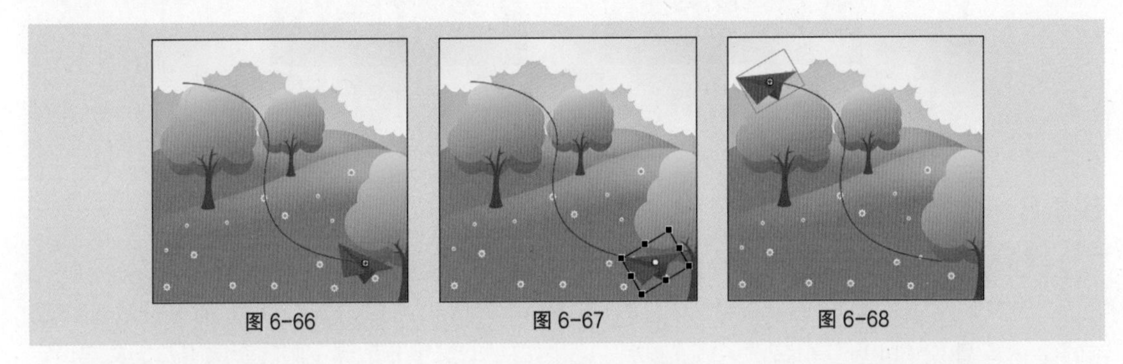

图 6-66　　图 6-67　　图 6-68

用鼠标右键单击“飞机”图层的第 1 帧，在弹出的快捷菜单中选择“创建传统补间”命令，如图 6-69 所示，在“飞机”图层中，第 1 帧到第 60 帧生成动作补间动画。在“属性”面板“帧”选项卡的“补间”选项组中，勾选“调整到路径”选项，如图 6-70 所示。运动引导层动画制作完成。

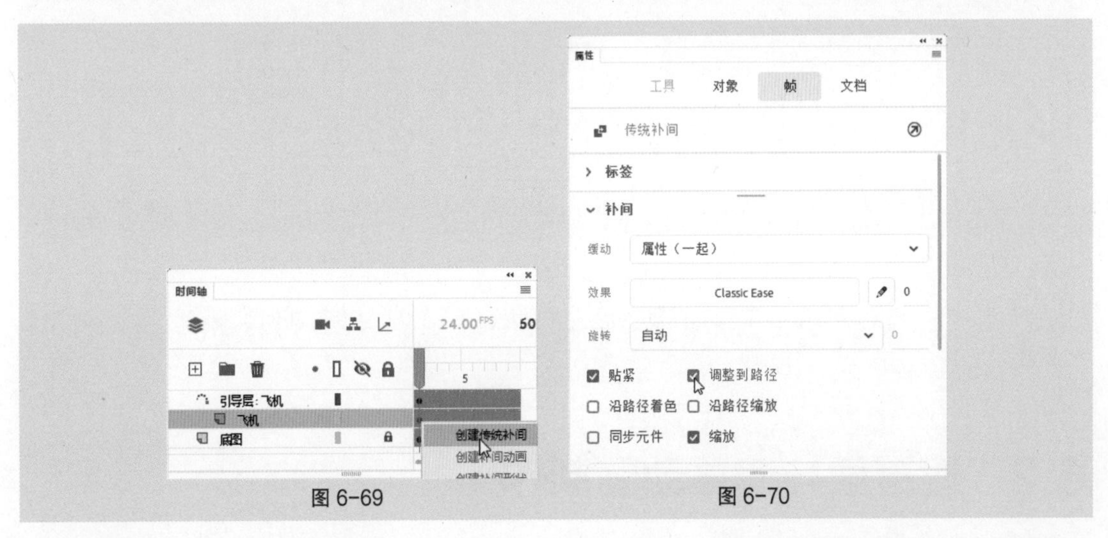

图 6-69　　图 6-70

在不同的帧中飞机位置不同，如图 6-71 所示。按 Ctrl+Enter 组合键测试动画效果，在动画中，曲线不显示。

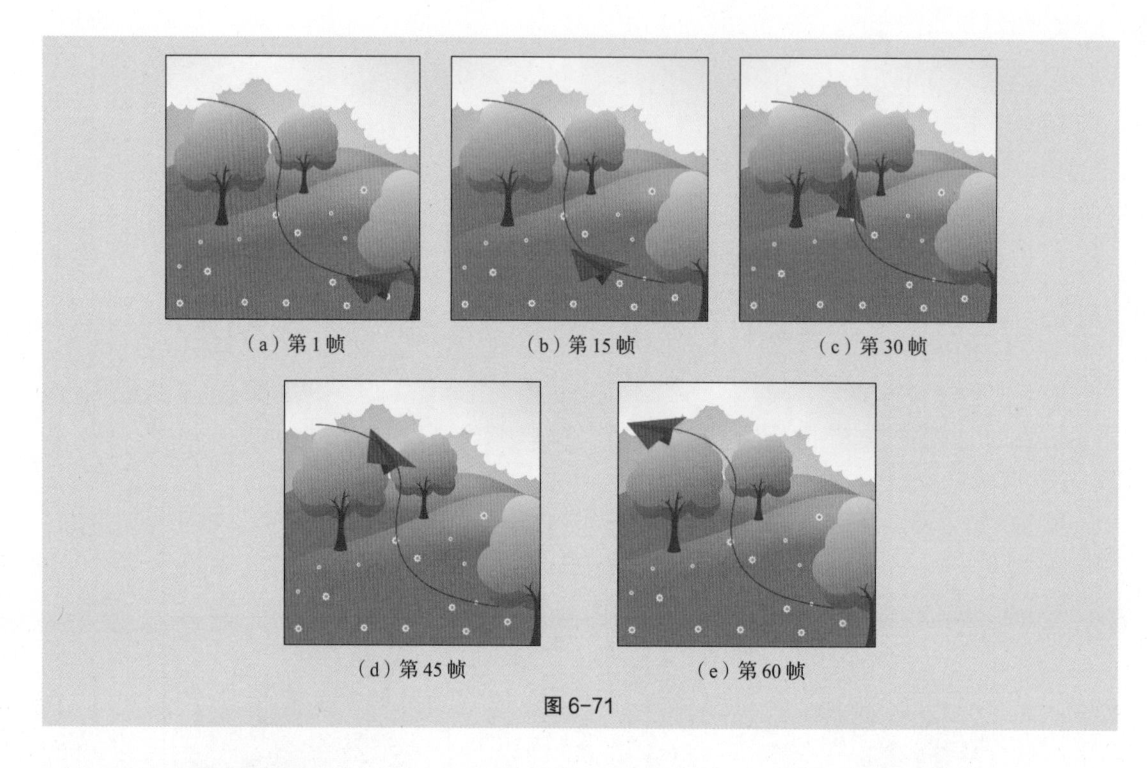

（a）第1帧 （b）第15帧 （c）第30帧

（d）第45帧 （e）第60帧

图 6-71

6.1.6 分散到图层

新建空白文档，选择“文本工具”T，在“图层_1”图层的舞台中输入文字“欣欣向荣”，如图6-72所示。选中文字，按Ctrl+B组合键将文字打散，如图6-73所示。选择“修改 > 时间轴 > 分散到图层”命令，或按Ctrl+Shift+D组合键，将“图层_1”图层中的文字分散到不同的图层中并按文字设定图层名称，如图6-74所示。

图 6-72 图 6-73 图 6-74

知识提示

将文字分散到不同的图层中后，“图层_1”图层中没有任何对象。

6.2 遮罩层与遮罩动画制作

遮罩层就像一块不透明的板，如果要看到它下面的图像，只能在板上挖“洞”，而遮罩层中有对象的地方就可看成“洞”，被遮罩层中的对象可以通过“洞”显示出来。

6.2.1 课堂案例——制作化妆品主图动画

【案例学习目标】使用“遮罩层”命令制作遮罩动画。

【案例知识要点】使用“椭圆工具”“矩形工具”制作形状动画，使用“创建补间形状”命令和“创建传统补间”命令制作动画，使用“遮罩层”命令制作遮罩动画，效果如图 6-75 所示。

【效果文件所在位置】云盘 /Ch06/ 效果 / 制作化妆品主图动画 .fla。

图 6-75

1. 制作动画 1

（1）选择“文件 > 新建”命令，弹出“新建文档”对话框，在“详细信息”选项组中，将“宽”设为 800、“高”设为 800，在“平台类型”下拉列表中选择“ActionScript 3.0”选项，单击“创建”按钮，完成文档的创建。

（2）选择“文件 > 导入 > 导入到库”命令，在弹出的“导入到库”对话框中选择云盘中的“Ch08 > 素材 > 制作化妆品主图动画 > 01 ～ 06”文件，单击“打开”按钮，将文件导入“库”面板中，如图 6-76 所示。

（3）将“图层 _1”图层重命名为“底图”。将“库”面板中的位图“01”拖曳到舞台中，如图 6-77 所示。选中“底图”图层的第 100 帧，按 F5 键插入普通帧。

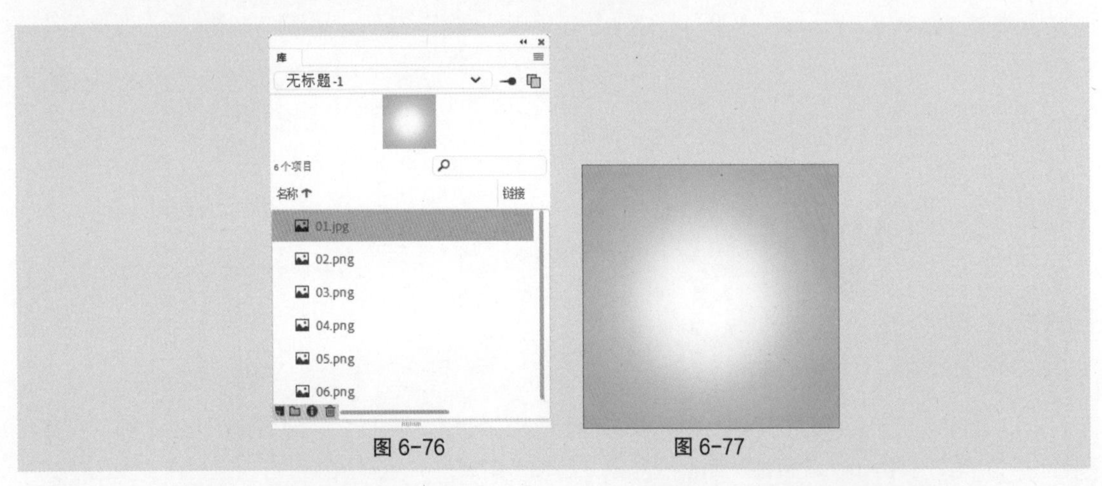

图 6-76　　图 6-77

（4）在“时间轴”面板中创建新图层并将其命名为“水花”。将“库”面板中的位图“02”拖曳到舞台中并放置在适当的位置，如图 6-78 所示。保持图像的选取状态，按 F8 键，在弹出的“转换为元件”对话框中进行设置，如图 6-79 所示，单击“确定”按钮，将选取的图像转为图形元件。

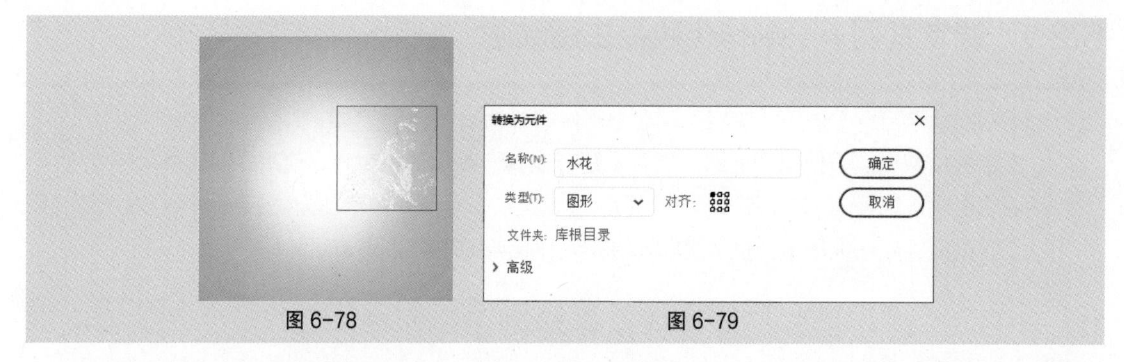

图 6-78　　图 6-79

（5）选中“水花”图层的第 10 帧，按 F6 键插入关键帧。选中“水花”图层的第 1 帧，在舞台中选中“水花”实例，在“属性”面板“对象”选项卡中展开“色彩效果”选项组，在“颜色样式”下拉列表中选择“Alpha”选项，将其值设为 0%，如图 6-80 所示，效果如图 6-81 所示。

（6）用鼠标右键单击“水花”图层的第 1 帧，在弹出的快捷菜单中选择“创建传统补间”命令，生成传统补间动画。

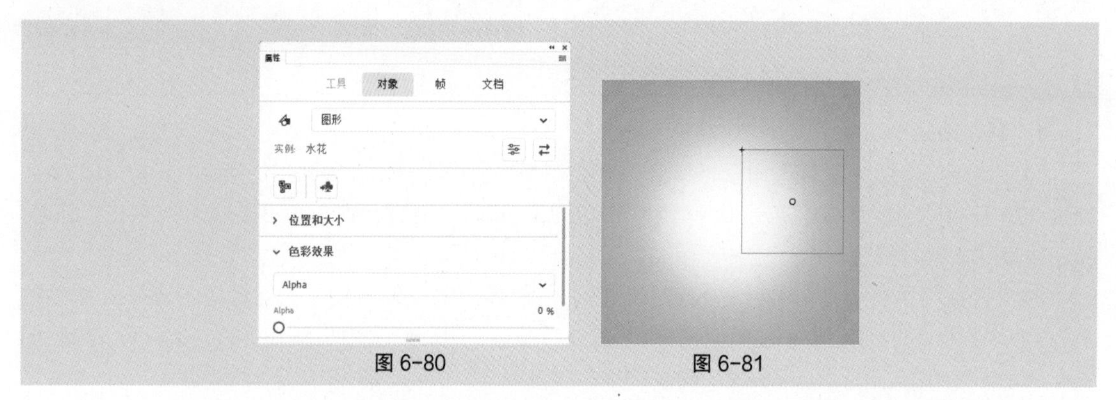

图 6-80　　图 6-81

（7）在“时间轴”面板中创建新图层并将其命名为“芦荟”。将“库”面板中的位图“03”拖曳到舞台中并放置在适当的位置，如图 6-82 所示。保持图像的选取状态，按 F8 键，在弹出的“转换为元件”对话框中进行设置，如图 6-83 所示，单击“确定”按钮，将选取的图像转为图形元件。

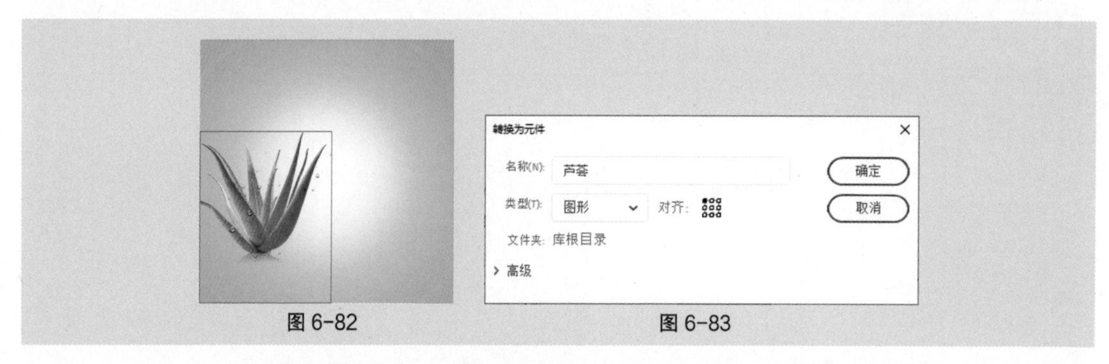

图 6-82　　图 6-83

（8）选中“芦荟”图层的第 10 帧，按 F6 键插入关键帧。选中“芦荟”图层的第 1 帧，在舞台中选中“芦荟”实例，在“属性”面板“对象”选项卡中展开“色彩效果”选项组，在“颜色样式”下拉列表中选择“Alpha”选项，将其值设为 0%，效果如图 6-84 所示。

（9）用鼠标右键单击“芦荟”图层的第 1 帧，在弹出的快捷菜单中选择“创建传统补间”命令，生成传统补间动画。

（10）在“时间轴”面板中创建新图层并将其命名为“遮罩 1”。选择“矩形工具”▭，在工具箱中将“笔触颜色”设为无、“填充颜色”设为黄色（#FFCC00），在舞台中绘制 1 个矩形，效果如图 6-85 所示。

（11）选中“遮罩 1”图层的第 15 帧，按 F6 键插入关键帧。选择“任意变形工具”，矩形周围出现控制点，选中矩形底部中间的控制点，按住 Alt 键的同时将其向下拖曳到适当的位置，改变矩形的高度，效果如图 6-86 所示。

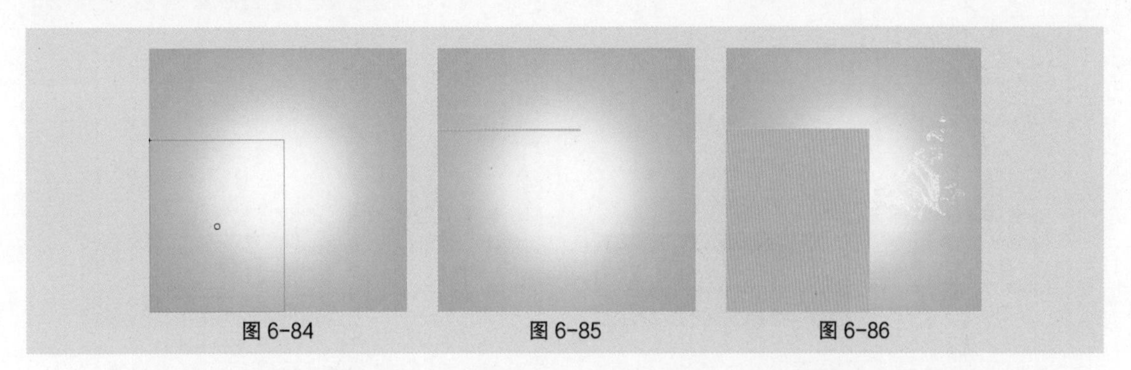
图 6-84　　图 6-85　　图 6-86

（12）用鼠标右键单击“遮罩 1”图层的第 1 帧，在弹出的快捷菜单中选择“创建补间形状”命令，生成形状补间动画，如图 6-87 所示。在“遮罩 1”图层上单击鼠标右键，在弹出的快捷菜单中选择“遮罩层”命令，将“遮罩 1”图层设置为遮罩层，“芦荟”图层为被遮罩层，如图 6-88 所示。

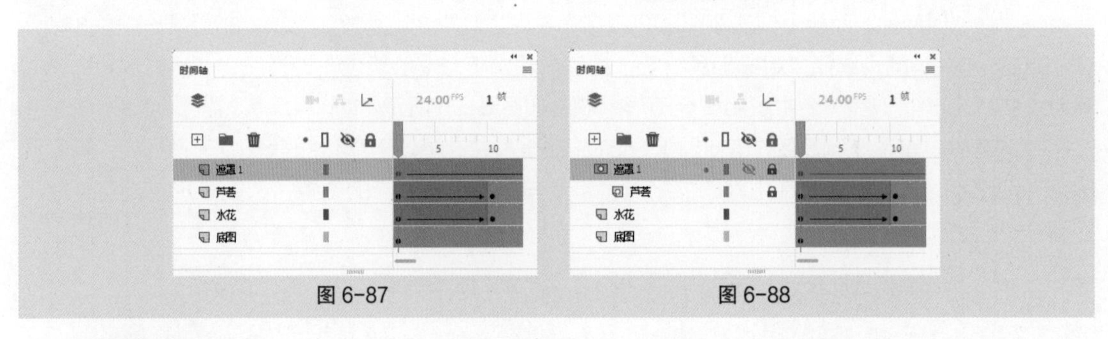

图 6-87　　图 6-88

2. 制作动画 2

（1）在“时间轴”面板中创建新图层并将其命名为“化妆品 1”。选中“化妆品 1”图层的第 15 帧，按 F6 键插入关键帧。将“库”面板中的位图“04”拖曳到舞台中并放置在适当的位置，如图 6-89 所示。

（2）在“时间轴”面板中创建新图层并将其命名为“遮罩 2”。选中“遮罩 2”图层的第 15 帧，按 F6 键插入关键帧。选择“矩形工具”▭，在工具箱中将“笔触颜色”设为无、“填充颜色”设为黄色（#FFCC00），在舞台中绘制 1 个矩形，效果如图 6-90 所示。

（3）选中“遮罩 2”图层的第 35 帧，按 F6 键插入关键帧。选择“任意变形工具”，矩形周围出现控制点，选中矩形底部中间的控制点，按住 Alt 键的同时将其向下拖曳到适当的位置，改变矩形的高度，效果如图 6-91 所示。

（4）用鼠标右键单击“遮罩 2”图层的第 15 帧，在弹出的快捷菜单中选择“创建补间形状”命令，生成形状补间动画，如图 6-92 所示。在“遮罩 2”图层上单击鼠标右键，在弹出的快捷菜单中选择“遮罩层”命令，将“遮罩 2”图层设置为遮罩层，“化妆品 1”图层为被遮罩层，如图 6-93 所示。

图 6-89　　图 6-90　　图 6-91

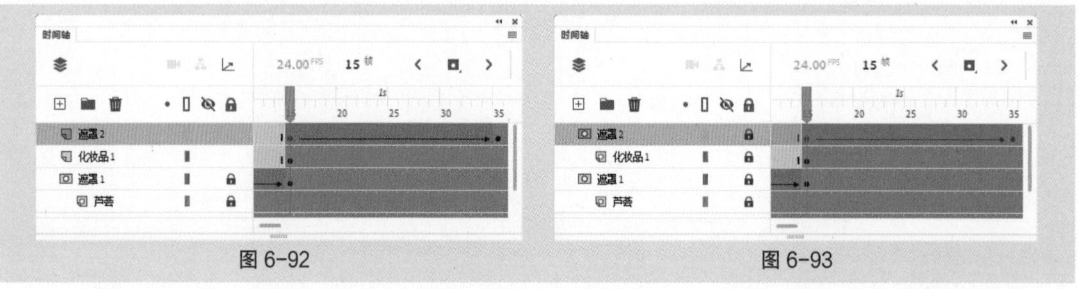

图 6-92　　图 6-93

（5）在“时间轴”面板中创建新图层并将其命名为“化妆品 2”。选中“化妆品 2”图层的第 25 帧，按 F6 键插入关键帧。将“库”面板中的位图“05”拖曳到舞台中并放置在适当的位置，如图 6-94 所示。

（6）在“时间轴”面板中创建新图层并将其命名为“遮罩 3”。选中“遮罩 3”图层的第 25 帧，按 F6 键插入关键帧。选择“矩形工具”，在工具箱中将“笔触颜色”设为无、“填充颜色”设为黄色（#FFCC00），在舞台中绘制 1 个矩形，效果如图 6-95 所示。

（7）选中“遮罩 3”图层的第 40 帧，按 F6 键插入关键帧。选择“任意变形工具”，矩形周围出现控制点，选中矩形底部中间的控制点，将其向下拖曳到适当的位置，改变矩形的高度，效果如图 6-96 所示。

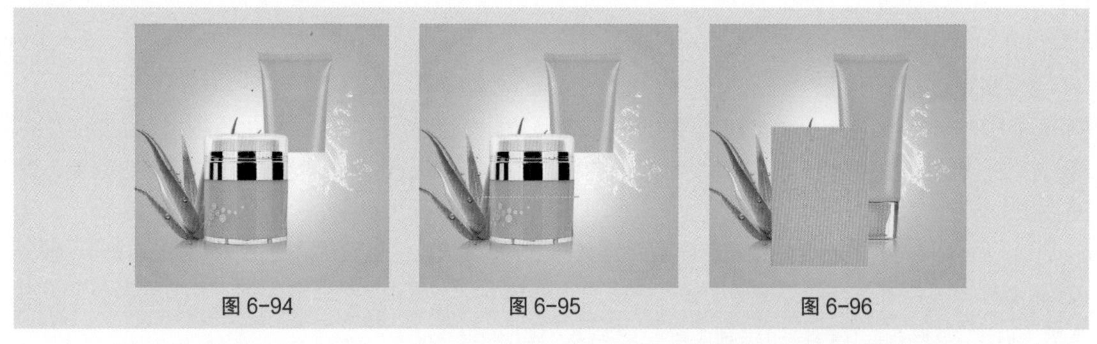

图 6-94　　图 6-95　　图 6-96

（8）用鼠标右键单击“遮罩 3”图层的第 25 帧，在弹出的快捷菜单中选择“创建补间形状”命令，生成形状补间动画，如图 6-97 所示。在“遮罩 3”图层上单击鼠标右键，在弹出的快捷菜单中选择“遮罩层”命令，将“遮罩 3”图层设置为遮罩层，“化妆品 2”图层为被遮罩层，如图 6-98 所示。

（9）在“时间轴”面板中创建新图层并将其命名为“标牌”。选中“标牌”图层的第 30 帧，按 F6 键插入关键帧。将“库”面板中的位图“06”拖曳到舞台中并放置在适当的位置，如图 6-99 所示。

（10）在“时间轴”面板中创建新图层并将其命名为“遮罩 4”。选中“遮罩 4”图层的第 30 帧，按 F6 键插入关键帧。选择“椭圆工具”，在工具箱中将“笔触颜色”设为无、“填充颜色”设为黄色（#FFCC00），按住 Shift 键在舞台中绘制 1 个圆形，效果如图 6-100 所示。

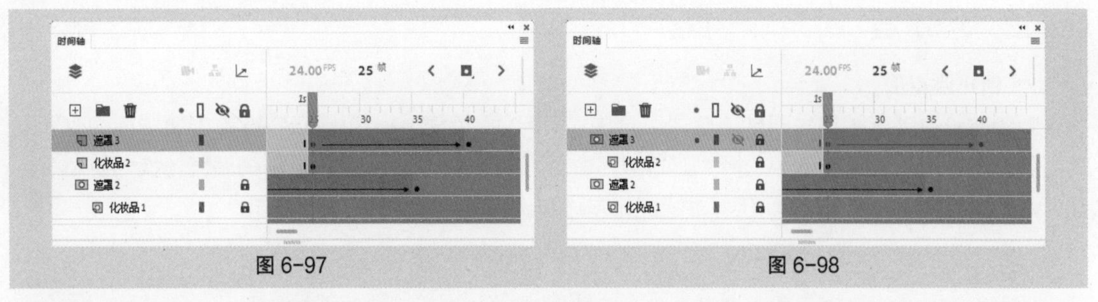

图 6-97　　图 6-98

图 6-99　　图 6-100

（11）选中“遮罩 4”图层的第 45 帧，按 F6 键插入关键帧。选中“遮罩 4”图层的第 30 帧，按 Ctrl+T 组合键，弹出“变形”面板，将“缩放宽度”和“缩放高度”均设为 1.0%，如图 6-101 所示，按 Enter 键确认操作。

（12）用鼠标右键单击“遮罩 4”图层的第 30 帧，在弹出的快捷菜单中选择“创建补间形状”命令，生成形状补间动画，如图 6-102 所示。在“遮罩 4”图层上单击鼠标右键，在弹出的快捷菜单中选择“遮罩层”命令，将“遮罩 4”图层设置为遮罩层，“标牌”图层为被遮罩层，如图 6-103 所示。

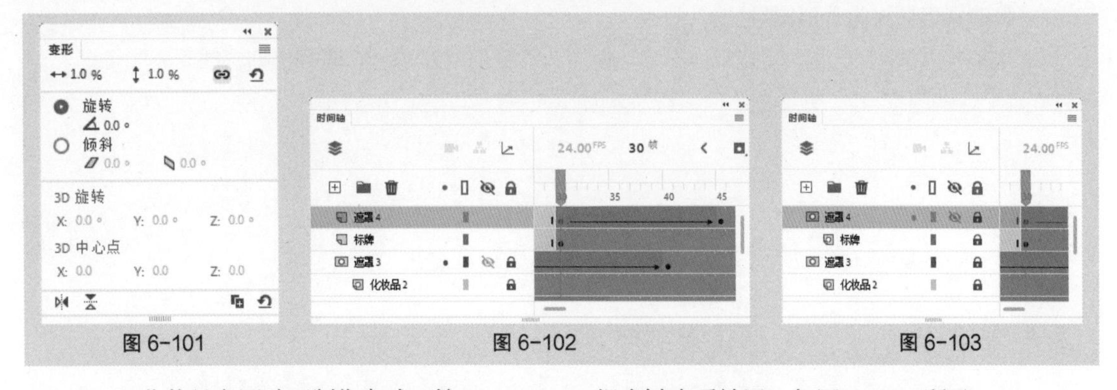

图 6-101　　图 6-102　　图 6-103

（13）化妆品主图动画制作完成，按 Ctrl+Enter 组合键查看效果，如图 6-104 所示。

图 6-104

6.2.2 遮罩层

1. 创建遮罩层

要创建遮罩动画，首先要创建遮罩层。在“时间轴”面板中，用鼠标右键单击要转换为遮罩层的图层，在弹出的快捷菜单中选择“遮罩层”命令，如图 6–105 所示。选中的图层转换为遮罩层，其下方的图层自动转换为被遮罩层，并且它们都被自动锁定，如图 6–106 所示。

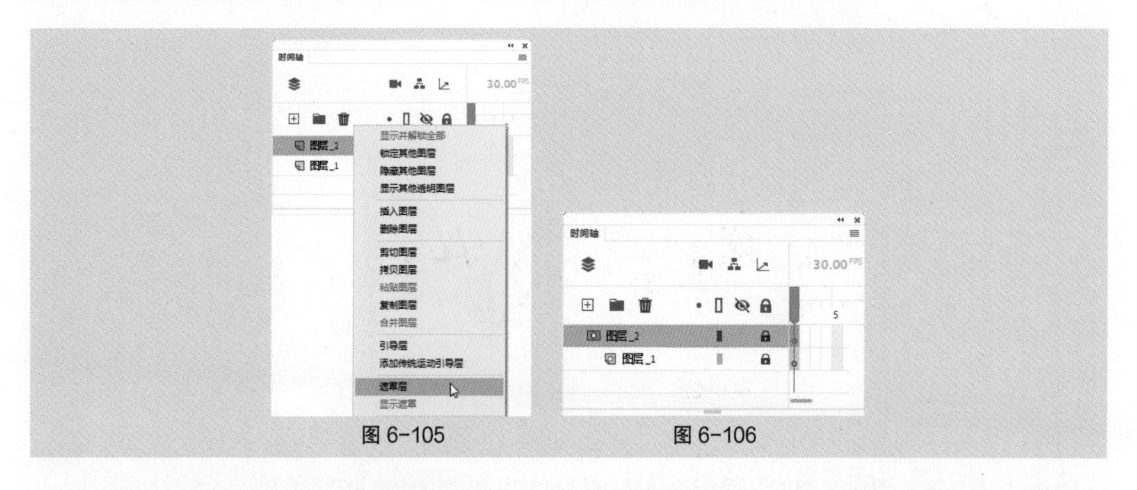

图 6–105　　图 6–106

知识提示

如果想解除遮罩，只需单击“时间轴”面板中遮罩层或被遮罩层上的图标将其解锁。遮罩层中的对象可以是图形、文字、元件的实例等，但不显示位图、渐变色、透明色和线条。一个遮罩层可以作为多个图层的遮罩层，如果要将一个普通图层作为某个遮罩层的被遮罩层，只需将此图层拖曳至遮罩层下方。

2. 将遮罩层转换为普通图层

在“时轴”面板中，用鼠标右键单击要转换为普通图层的遮罩层，在弹出的快捷菜单中选择“遮罩层”命令，如图 6–107 所示，遮罩层转换为普通图层，如图 6–108 所示。

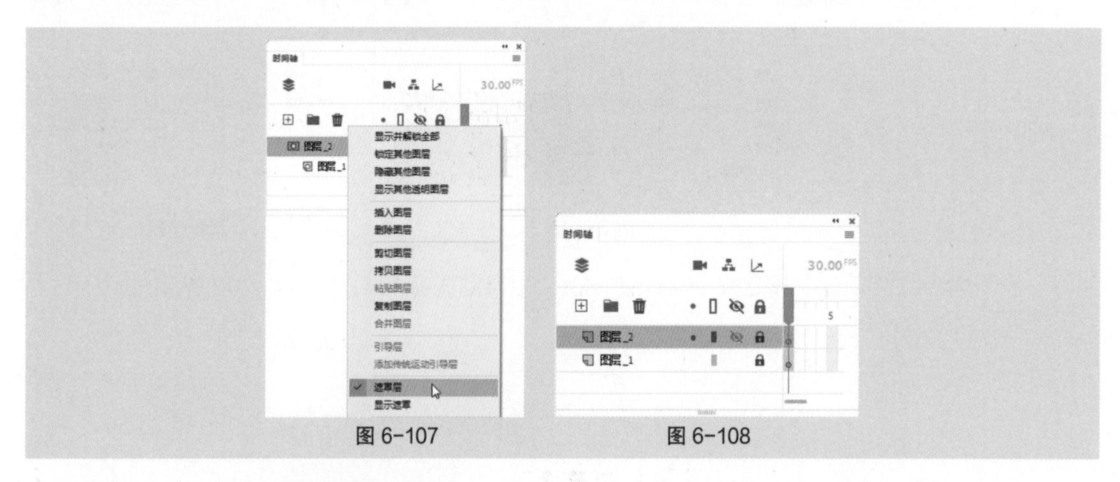

图 6–107　　图 6–108

6.2.3 静态遮罩动画

选择“文件 > 打开”命令，在弹出的“打开”对话框中选择云盘中的“基础素材 > Ch06 > 02”文件，单击“打开”按钮打开文件，如图 6–109 所示。在“时间轴”面板中单击“新建图层”按钮⊞，创建“图层_3”图层，如图 6-110 所示。将“库”面板中的图形元件“02”拖曳到舞台中的适当位置，如图 6-111 所示。

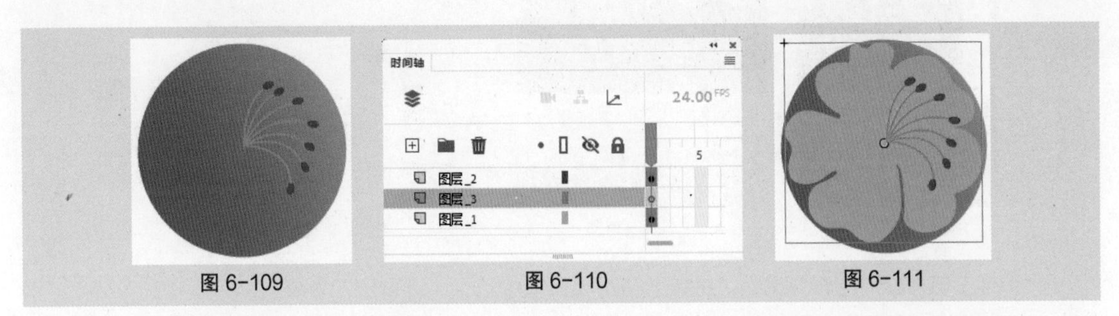

图 6-109　图 6-110　图 6-111

在“时间轴”面板中，用鼠标右键单击“图层_3”图层，在弹出的快捷菜单中选择“遮罩层”命令，如图 6-112 所示。“图层_3”图层转换为遮罩层，“图层_1”图层转换为被遮罩层，两个图层被自动锁定，如图 6-113 所示。舞台中图形的遮罩效果如图 6-114 所示。

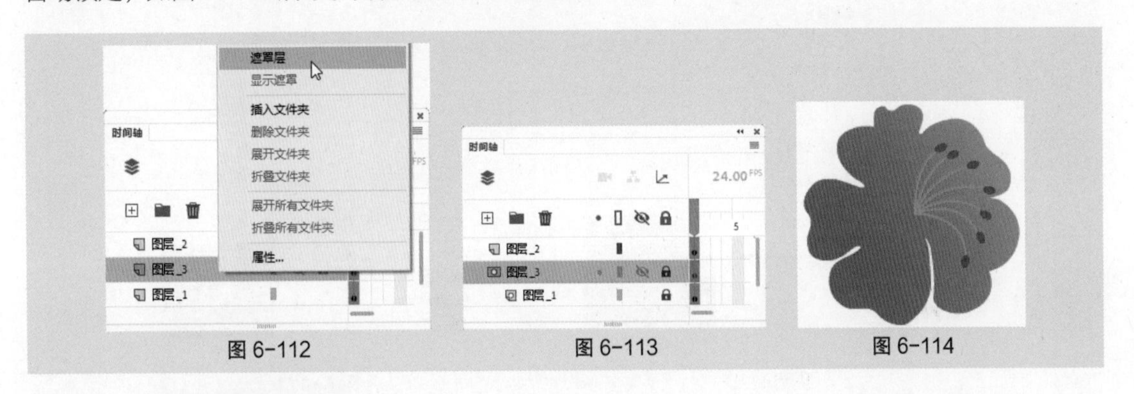

图 6-112　图 6-113　图 6-114

6.2.4　动态遮罩动画

打开云盘中的“基础素材 > Ch08 > 03”文件，如图 6-115 所示。在“时间轴”面板中单击“新建图层”按钮⊞，创建新的图层并将其命名为“剪影”，如图 6-116 所示。

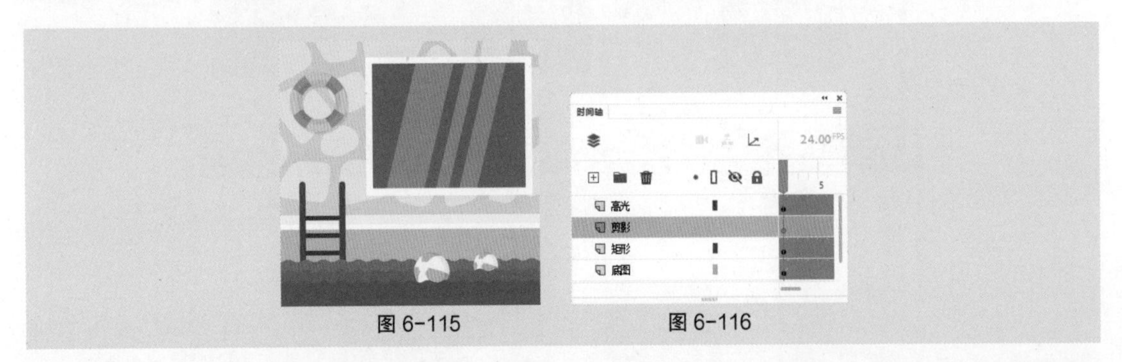

图 6-115　图 6-116

将“库”面板中的图形元件“剪影”拖曳到舞台中的适当位置，如图 6-117 所示。选中“剪影”图层的第 10 帧，按 F6 键插入关键帧。在舞台中将“剪影”实例水平向左拖曳到适当的位置，如图 6-118 所示。

用鼠标右键单击“剪影”图层的第 1 帧，在弹出的快捷菜单中选择“创建传统补间”命令，生成传统补间动画，如图 6-119 所示。

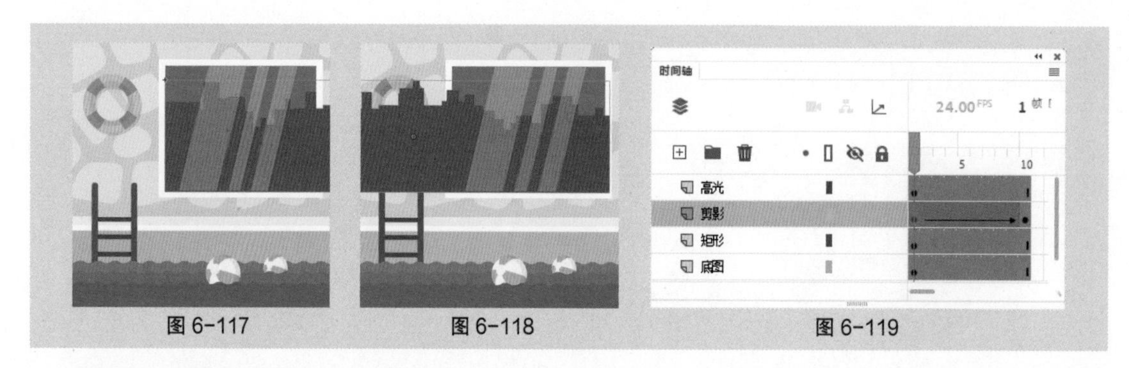

图 6-117　　图 6-118　　图 6-119

用鼠标右键单击“剪影”图层，在弹出的快捷菜单中选择“遮罩层”命令，如图 6-120 所示，“剪影”图层转换为遮罩层，“矩形”图层转换为被遮罩层，如图 6-121 所示。动态遮罩动画制作完成，按 Ctrl+Enter 组合键测试动画效果。

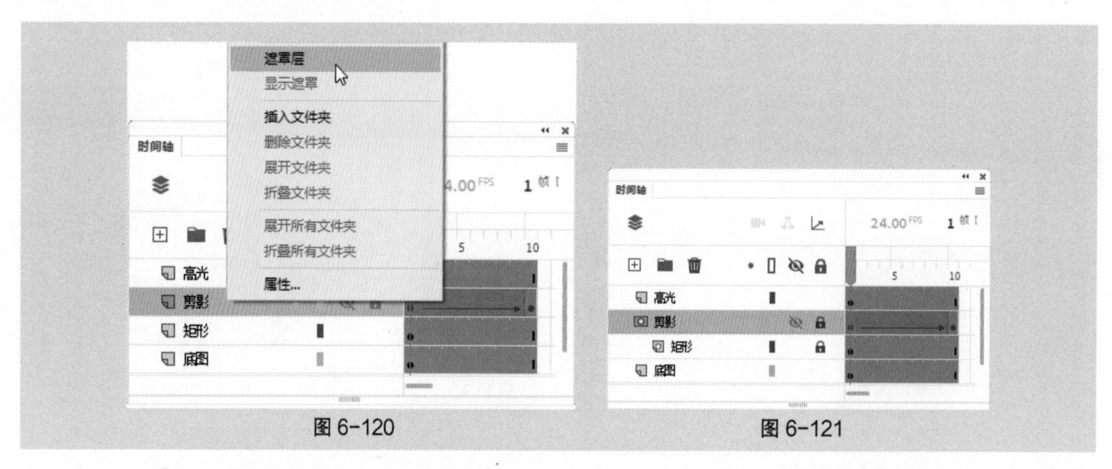

图 6-120　　图 6-121

不同帧中的动画效果如图 6-122 所示。

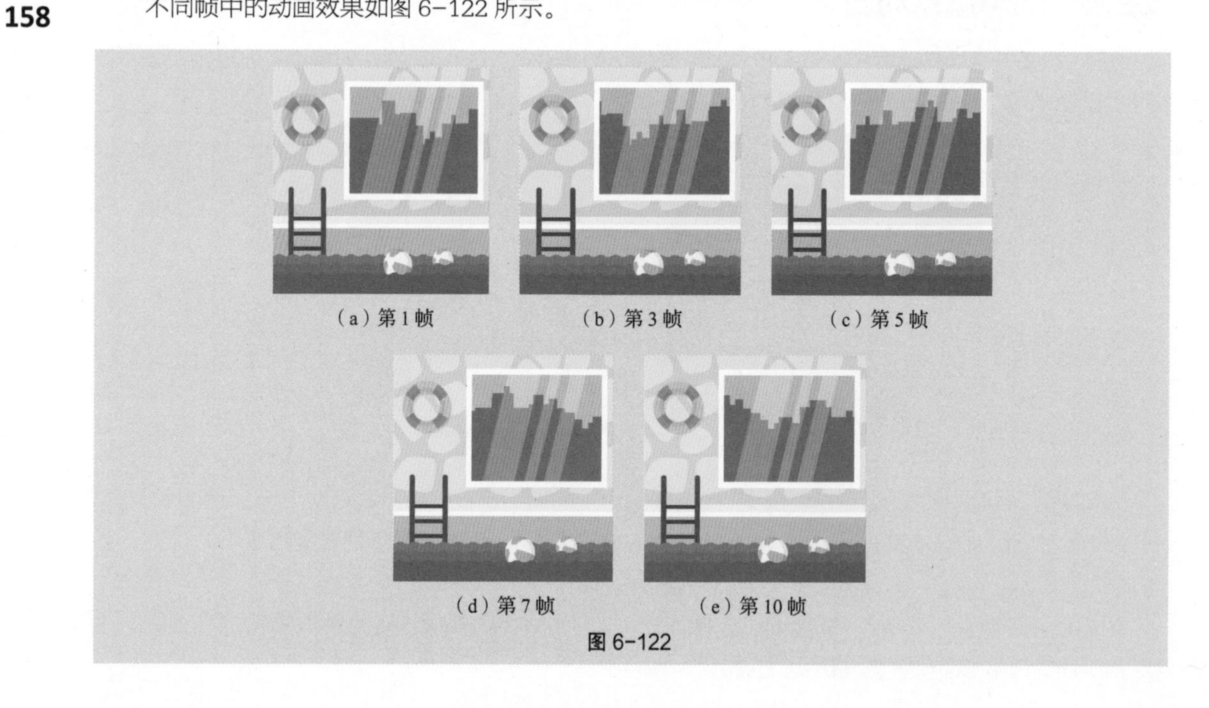

（a）第 1 帧　（b）第 3 帧　（c）第 5 帧

（d）第 7 帧　（e）第 10 帧

图 6-122

6.3 课堂练习——制作电商广告

【练习知识要点】使用“添加传统运动引导层”命令添加运动引导层，使用“钢笔工具”绘制曲线，使用“创建传统补间”命令制作花瓣飘落动画。

【素材所在位置】云盘 /Ch06/ 素材 / 制作电商广告 /01 ～ 06。

【效果文件所在位置】云盘 /Ch06/ 效果 / 制作电商广告 .fla，如图 6-123 所示。

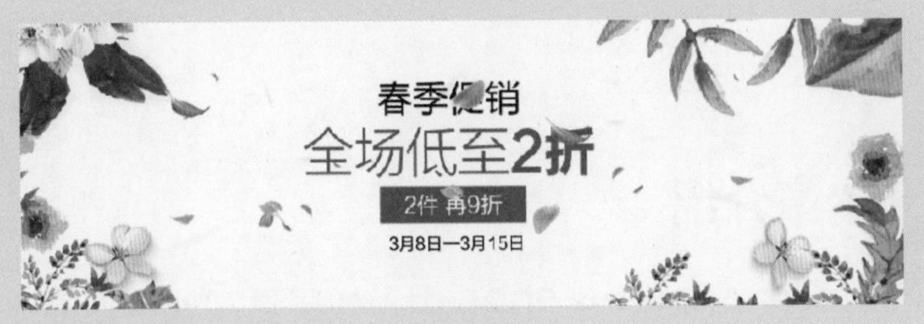

图 6-123

6.4 课后习题——制作手表主图动画

【习题知识要点】使用“矩形工具”绘制矩形，使用“创建补间形状”命令制作形状补间动画效果，使用“遮罩层”命令制作遮罩动画。

【素材所在位置】云盘 /Ch06/ 素材 / 制作手表主图动画 /01 ～ 03。

【效果文件所在位置】云盘 /Ch06/ 效果 / 制作手表主图动画 .fla，如图 6-124 所示。

图 6-124

07 第7章 动作脚本

本章介绍

在 Animate 2020 中，如果要实现一些复杂多变的动画效果，就要使用动作脚本。输入不同的动作脚本可以实现高难度的动画效果。本章将介绍动作脚本的基本术语和使用方法。读者通过学习能了解并掌握不同的动作脚本，以实现千变万化的动画效果。

学习目标

- 了解数据类型。
- 掌握语法规则。
- 掌握变量和函数。
- 掌握表达式和运算符。

技能目标

- 掌握“江南游记相册”的制作方法和技巧。
- 掌握“闹钟详情页主图”的制作方法和技巧。

7.1 “动作”面板

“动作”面板主要用于组织动作脚本，可以从动作列表中选择语句，也可自行编辑语句。

7.1.1 课堂案例——制作江南游记相册

【案例学习目标】使用“动作”面板添加脚本。

【案例知识要点】使用“导入到库”命令和“创建新元件”对话框导入素材并制作按钮元件和图形元件，使用“创建传统补间”命令制作传统补间动画，使用“动作”面板设置脚本，效果如图 7–1 所示。

【效果文件所在位置】云盘 /Ch07/ 效果 / 制作江南游记相册 .fla。

图 7–1

1. 导入素材制作按钮元件和图形元件

（1）选择“文件 > 新建”命令，弹出“新建文档”对话框，将“宽”设为 800、“高”设为 600，在“平台类型”下拉列表中选择“ActionScript 3.0”选项，单击“创建”按钮，完成文档的创建。

（2）选择“文件 > 导入 > 导入到库”命令，在弹出的“导入到库”对话框中选择云盘中的“Ch07 > 素材 > 制作江南游记相册 > 01 ～ 11”文件，单击“打开”按钮，文件被导入“库”面板中，如图 7–2 所示。

（3）按 Ctrl+F8 组合键，弹出“创建新元件”对话框，在“名称”文本框中输入“小按钮 1”，在“类型”下拉列表中选择“按钮”选项，单击“确定”按钮，新建按钮元件“小按钮 1”，如图 7–3 所示。舞台随之转换为按钮元件“小按钮 1”的舞台。将“库”面板中的位图“03”拖曳到舞台中并放置在适当的位置，如图 7–4 所示。

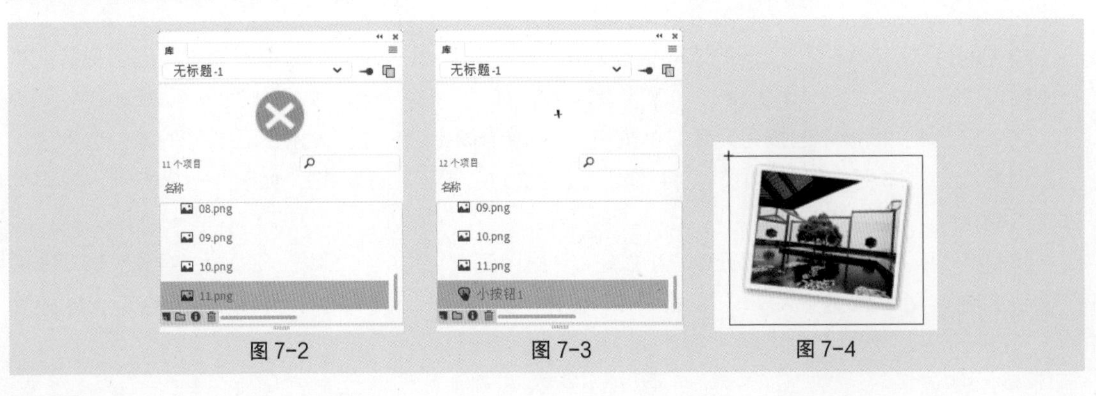

图 7–2　图 7–3　图 7–4

（4）用相同的方法将“库”面板中的位图“04”“05”“06”“11”分别制作成按钮元件“小按钮 2”“小按钮 3”“小按钮 4”“关闭”，如图 7-5 所示。

（5）按 Ctrl+F8 组合键，弹出“创建新元件”对话框，在“名称”文本框中输入“图片 1”，在“类型”下拉列表中选择“图形”选项，单击“确定”按钮，新建图形元件“图片 1”，如图 7-6 所示。舞台随之转换为图形元件“图片 1”的舞台。将“库”面板中的位图“07”拖曳到舞台中并放置在适当的位置，如图 7-7 所示。

（6）用相同的方法将“库”面板中的位图“08”“09”“10”分别制作成图形元件“图片 2”“图片 3”“图片 4”，如图 7-8 所示。

图 7-5　　图 7-6　　图 7-7　　图 7-8

2. 摆放按钮的位置

（1）单击舞台左上方的按钮←，进入“场景 1”的舞台。将“图层_1”图层重命名为“底图”。将“库”面板中的位图“01”拖曳到舞台中，如图 7-9 所示。选中“底图”图层的第 121 帧，按 F5 键插入普通帧。

（2）在“时间轴”面板中创建新图层并将其命名为“按钮”。将“库”面板中的按钮元件“小按钮 1”拖曳到舞台中，如图 7-10 所示。

图 7-9　　图 7-10

（3）保持“小按钮 1”实例的选取状态，在“属性”面板“对象”选项卡的“实例名称”文本框中输入“a”，将“X”设为 127、“Y”设为 73，如图 7-11 所示，效果如图 7-12 所示。

（4）将“库”面板中的按钮元件“小按钮 2”拖曳到舞台中，在“属性”面板“对象”选项卡的“实例名称”文本框中输入“b”，将“X”设为 294、“Y”设为 86，如图 7-13 所示，效果如图 7-14 所示。

（5）将“库”面板中的按钮元件“小按钮 3”拖曳到舞台中，在“属性”面板“对象”选项卡的“实例名称”文本框中输入“c”，将“X”设为 423、“Y”设为 84，如图 7-15 所示，效果如图 7-16 所示。

图 7-11　图 7-12　图 7-13

图 7-14　图 7-15　图 7-16

（6）将“库”面板中的按钮元件“小按钮 4”拖曳到舞台中，在“属性”面板“对象”选项卡的“实例名称”文本框中输入“d”，将“X”设为 564、“Y”设为 80，如图 7-17 所示，效果如图 7-18 所示。

（7）在“时间轴”面板中创建新图层并将其命名为“装饰”。将“库”面板中的位图“02”拖曳到舞台中并放置在适当的位置，如图 7-19 所示。

图 7-17　图 7-18　图 7-19

3. 制作动画效果

（1）在“时间轴”面板中创建新图层并将其命名为“图片 1”。选中“图片 1”图层的第 2 帧，按 F6 键插入关键帧。将“库”面板中的图形元件“图片 1”拖曳到舞台中。在“属性”面板“对象”选项卡中将“X”设为 188、“Y”设为 242，效果如图 7-20 所示。

（2）分别选中“图片 1”图层的第 16 帧、第 31 帧，按 F6 键插入关键帧。选中“图片 1”图层的第 16 帧，选中舞台中的“图片 1”实例，在“属性”面板“对象”选项卡中将“X”设为 801、“Y”

设为 242，效果如图 7-21 所示。

（3）选中“图片 1”图层的第 31 帧，选中舞台中的“图片 1”实例，在“属性”面板“对象”选项卡中将“X”设为 -435、“Y”设为 242，效果如图 7-22 所示。

图 7-20　　图 7-21　　图 7-22

（4）分别用鼠标右键单击“图片 1”图层的第 2 帧和第 16 帧，在弹出的快捷菜单中选择“创建传统补间”命令，生成传统补间动画。

（5）在“时间轴”面板中创建新图层并将其命名为“图片 2”。选中“图片 2”图层的第 32 帧，按 F6 键插入关键帧。将“库”面板中的图形元件“图片 2”拖曳到舞台中。在“属性”面板“对象”选项卡中将“X”设为 188、“Y”设为 242，效果如图 7-23 所示。

（6）分别选中“图片 2”图层的第 46 帧、第 61 帧，按 F6 键插入关键帧。选中“图片 2”图层的第 46 帧，选中舞台中的“图片 2”实例，在“属性”面板“对象”选项卡中将“X”设为 801、“Y”设为 242，效果如图 7-24 所示。

（7）选中“图片 2”图层的第 61 帧，选中舞台中的“图片 2”实例，在“属性”面板“对象”选项卡中将“X”设为 -435、“Y”设为 242，效果如图 7-25 所示。

图 7-23　　图 7-24　　图 7-25

（8）分别用鼠标右键单击“图片 2”图层的第 32 帧和第 46 帧，在弹出的快捷菜单中选择“创建传统补间”命令，生成传统补间动画。

（9）在“时间轴”面板中创建新图层并将其命名为“图片 3”。选中“图片 3”图层的第 62 帧，按 F6 键插入关键帧。将“库”面板中的图形元件“图片 3”拖曳到舞台中。在“属性”面板“对象”选项卡中将“X”设为 188、“Y”设为 242，效果如图 7-26 所示。

（10）分别选中“图片 3”图层的第 76 帧、第 91 帧，按 F6 键插入关键帧。选中“图片 3”图层的第 76 帧，选中舞台中的“图片 3”实例，在“属性”面板“对象”选项卡中将“X”设为 801、“Y”设为 242，效果如图 7-27 所示。

（11）选中“图片 3”图层的第 91 帧，选中舞台中的“图片 3”实例，在“属性”面板“对象”选项卡中将“X”设为 -435、“Y”设为 242，效果如图 7-28 所示。

图 7-26　图 7-27　图 7-28

（12）分别用鼠标右键单击“图片 3”图层的第 62 帧和第 76 帧，在弹出的快捷菜单中选择“创建传统补间”命令，生成传统补间动画。

（13）在“时间轴”面板中创建新图层并将其命名为“图片 4”。选中“图片 4”图层的第 92 帧，按 F6 键插入关键帧。将“库”面板中的图形元件“图片 4”拖曳到舞台中。在“属性”面板“对象”选项卡中将“X”设为 188、“Y”设为 242，效果如图 7-29 所示。

（14）分别选中“图片 4”图层的第 106 帧、第 121 帧，按 F6 键插入关键帧。选中“图片 4”图层的第 106 帧，选中舞台中的“图片 4”实例，在“属性”面板“对象”选项卡中将“X”设为 801、“Y”设为 242，效果如图 7-30 所示。

（15）选中“图片 4”图层的第 121 帧，选中舞台中的“图片 4”实例，在“属性”面板“对象”选项卡中将“X”设为 -435、“Y”设为 242，效果如图 7-31 所示。

图 7-29　图 7-30　图 7-31

（16）分别用鼠标右键单击“图片 4”图层的第 92 帧和第 106 帧，在弹出的快捷菜单中选择“创建传统补间”命令，生成传统补间动画。

4. 添加动作脚本

（1）在“时间轴”面板中创建新图层并将其命名为“关闭按钮”。选中“关闭按钮”图层的第 16 帧，按 F6 键插入关键帧。将“库”面板中的按钮元件“关闭”拖曳到舞台中。在“属性”面板“对象”选项卡中将“X”设为 601、“Y”设为 226，效果如图 7-32 所示。

（2）分别选中“关闭按钮”图层的第 46 帧、第 76 帧和第 106 帧，按 F6 键插入关键帧。分别选中“关闭按钮”图层的第 17 帧、第 47 帧、第 77 帧和第 107 帧，按 F7 键插入空白关键帧。

（3）选中“关闭按钮”图层的第 16 帧，在舞台中选中“关闭”实例，在“属性”面板“对象”选项卡的“实例名称”文本框中输入“a1”，如图 7-33 所示。

图 7-32　　图 7-33

（4）选中“关闭按钮”图层的第 46 帧，在舞台中选中“关闭”实例，在“属性”面板“对象”选项卡的“实例名称”文本框中输入“b1”，如图 7-34 所示。选中“关闭按钮”图层的第 76 帧，在舞台中选中“关闭”实例，在“属性”面板“对象”选项卡的“实例名称”文本框中输入“c1”，如图 7-35 所示。选中“关闭按钮”图层的第 106 帧，在舞台中选中“关闭”实例，在“属性”面板“对象”选项卡的“实例名称”文本框中输入“d1”，如图 7-36 所示。

图 7-34　　图 7-35　　图 7-36

（5）选中“图片 1”图层的第 31 帧，选择“窗口 > 动作”命令，弹出“动作”面板（快捷键为 F9）。在“动作”面板中输入脚本代码，如图 7-37 所示。用相同的方法为“图片 2”图层的第 61 帧、“图片 3”图层的第 91 帧和“图片 4”图层的第 121 帧添加脚本代码“gotoAndStop(1);”。

（6）选中“关闭按钮”图层的第 16 帧，在“动作”面板中输入脚本代码，如图 7-38 所示。

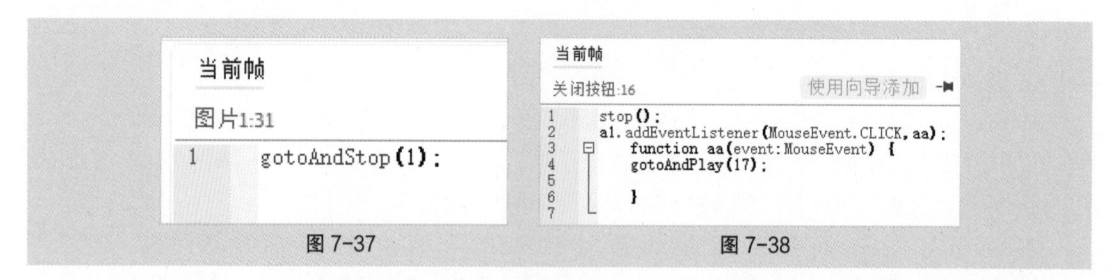

图 7-37　　图 7-38

（7）用相同的方法分别为“关闭按钮”图层的第 46 帧、第 76 帧和第 106 帧添加脚本代码，分别如图 7-39、图 7-40 和图 7-41 所示。

（8）在“时间轴”面板中创建新图层并将其命名为“动作脚本”。选中“动作脚本”图层的第 1 帧，选择“窗口 > 动作”命令，弹出“动作”面板（快捷键为 F9）。在“动作”面板中输入脚本代码，如图 7-42 所示。江南游记相册制作完成，按 Ctrl+Enter 组合键即可查看效果。

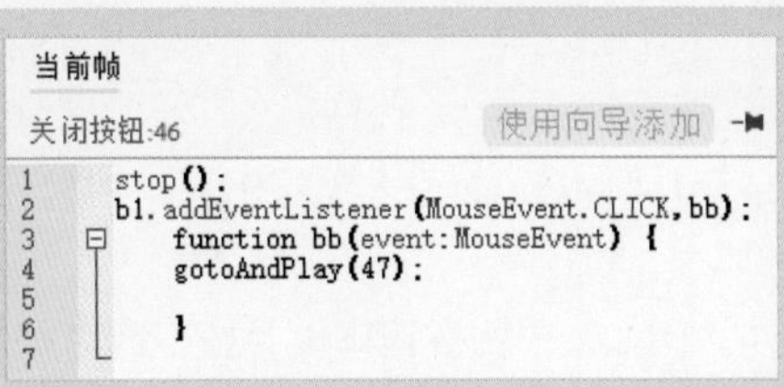

```
当前帧
关闭按钮:46                                   使用向导添加
1   stop();
2   b1.addEventListener(MouseEvent.CLICK,bb);
3       function bb(event:MouseEvent) {
4       gotoAndPlay(47);
5
6       }
7
```

图 7-39

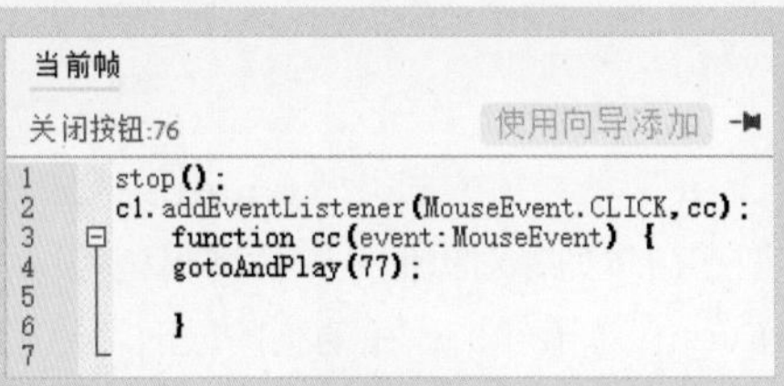

```
当前帧
关闭按钮:76                                   使用向导添加
1   stop();
2   c1.addEventListener(MouseEvent.CLICK,cc);
3       function cc(event:MouseEvent) {
4       gotoAndPlay(77);
5
6       }
7
```

图 7-40

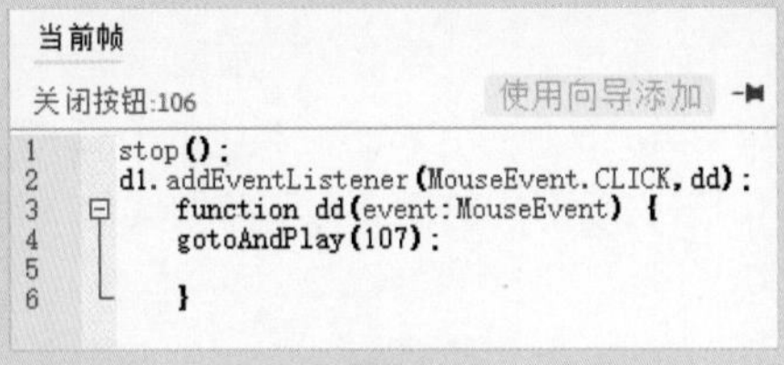

```
当前帧
关闭按钮:106                                  使用向导添加
1   stop();
2   d1.addEventListener(MouseEvent.CLICK,dd);
3       function dd(event:MouseEvent) {
4       gotoAndPlay(107);
5
6       }
```

图 7-41

```
当前帧
动作脚本:1                                    使用向导添加
1   stop();
2    a.addEventListener(MouseEvent.CLICK,aaa);
3      function aaa(event:MouseEvent) {
4      gotoAndPlay(2);
5
6      }
7    b.addEventListener(MouseEvent.CLICK,bbb);
8      function bbb(event:MouseEvent) {
9      gotoAndPlay(32);
10
11     }
12   c.addEventListener(MouseEvent.CLICK,ccc);
13     function ccc(event:MouseEvent) {
14     gotoAndPlay(62);
15     }
16   d.addEventListener(MouseEvent.CLICK,ddd);
17     function ddd(event:MouseEvent) {
18     gotoAndPlay(92);
19     }
20
```

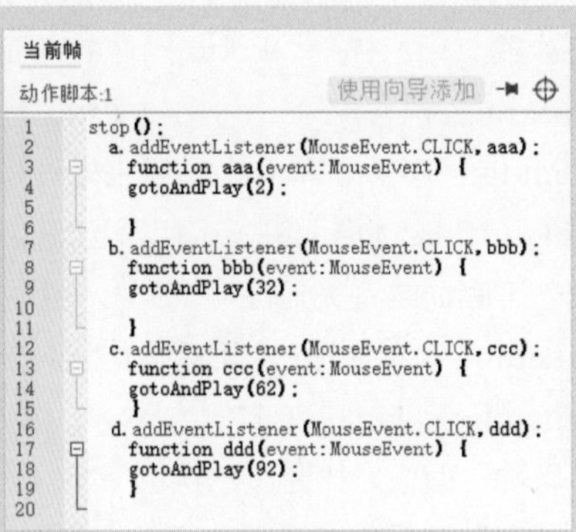

图 7-42

7.1.2 动作脚本中的术语

在 Animate 2020 中，既可以制作出生动的矢量动画，又可以利用脚本编写语言对动画进行编程，从而实现多种特殊效果。Animate 2020 使用了动作脚本 3.0，其功能更为强大。脚本可以由单一的动作组成，如动画播放、停止，也可以由复杂的动作组成，如先计算条件再执行动作。

动作脚本有自己的术语，下面介绍常用的术语。

（1）Actions（动作）：用于控制影片播放的语句。例如，gotoAndPlay（转到指定帧并播放）动作将会播放动画的指定帧。

（2）Arguments（参数）：用于向函数传递值的占位符。示例如下。

```
function display(text1,text2) {
  displayText=text1+" my baby" + text2
}
```

（3）Classes（类）：用于定义新的对象类型。若要定义类，必须在外部脚本文件中使用 class 关键字，而不是在“动作”面板编写的脚本中使用此关键字。

（4）Constants（常量）：不变的元素。例如，常量 Key.TAB 的含义始终不变，它代表 Tab 键。

（5）Constructors（构造函数）：用于定义类的属性和方法。根据定义，构造函数是类定义中与类同名的函数。例如，以下代码定义 Circle 类并实现构造函数。

```
// 文件 Circle.as
class Circle {
  private var radius:Number
  private var circumference:Number
```

```
// 构造函数
  function Circle(radius:Number) {
    circumference = 2 * Math.PI * radius;
  }
}
```

（6）Data Types（数据类型）：用于描述变量或动作脚本元素可以包含的信息种类，包括字符串、数字型、布尔型、对象型、影片剪辑型等。

（7）Events（事件）：在动画播放时发生的动作。例如，单击按钮事件、按下键盘按键事件、动画进入下一帧事件等。

（8）Expressions（表达式）：具有确定值的数据类型的任意合法组合，由运算符和操作数组成。例如，在表达式 x + 2 中，x 和 2 是操作数，而 + 是运算符。

（9）Functions（函数）：可重复使用的代码块，它可以接收参数并返回结果。

（10）Handler（事件处理函数）：用来处理事件，管理如 mouseDown 或 load 等事件的特殊动作。

（11）Identifiers（标识符）：用于标识变量、属性、对象、函数或方法。标识符的第一个字符必须是字母、下画线或者美元符号（$），随后的字符必须是字母、数字、下画线或者美元符号。

（12）Instances（实例）：类初始化的对象。每个类的实例都包含这个类中的所有属性和方法。

（13）Instance Names（实例名称）：脚本中用于表示影片剪辑实例和按钮实例的唯一名称。可以使用“属性”面板为舞台上的实例指定实例名称。

例如，“库”面板中的主元件可以命名为 counter，而 SWF 文件中该元件的两个实例可以使用实例名称 scorePlayer1_mc 和 scorePlayer2_mc。下面的代码用实例名称设置每个影片剪辑实例中名为 score 的变量。

```
_root.scorePlayer1_mc.score += 1;
_root.scorePlayer2_mc.score -= 1;
```

（14）Keywords（关键字）：具有特殊意义的保留字。例如，var 是用于声明本地变量的关键字。不能使用关键字作为标识符，例如，var 不是合法的变量名。

（15）Methods（方法）：与类关联的函数。例如，getBytesLoaded( ) 是与 MovieClip 类关联的内置方法。也可以为基于内置类的对象或为基于创建类的对象创建充当方法的函数，例如，在以下代码中，clear( ) 成为先前定义的 controller 对象的方法。

```
function reset( ){
  this.x_pos = 0;
  this.y_pos = 0;
}
controller.clear = reset;
controller.clear( );
```

（16）Objects（对象）：一些属性的集合。每个对象都有自己的名称，并且都是特定类的实例。

（17）Operators（运算符）：通过一个或多个值计算新值。例如，加法运算符（+）可以将两个或更多个值相加，从而产生一个新值。运算符处理的值称为操作数。

（18）Target Paths（目标路径）：动画文件中的影片剪辑实例名称、变量和对象的分层结构地址。可以在“属性”面板中为影片剪辑对象命名。主时间轴的名称在默认状态下为 _root。可以使用目标路径控制影片剪辑对象的动作，或者得到和设置某个变量的值。

例如，下面的语句指向影片剪辑 stereoControl 内变量 volume 的目标路径。

```
_root.stereoControl.volume
```

（19）Properties（属性）：用于定义对象的特性。例如，_visible 是定义影片剪辑是否可见的属性，所有影片剪辑都有此属性。

（20）Variables（变量）：用于存放任何一种数据类型的标识符。可以定义、改变和更新变量，也可在脚本中引用变量的值。

例如，在下面的示例中，等号左侧的标识符是变量。

```
var x = 5;
var name = "Lolo";
var c_color = new Color(mcinstanceName);
```

7.1.3 “动作”面板的使用

选择“窗口 > 动作”命令，或按 F9 键，将弹出“动作”面板，如图 7-43 所示。

工具栏中有创建代码时常用的一些工具，如图 7-44 所示。

图 7-43　　图 7-44

“固定脚本”按钮：用于固定脚本。

“插入实例路径和名称”按钮：可以插入实例的路径或者实例的名称。

“代码片断”按钮：单击该按钮，弹出“代码片断”面板，在该面板中可以选择常用的动作脚本代码。

“设置代码格式”按钮：用于设置书写代码时的格式。

“查找”按钮：可以查找或替换脚本代码。

“帮助”按钮：可以打开帮助页面。

脚本编辑窗口：该区域主要用来编辑动作脚本，此外也可以创建导入应用程序的外部脚本文件。如果要在 Animate 文件中添加脚本，可以打开“动作”面板，在脚本编辑窗口中直接输入代码或单击“代码片断”按钮，在弹出的“代码片断”面板中选择脚本代码。

7.2 脚本代码

动作脚本可以将变量、函数、属性和方法组成一个整体，控制对象产生各种动画效果。

7.2.1 课堂案例——制作闹钟详情页主图

【案例学习目标】使用“任意变形工具”调整图片的中心点，使用“动作”面板为图形添加脚本。

【案例知识要点】使用“任意变形工具”和“动作”面板完成动画的制作，效果如图 7-45 所示。

【效果所在位置】云盘 /Ch07/ 效果 / 制作闹钟详情页主图 .fla。

图 7-45

1. 导入图形元件

（1）选择“文件 > 新建”命令，弹出“新建文档”对话框，将“宽”设为 800、“高”设为 800，在“平台类型”下拉列表中选择“ActionScript 3.0”选项，单击“创建”按钮，完成文档的创建。

（2）选择“文件 > 导入 > 导入到库”命令，在弹出的“导入到库”对话框中选择云盘中“Ch07 > 素材 > 制作闹钟详情页主图 > 01 ～ 04”文件，单击“打开”按钮，文件被导入“库”面板中，如图 7-46 所示。

（3）按 Ctrl+F8 组合键，弹出“创建新元件”对话框，在“名称”文本框中输入“时针”，在“类型”下拉列表中选择“影片剪辑”选项，单击“确定”按钮，新建影片剪辑元件“时针”，如图 7-47 所示。舞台随之转换为影片剪辑元件“时针”的舞台。

（4）将“库”面板中的位图“02”拖曳到舞台中，选择“任意变形工具”，将时针的下端与舞台中心点对齐（在操作过程中一定要将其与中心点对齐，否则要实现的效果不会出现），效果如图 7-48 所示。

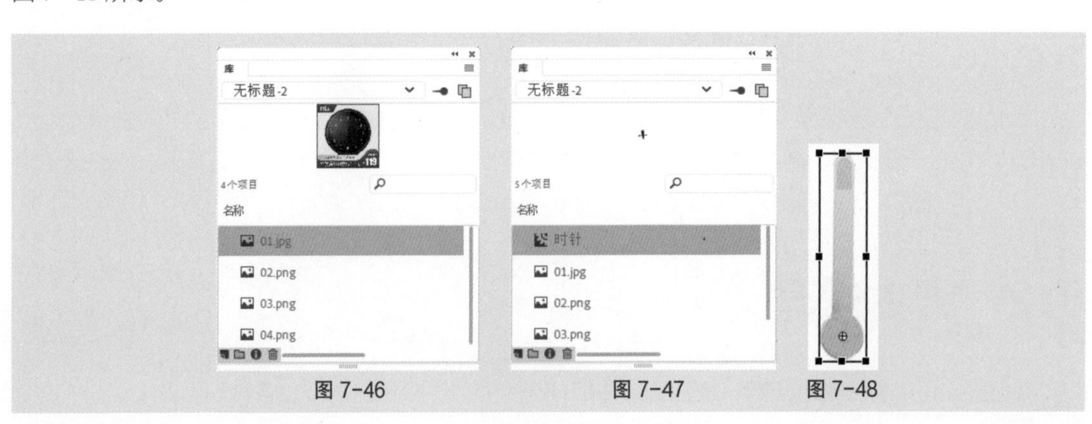

图 7-46　　图 7-47　　图 7-48

（5）按 Ctrl+F8 组合键，新建影片剪辑元件“分针”。舞台随之转换为“分针”元件的舞台。将“库”面板中的位图“03”拖曳到舞台中，将分针的下端与舞台中心点对齐（在操作过程中一定要将其与中心点对齐，否则要实现的效果不会出现），效果如图 7-49 所示。

（6）按 Ctrl+F8 组合键，新建影片剪辑元件“秒针”，如图 7-50 所示，舞台随之转换为“秒针”元件的舞台。将“库”面板中的位图文件“04”拖曳到舞台中，选择“任意变形工具”，将秒针的下端与舞台中心点对齐（在操作过程中一定要将其与中心点对齐，否则要实现的效果不会出现），效果如图 7-51 所示。

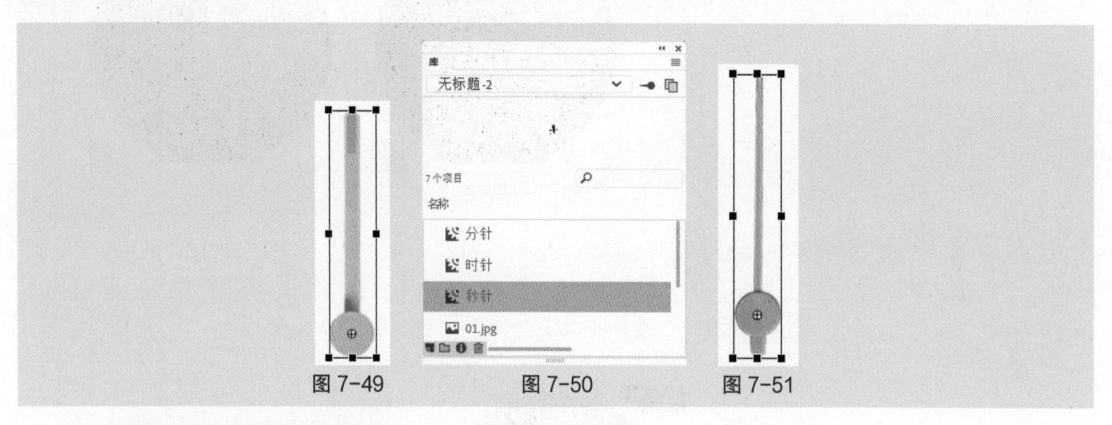

图 7-49　图 7-50　图 7-51

2. 制作精美闹钟并添加脚本

（1）单击舞台左上方的按钮，进入“场景 1”的舞台。将“图层_1”图层重新命名为“底图”。将“库”面板中的位图“01”拖曳到舞台的中心位置，效果如图 7-52 所示。

（2）选中“底图”图层的第 2 帧，按 F5 键插入普通帧。在“时间轴”面板中创建新图层并将其命名为“文本框”。

（3）选择“文本工具”T，在“属性”面板“工具”选项卡中进行设置，如图 7-53 所示，在舞台中绘制 1 个文本框，如图 7-54 所示。

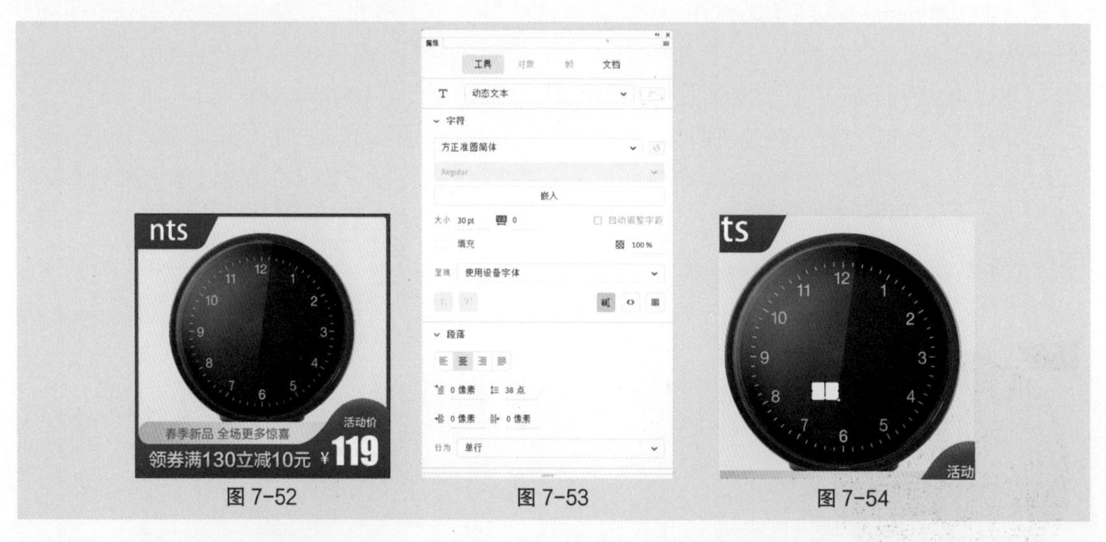

图 7-52　图 7-53　图 7-54

（4）选择“选择工具”，选中文本框，在“属性”面板“对象”选项卡的“实例名称”文本框中输入“y_txt”，如图 7-55 所示。用相同的方法在适当的位置再绘制 3 个文本框，并分别在“属性”面板“对象”选项卡的“实例名称”文本框中输入“m_txt”“d_txt”“w_txt”，舞台中的效果如图 7–56 所示。

（5）在“时间轴”面板中创建新图层并将其命名为“时针”。将“库”面板中的影片剪辑元件“时针”拖曳到舞台中，将其放置在表盘上的适当位置，效果如图 7–57 所示。在舞台中选中“时针”实例，在其“属性”面板的“实例名称”文本框中输入“sz_mc”，如图 7–58 所示。

图 7–55　图 7–56　图 7–57

（6）在“时间轴”面板中创建新图层并将其命名为“分针”。将“库”面板中的影片剪辑元件“分针”拖曳到舞台中，将其放置在表盘上的适当位置，效果如图 7–59 所示。在舞台中选中“分针”实例，在其“属性”面板的“实例名称”文本框中输入“fz_mc”，如图 7–60 所示。

图 7–58　图 7–59　图 7–60

（7）在“时间轴”面板中创建新图层并将其命名为“秒针”。将“库”面板中的影片剪辑元件“秒针”拖曳到舞台中，将其放置在表盘上的适当位置，效果如图 7–61 所示。在舞台中选中“秒针”实例，在其“属性”面板的“实例名称”文本框中输入“mz_mc”，如图 7–62 所示。

（8）在“时间轴”面板中创建新图层并将其命名为“动作脚本”。选中“动作脚本”图层的第 1 帧，选择“窗口 > 动作”命令，弹出“动作”面板（快捷键为 F9）。在“动作”面板中输入脚本代码，如图 7–63 所示。闹钟详情页主图制作完成，按 Ctrl+Enter 组合键查看效果。

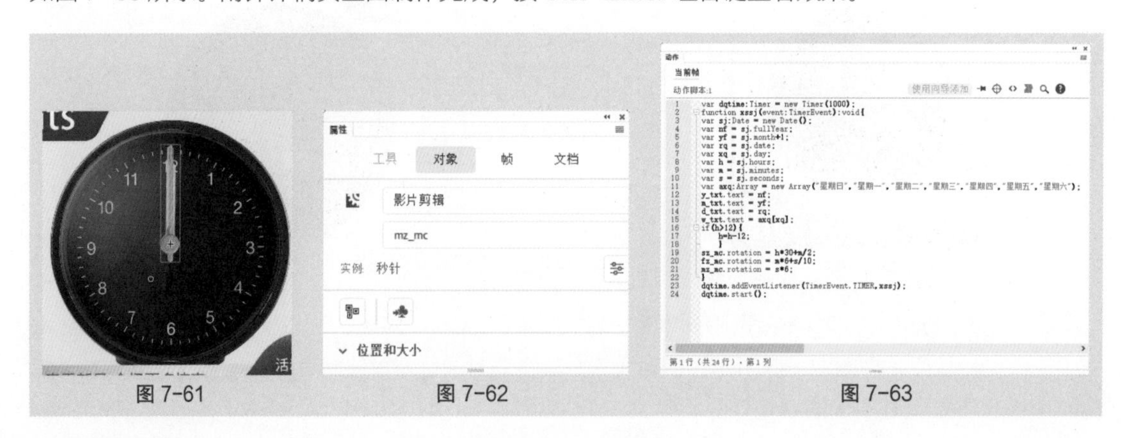


```
var dqtime:Timer = new Timer(1000);
function xssj(event:TimerEvent):void{
var sj:Date = new Date();
var nf = sj.fullYear;
var yf = sj.month+1;
var rq = sj.date;
var xq = sj.day;
var h = sj.hours;
var m = sj.minutes;
var s = sj.seconds;
var axq:Array = new Array("星期日","星期一","星期二","星期三","星期四","星期五","星期六");
y_txt.text = nf;
m_txt.text = yf;
d_txt.text = rq;
w_txt.text = axq[xq];
if(h>12){
    h=h-12;
    }
sz_mc.rotation = h*30+m/2;
fz_mc.rotation = m*6+s/10;
mz_mc.rotation = s*6;
}
dqtime.addEventListener(TimerEvent.TIMER,xssj);
dqtime.start();
```

图 7–61　图 7–62　图 7–63

7.2.2 数据类型

数据类型描述了动作脚本的变量或元素可以包含的信息种类。动作脚本有两种数据类型：原始数据类型和引用数据类型。原始数据类型指 String（字符串）、Number（数字型）和 Boolean（布尔型），它们拥有固定类型的值，因此可以包含它们所代表元素的实际值。引用数据类型指影片剪辑型和对象型，它们值的类型是不固定的，因此它们包含对所代表元素实际值的引用。

下面将介绍各种数据类型。

（1）String（字符串）。字符串是诸如字母、数字和标点符号等字符的序列。字符串必须用一对双引号标记。字符串被当作字符而不是变量进行处理。

例如，在下面的语句中，"L7" 是一个字符串。

```
favoriteBand = "L7";
```

（2）Number（数字型）。数字型是指数字的算术值。进行正确数学运算的值必须是数字。可以使用算术运算符加（+）、减（-）、乘（*）、除（/）、求模（%）、递增（++）和递减（--）来处理数字，也可以使用内置的 Math 对象的方法处理数字。

例如，使用 sqrt( )（平方根）方法返回数字 100 的平方根。

```
Math.sqrt(100);
```

（3）Boolean（布尔型）。值为 true 或 false 的变量被称为布尔型变量。动作脚本会在需要时将值 true 和 false 转换为 1 和 0。在确定“是 / 否”的情况下，布尔型变量是非常有用的。布尔型变量在进行比较以控制脚本流的动作脚本语句中经常与逻辑运算符一起使用。

例如，在下面的脚本中，如果变量 password 为 true，则会播放该 SWF 文件。

```
var password:Boolean = true
fuction onClipEvent (e:Event) {
    password = true
    play( );
 }
```

（4）Movie Clip（影片剪辑型）。影片剪辑型是影片中可以播放动画的元件。它们是唯一引用图形元素的数据类型。每个影片剪辑都是一个 Movie Clip 对象，它们拥有 Movie Clip 对象中定义的方法和属性。通过点运算符（.）可以调用影片剪辑内部的属性和方法。

示例如下。

```
my_mc.startDrag(true);
parent_mc.getURL("http://www.macromedia.com/support/" + product);
```

（5）Object（对象型）。对象型是指所有使用动作脚本创建的基于对象的代码。对象是属性的集合，每个属性都拥有自己的名称和值，属性的值可以是任何数据类型，甚至可以是对象数据类型。通过点运算符可以引用对象中的属性。

例如，在下面的代码中，hoursWorked 是 weeklyStats 的属性，而后者是 employee 的属性。

```
employee.weeklyStats.hoursWorked
```

（6）Null（空值）。空值数据类型只有一个值，即 null。它意味着缺少数据。Null 可以在多种情况下使用，如作为函数的返回值、表明函数没有可以返回的值、表明变量还没有接收到值、表明变量不再包含值等。

（7）Undefined（未定义）。未定义数据类型只有一个值，即 undefined，用于尚未分配值的变量。如果一个函数引用了未在其他地方定义的变量，那么它将返回未定义数据类型。

7.2.3　语法规则

动作脚本拥有自己的一套语法规则和标点符号。下面将介绍相关内容。

（1）点运算符。

在动作脚本中，点运算符（.）用于表示与对象或影片剪辑相关联的属性或方法，也可用于标识影片剪辑或变量的目标路径。点运算符表达式以影片剪辑或对象的名称开始，中间为点运算符，最后是要指定的元素。

例如，_x（影片剪辑属性）指示影片剪辑在舞台上的 *x* 轴位置。表达式 ballMC_x 引用影片剪辑实例 ballMC 的 _x 属性。

又例如，submit 是 form 影片剪辑中设置的变量，此影片剪辑嵌在影片剪辑 shoppingCart 之中。表达式 shoppingCart.form.submit = true 将实例 form 的 submit 变量设置为 true。

无论是表达对象还是影片剪辑，均遵循同样的模式。例如，ball_mc 影片剪辑实例的 play( ) 方法表示在 ball_mc 的时间轴中移动播放头，用下面的语句表示。

```
ball_mc.play( );
```

点语法还使用两个特殊别名：_root 和 _parent。别名 _root 是指主时间轴。可以使用 _root 创建一个绝对目标路径。例如，下面的语句调用主时间轴上影片剪辑 functions 中的函数 buildGameBoard( )。

```
_root.functions.buildGameBoard( );
```

可以使用别名 _parent 引用嵌入当前对象的影片剪辑，也可使用 _parent 创建相对目标路径。例如，如果影片剪辑 dog_mc 嵌入影片剪辑 animal_mc 的内部，则实例 dog_mc 的如下语句会指示 animal_mc 停止。

```
_parent.stop( );
```

（2）界定符。

花括号：动作脚本中的语句可被花括号括起来组成语句块。示例如下。

```
// 事件处理函数
public Function myDate( ){
  Var myDate:Date = new Date( );
  currentMonth = myDate.getMonth( );
}
```

分号：动作脚本中的语句可以由一个分号结束。结尾处省略分号仍然可以成功编译脚本。示例如下。

```
var column = passedDate.getDay( );
var row = 0;
```

圆括号：在定义函数时，所有参数定义都必须放在一对圆括号内。示例如下。

```
function myFunction (name, age, reader){
}
```

调用函数时，需要被传递的参数也必须放在一对圆括号内。示例如下。

```
myFunction ("Steve", 10, true);
```

可以使用圆括号改变动作脚本语句的优先顺序或增强程序的易读性。

（3）区分大小写。

在区分大小写的编程语言中，名称仅大小写不同的变量（如 book 和 Book）被视为不同的变量。

ActionScript 3.0 中标识符区分大小写，例如，下面两条语句是不同的。

```
cat.hilite = true;
CAT.hilite = true;
```

关键字、类名、变量名、方法名等严格区分大小写。如果关键字大小写出现错误，在编写程序时就会有错误信息提示。如果采用彩色语法模式，那么正确的关键字将以深蓝色显示。

（4）注释。

在“动作”面板中，可以使用注释语句在一个帧或者按钮的脚本中添加说明，有利于增强程序的易读性。注释语句以双斜线（//）开始，斜线显示为灰色，注释内容可以不考虑长度和语法，注释语句不会影响 Animate 动画输出时的文件量。示例如下。

```
public Function myDate( ){
  // 创建新的 Date 对象
  var myDate:Date = new Date( );
  currentMonth = myDate.getMonth( );
  // 将月份数转换为月份名称
  monthName = calcMonth(currentMonth);
  year = myDate.getFullYear( );
  currentDate = myDate.getDate( );
}
```

7.2.4 变量

变量是包含信息的容器。容器本身不会改变，但内容可以更改。当第一次定义变量时，最好为变量定义一个已知值，这就是初始化变量，通常在 SWF 文件的第 1 帧中完成。每个影片剪辑对象都有自己的变量，而且不同影片剪辑对象中的变量相互独立、互不影响。

变量中可以存储的常见信息类型包括 URL、用户名、数字运算的结果、事件发生的次数等。

为变量命名必须遵循以下规则。

（1）变量名在其作用范围内必须是唯一的。

（2）变量名不能是关键字或布尔值（true 或 false）。

（3）变量名必须以字母、下画线或美元符号（$）开始，由字母、数字、下画线或美元符号组成，不能包含空格，变量名有大小写的区分。

变量的范围是指变量在其中已知并且可以引用的区域，它包含 3 种类型，具体如下。

（1）本地变量：在声明它们的函数体（由花括号决定）内可用。本地变量的使用范围只限于它所在的代码块，会在该代码块结束时到期，其余的本地变量会在脚本结束时到期。若要声明本地变量，可以在函数体内部使用 var 语句。

（2）时间轴变量：可用于时间轴上的任意脚本。要声明时间轴变量，应在时间轴的所有帧上都初始化这些变量，然后尝试在脚本中访问它。

（3）全局变量：对于文档中的每个时间轴和范围均可见。

不论是本地变量还是全局变量，都需要使用 var 语句声明。

7.2.5 函数

函数是用来对常量、变量等进行某种运算的方法，如产生随机数、进行数值运算、获取对象属性等。函数是一个动作脚本代码块，它可以在影片中的任何位置上重复使用。如果将值作为参数传递给函数，则函数将对这些值进行操作。函数也可以返回值。

调用函数时可以用一行代码来代替一个可执行的代码块。函数可以执行多个动作，并为它们传递可选项。函数必须要有唯一的名称，以便知道访问的是哪一个函数。

Animate 2020 具有内置的函数，可以访问特定的信息或执行特定的任务，例如获得 Flash 播放器的版本号。属于对象的函数叫方法，不属于对象的函数叫顶级函数，可以在“动作”面板的“函数”类别中找到。

每个函数都具备自己的特性，而且某些函数需要传递特定的值。如果传递的值多于函数参数，多余的值将被忽略。如果传递的值少于函数参数，空的参数会被指定为未定义数据类型，这在导出脚本时可能会导致出现错误。如果要调用函数，该函数必须在播放头到达的帧中。

动作脚本提供了自定义函数的方法，可以自行定义参数，并返回结果。当在主时间轴上或影片剪辑时间轴的关键帧中添加函数时，即在定义函数。所有的函数都有目标路径。所有的函数名称后都需要跟一对圆括号，但圆括号中是否有参数是可选的。一旦定义了函数，就可以从任何一个时间轴中调用它，包括加载 SWF 文件的时间轴。

7.2.6 表达式和运算符

表达式是由常量、变量、函数和运算符按照运算法则组成的计算式。运算符是可以对数值、字符串、逻辑值进行运算的关系符号。运算符种类有很多，包括算术运算符、字符串运算符、比较运算符、逻辑运算符、位运算符和赋值运算符等。

（1）算术运算符及表达式。算术表达式是数值进行运算的表达式。它由数值、以数值为结果的函数、算术运算符组成，运算结果是数值或逻辑值。

在 Animate 2020 中可以使用的算术运算符如下。

+、-、*、/：执行加、减、乘、除运算。

=、<>：比较两个数值是否相等、不相等。

<、<=、>、>=：比较运算符前面的数值是否小于、小于等于、大于、大于等于后面的数值。

（2）字符串表达式。字符串表达式是对字符串进行运算的表达式。它由字符串、以字符串为结果的函数、字符串运算符组成，运算结果是字符串或逻辑值。

在 Animate 2020 中可以在字符串表达式中使用的运算符如下。

&：连接运算符两边的字符串。

EQ、NE：判断运算符两边的字符串是否相等或不相等。

LT、LE、QT、QE：判断运算符左边字符串的 ASCII 值是否小于、小于等于、大于、大于等于右边字符串的 ASCII 值。

（3）逻辑表达式。逻辑表达式是对结果进行判断的表达式。它由逻辑值、以逻辑值为结果的函数、以逻辑值为结果的算术或字符串表达式和逻辑运算符组成，运算结果是逻辑值。

（4）位运算符。位运算符用于处理浮点数。运算时先将操作数转化为 32 位的二进制数，然后对每个操作数分别按位进行运算，运算后再将二进制的结果按照数据类型返回运算过程继续运算。

动作脚本的位运算符包括 &（位与）、/（位或）、^（位异或）、~（位非）、<<（左移位）、>>（右移位）、>>>（填 0 右移位）等。

（5）赋值运算符。赋值运算符的作用是为变量、数组元素或对象的属性赋值。

7.3 课堂练习——制作漫天飞雪

【练习知识要点】使用“椭圆工具”和“颜色”面板绘制雪花图形，使用“动作”面板添加脚本。

【素材所在位置】云盘/Ch07/素材/制作漫天飞雪/01。

【效果文件所在位置】云盘/Ch07/效果/制作漫天飞雪.fla，如图7-64所示。

图 7-64

7.4 课后习题——制作端午海报

【习题知识要点】使用“导入到库”命令导入素材并制作元件，使用“创建传统补间”命令制作传统补间动画，使用“动作”面板添加脚本。

【素材所在位置】云盘/Ch07/素材/制作端午海报/01 ～ 03。

【效果文件所在位置】云盘/Ch07/效果/制作端午海报，如图7-65所示。

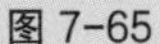
图 7-65

08

第 8 章
交互式动画

本章介绍

Animate 2020 动画具有交互性，可以通过对按钮的控制来更改动画的播放形式。本章介绍控制动画播放、改变按钮状态、添加控制命令的方法。读者通过学习能了解并掌握如何实现动画的交互功能，从而实现人机交互。

学习目标

- 掌握播放和停止动画的方法。
- 掌握按钮事件的使用方法。
- 了解添加控制命令的方法。

技能目标

- 掌握“祝福语动态海报”的制作方法和技巧。
- 掌握“鼠标跟随效果”的制作方法和技巧。

8.1 播放和停止动画

交互是计算机对用户的指示作出相应的反应，使用户与计算机之间产生互动。动画交互就是用户通过菜单、按钮、键盘等控制动画的播放。交互式动画就是在播放时支持事件响应和交互功能的一种动画，动画的播放不是从头播到尾，而是可以被用户控制。

8.1.1 课堂案例——制作祝福语动态海报

【案例学习目标】使用浮动面板添加动作脚本。

【案例知识要点】使用“导入到库”命令导入素材并制作按钮元件，使用“创建补间形状”命令和“遮罩层”命令制作文字动画效果；使用“动作”面板添加脚本，效果如图 8–1 所示。

【效果文件所在位置】云盘 /Ch08/ 效果 / 制作祝福语动态海报 . fla。

图 8–1

1. 导入素材制作元件

（1）选择“文件 > 新建”命令，弹出“新建文档”对话框，在“详细信息”选项组中，将“宽”设为 1125、“高”设为 2436，在“平台类型”下拉列表中选择“ActionScript 3.0”选项，单击“创建”按钮，完成文档的创建。

（2）选择“文件 > 导入 > 导入到库”命令，在弹出的“导入到库”对话框中选择云盘中的“Ch08 > 素材 > 制作祝福语动态海报 > 01 ～ 03”文件，单击“打开”按钮，文件被导入“库”面板中，如图 8–2 所示。

（3）按 Ctrl+F8 组合键，弹出“创建新元件”对话框，在“名称”文本框中输入“播放”，在“类型”下拉列表中选择“按钮”选项，如图 8–3 所示，单击“确定”按钮，新建按钮元件“播放”，如图 8–4 所示。舞台随之转换为按钮元件“播放”的舞台。

（4）将“库”面板中的位图“02”拖曳到舞台中并放置在适当的位置，如图 8–5 所示。用相同的方法制作按钮元件“停止”，如图 8–6 所示。

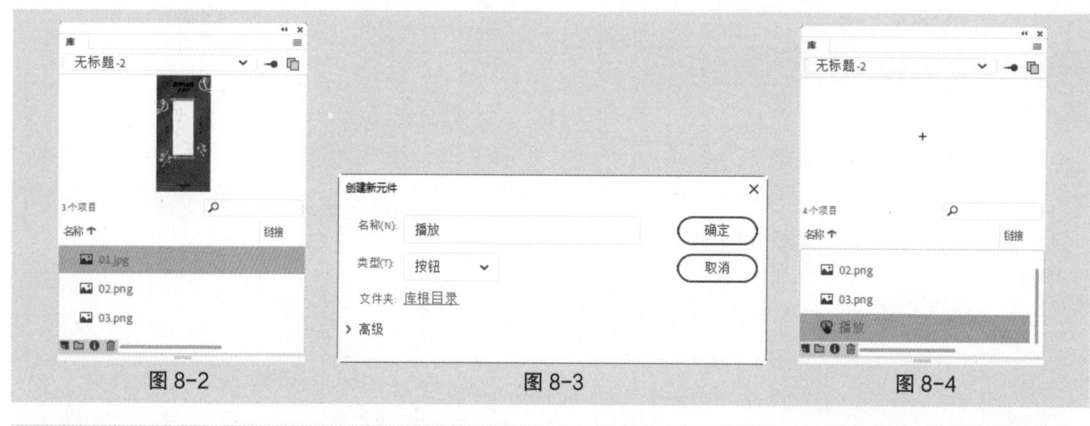

图 8-2　　图 8-3　　图 8-4

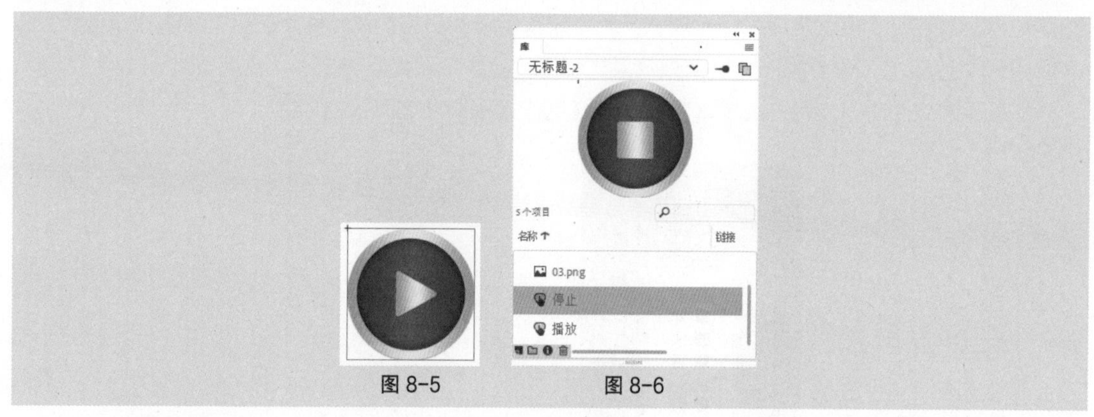

图 8-5　　图 8-6

2. 制作场景动画

（1）单击舞台左上方按钮←，进入“场景 1”的舞台。将“图层 _1”图层重命名为“底图”。将“库”面板中的位图“01”拖曳到舞台的中心位置，如图 8-7 所示。选中“底图”图层的第 160 帧，按 F5 键插入普通帧。

（2）在“时间轴”面板中创建新图层并将其命名为“文字 1”。选择“文本工具”T，在“属性”面板“工具”选项卡中，将“字体”设为“方正正粗黑简体”，“大小”设为 85pt，“填充”设为黑色，“字符间距”设为 4，“行距”设为 38 点；在舞台中输入文字，如图 8-8 所示。

（3）在“属性”面板“对象”选项卡中，单击“改变文本方向”按钮，在弹出的下拉列表中选择“垂直”选项，在“呈现”下拉列表中选择“位图文本 [无消除锯齿]”选项，在舞台中将文字拖曳到适当的位置，效果如图 8-9 所示。

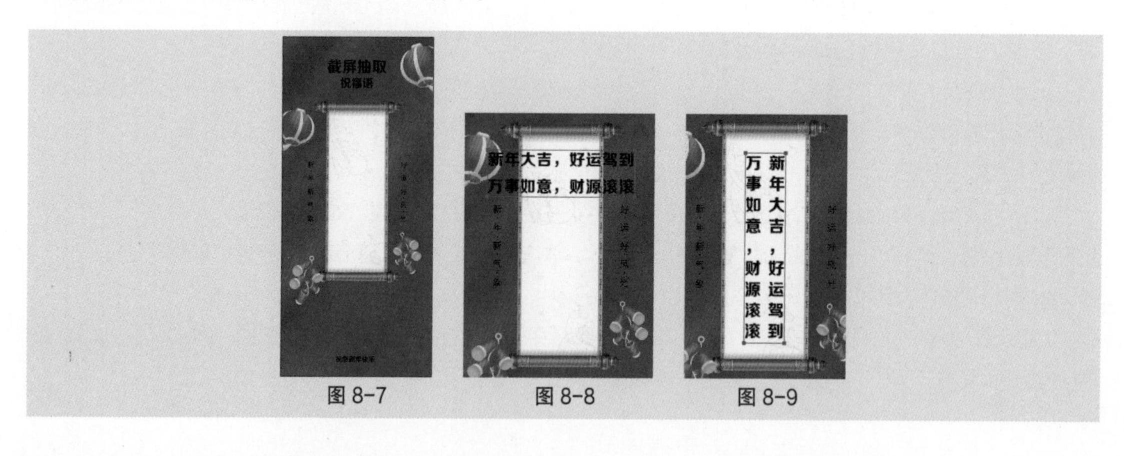

图 8-7　　图 8-8　　图 8-9

（4）在“时间轴”面板中创建新图层并将其命名为“遮罩 1”。选择“矩形工具”，在“属性”面板“工具”选项卡中将“笔触颜色”设为无，“填充颜色”设为黄色（#FFCC00），在舞台中绘制一个矩形，如图 8-10 所示。

（5）选中“遮罩 1”图层的第 25 帧，按 F6 键插入关键帧。选择“任意变形工具”，选中舞台中的矩形，矩形的周围出现控制框，如图 8-11 所示。选中矩形底部中间的控制点，按住 Alt 键将其向下拖曳到适当的位置，增加矩形的高度，效果如图 8-12 所示。

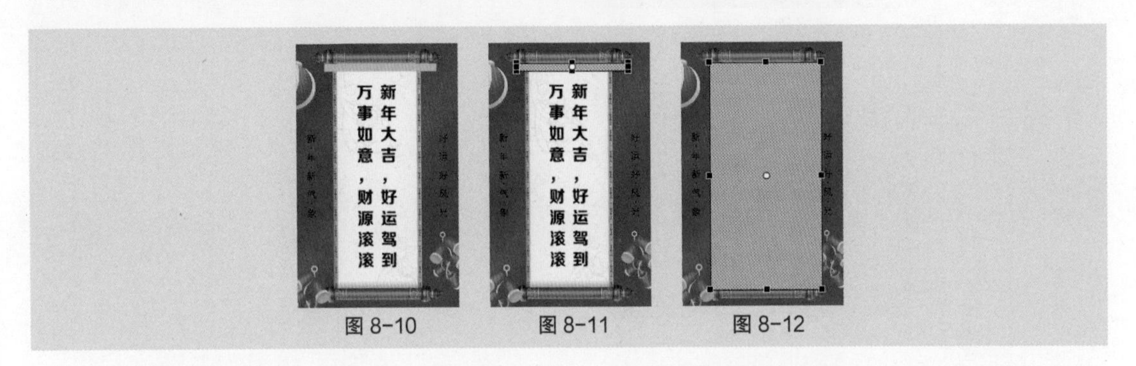

图 8-10　　图 8-11　　图 8-12

（6）用鼠标右键单击“遮罩 1”图层的第 1 帧，在弹出的快捷菜单中选择“创建补间形状”命令，生成形状补间动画，如图 8-13 所示。在“遮罩 1”图层上单击鼠标右键，在弹出的快捷菜单中选择“遮罩层”命令，将“遮罩 1”图层设置为遮罩层，“文字 1”图层为被遮罩层，如图 8-14 所示。选中“文字 1”图层的第 40 帧，按 F7 键插入空白关键帧。

图 8-13　　图 8-14

（7）用相同的方法制作其他文字动画，效果如图 8-15 所示。

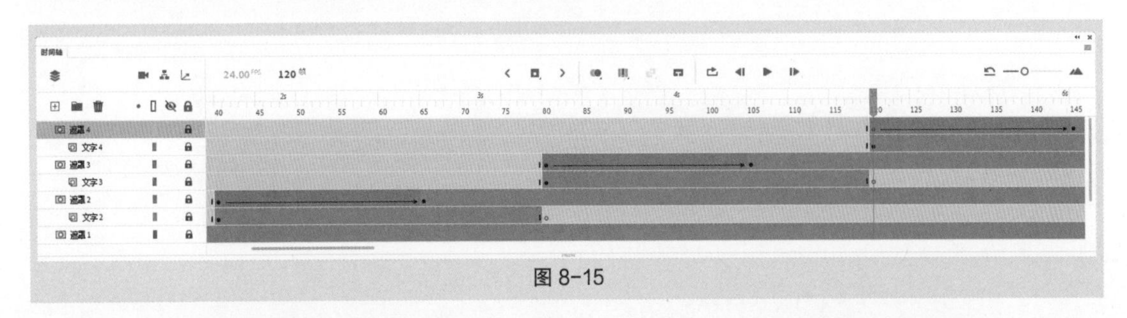

图 8-15

（8）在“时间轴”面板中创建新图层并将其命名为“按钮”。将“库”面板中的按钮元件“播放”拖曳到舞台中并放置在适当的位置，如图 8-16 所示。在“属性”面板“对象”选项卡中的“实例名称”文本框中输入“start_Btn”，如图 8-17 所示。

（9）将“库”面板中的按钮元件“停止”拖曳到舞台中并放置在适当的位置，如图 8-18 所示。在“属性”面板“对象”选项卡中的“实例名称”文本框中输入“stop_Btn”，如图 8-19 所示。

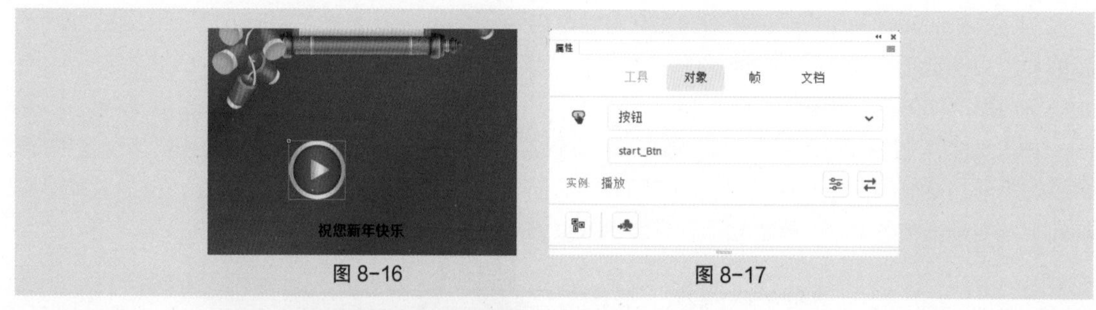

图 8-16　　图 8-17

图 8-18　　图 8-19

（10）在“时间轴”面板中创建新图层并将其命名为“动作脚本”。选中“动作脚本”图层的第 1 帧，选择“窗口 > 动作”命令，弹出“动作”面板（快捷键为 F9）。在“动作”面板中输入脚本代码，如图 8-20 所示。

（11）选中“动作脚本”图层的第 160 帧，按 F6 键插入关键帧。在“动作”面板中输入脚本代码，如图 8-21 所示。祝福语动态海报制作完成，按 Ctrl+Enter 组合键查看效果。

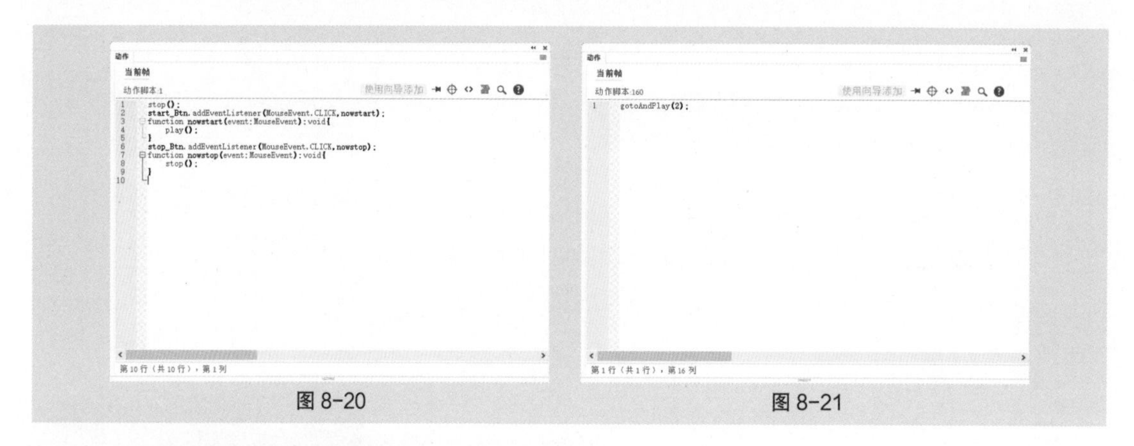

图 8-20　　图 8-21

8.1.2　播放和停止动画

控制动画的播放和停止所使用的动作脚本如下。

（1）stop()：用于在此帧停止播放。

示例如下。

```
stop();
```

（2）gotoAndStop()：用于转到某帧并停止播放。

示例如下。

```
stop_Btn.addEventListener(MouseEvent.CLICK,nowstop);
function nowstop(event:MouseEvent):void{
```

```
    gotoAndStop(2);
}
```

（3）gotoAndPlay()：用于转到某帧并开始播放。

示例如下。

```
start_Btn.addEventListener(MouseEvent.CLICK,nowstart);
function nowstart(event:MouseEvent):void{
 gotoAndPlay(2);
}
```

（4）addEventListener()：用于添加事件监听器。

语法如下。

```
所要接收事件的对象 .addEventListener（事件类型、事件名称、事件响应函数的名称）;
{
//此处是响应的事件所要执行的动作
}
```

选择“文件 > 打开”命令，在弹出的“打开”对话框中选择云盘中的“基础素材 > Ch08 > 01”文件，单击“打开”按钮打开文件，如图 8–22 所示。

在“时间轴”面板中创建新图层并将其命名为“按钮”，如图 8–23 所示。分别将“库”面板中的按钮元件“播放”和“停止”拖曳到舞台中并放置在适当的位置，如图 8–24 所示。

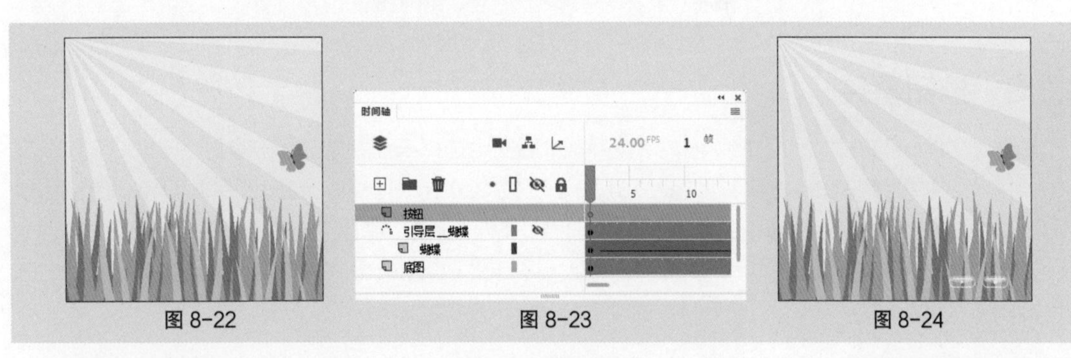

图 8-22　　图 8-23　　图 8-24

选择“选择工具”▶，在舞台中选中“播放”按钮实例，在“属性”面板中将实例名称设为 start_Btn，如图 8–25 所示。用相同的方法将“停止”按钮实例的名称设为 stop_Btn，如图 8–26 所示。

图 8-25　　图 8-26

在“时间轴”面板中创建新图层并将其命名为“动作脚本”。选择“窗口 > 动作”命令，弹出“动作”面板，在“动作”面板中输入脚本代码，如图 8–27 所示。关闭“动作”面板。“动作脚本”图层中的第 1 帧上显示出标记“α”，如图 8–28 所示。

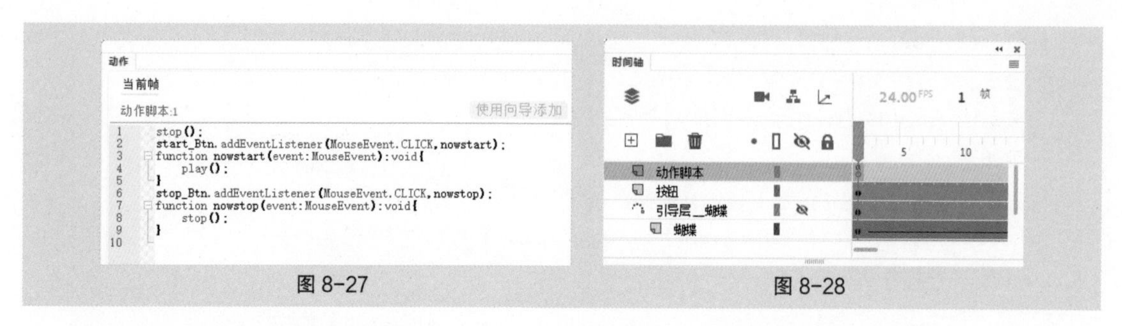

图 8-27　　图 8-28

按 Ctrl+Enter 组合键查看动画效果。当单击播放按钮时，动画开始播放，如图 8-29 所示；单击停止按钮后，动画停止播放，如图 8-30 所示。

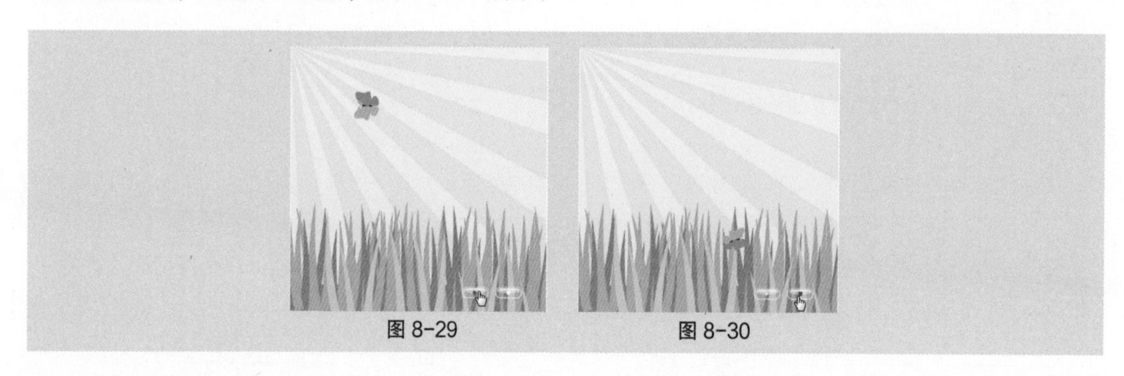

图 8-29　　图 8-30

8.1.3　按钮事件

选择“文件 > 打开”命令，在弹出的“打开”对话框中选择云盘中的“基础素材 > Ch08 > 02”文件，单击“打开”按钮打开文件，如图 8-31 所示。按 Ctrl+L 组合键，弹出“库”面板，用鼠标右键单击按钮元件“按钮”，在弹出的快捷菜单中选择“属性”命令，弹出“元件属性”对话框，勾选“为 ActionScript 导出”选项，在“类”文本框中输入类名称“playbutton”，如图 8-32 所示，单击“确定”按钮。

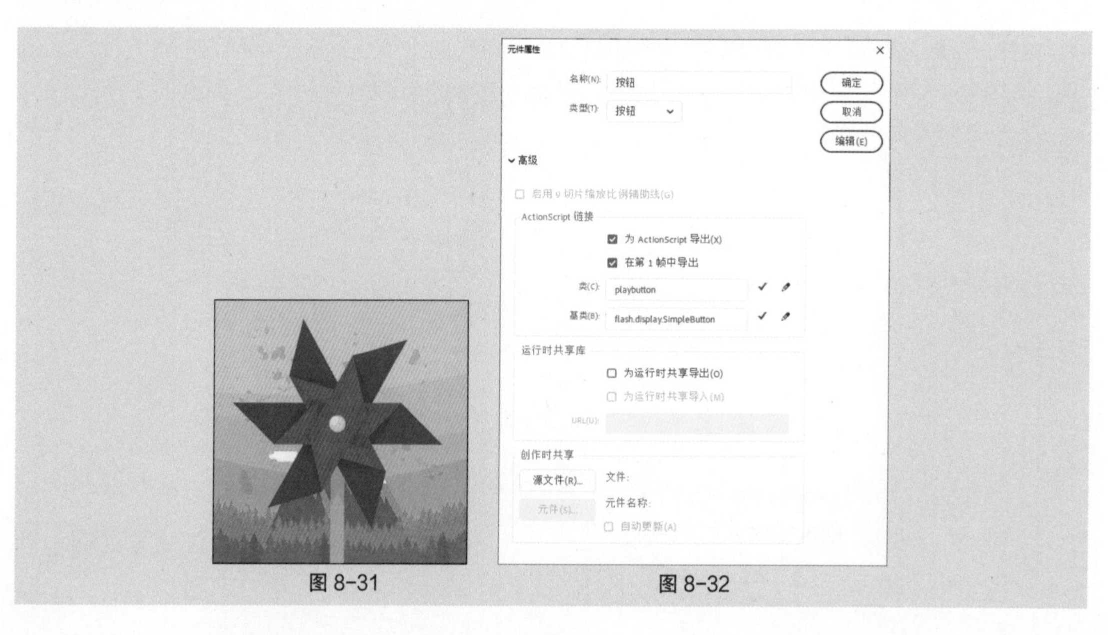

图 8-31　　图 8-32

在“时间轴”面板中创建新图层并将其命名为“动作脚本”。选择“窗口 > 动作”命令，弹出“动作”面板（快捷键为 F9）。在“动作”面板中输入脚本代码，如图 8-33 所示。按 Ctrl+Enter 组合键查看效果，如图 8-34 所示。

```
stop();
//处于静止状态
var playBtn:playbutton = new playbutton();
//创建一个按钮元件
playBtn.addEventListener(MouseEvent.CLICK, handleClick);
//为按钮元件添加监听器
var stageW=stage.stageWidth;
var stageH=stage.stageHeight;
//依据舞台的宽和高声明变量
playBtn.x=stageW/1.2;
playBtn.y=stageH/1.2;
this.addChild(playBtn);
//添加按钮元件到舞台中，并将其放置在舞台的右下角（“stageW/1.2”“stageH/1.2”为按钮元件对应 x 轴和 y 轴的坐标）
function handleClick(event:MouseEvent) {
            gotoAndPlay(2);
    }
//单击按钮时跳到下一帧并开始播放动画
```

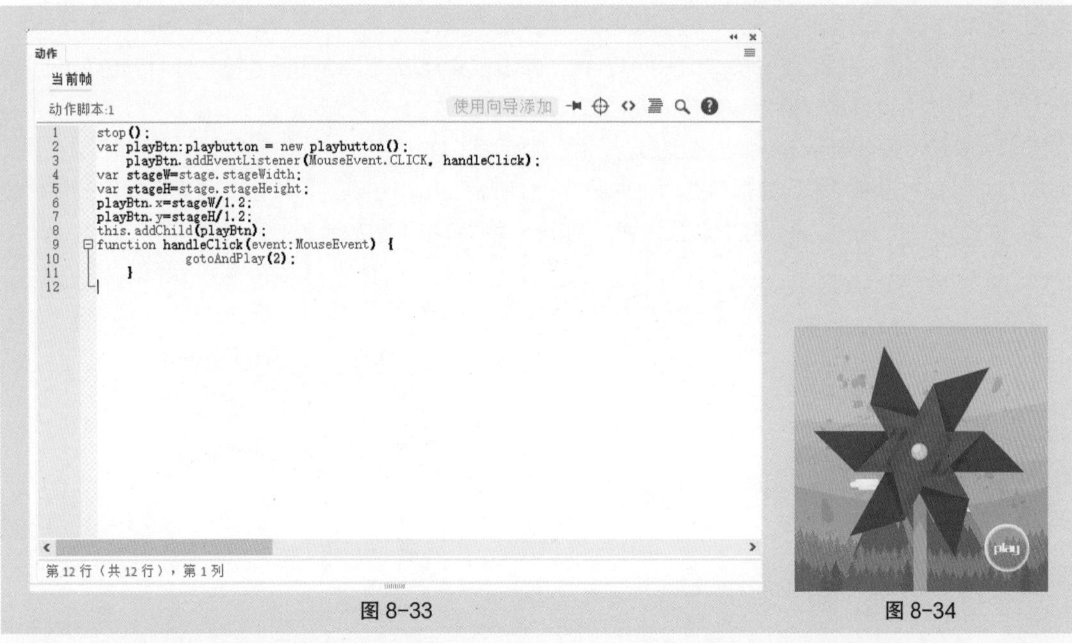

图 8-33　　图 8-34

8.2 按钮事件及添加控制命令

按钮是交互动画的常用控制方式，可以利用按钮来控制和影响动画的播放，实现页面链接、场景跳转等功能。可以通过添加控制命令制作出鼠标跟随效果。

8.2.1 课堂案例——制作鼠标跟随效果

【案例学习目标】使用绘图工具、“文本工具”和浮动面板制作动画效果。

【案例知识要点】使用“椭圆工具”“渐变变形工具”“变形”面板和“颜色”面板绘制星星图形，使用“动作”面板添加动作脚本，如图 8-35 所示。

【效果文件所在位置】云盘 /Ch08/ 效果 / 制作鼠标跟随效果 .fla。

图 8-35

1. 绘制星星

（1）选择“文件 > 新建”命令，弹出“新建文档”对话框，在“详细信息”选项组中，将“宽”设为 800、“高”设为 565，在“平台类型”下拉列表中选择“ActionScript 3.0”选项，单击“创建”按钮，完成文档的创建。按 Ctrl+J 组合键，弹出“文档设置”对话框，将“舞台颜色”设为粉色（#FF33CC），单击“确定”按钮，完成舞台颜色的修改。

（2）按 Ctrl+F8 组合键，弹出“创建新元件”对话框，在“名称”文本框中输入“星星”，在“类型”下拉列表中选择“影片剪辑”选项，如图 8-36 所示，单击“确定”按钮新建影片剪辑元件“星星”，如图 8-37 所示。舞台随之转换为影片剪辑元件“星星”的舞台。

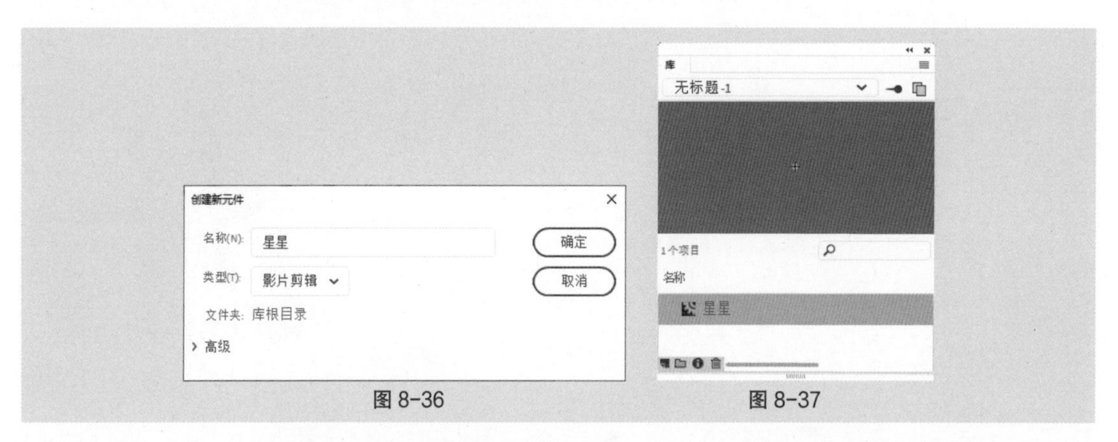

图 8-36　　图 8-37

（3）将“图层_1”图层重命名为“星星”。选择“椭圆工具”，在工具箱中将“笔触颜色”设为无、“填充颜色”设为白色，在舞台中绘制 1 个椭圆形，如图 8-38 所示。选择“选择工具”，选中白色椭圆，如图 8-39 所示。

（4）选择“窗口 > 颜色”命令，弹出“颜色”面板，单击“笔触颜色”按钮，将其设为无，单击“填充颜色”按钮，在“颜色类型”下拉列表中选择“径向渐变”选项，在色带上设置 3 个颜色控制点，选中色带上左侧的颜色控制点，将其设为白色，并将“Alpha”设为 20%，选中色带上中间的颜色控制点，将其设为白色，选中色带上右侧的颜色控制点，也将其设为白色，并将“Alpha”设为 0%，生成渐变色，如图 8-40 所示，设置后的效果如图 8-41 所示。

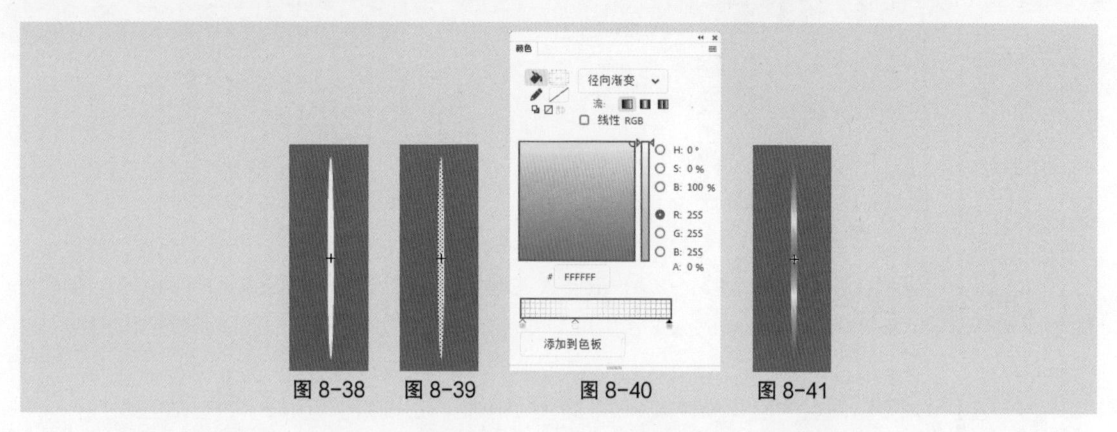

图 8-38　图 8-39　图 8-40　图 8-41

（5）选择“渐变变形工具”，单击椭圆，出现 4 个控制点和 1 个圆形外框，如图 8-42 所示。将鼠标指针放置在图 8-43 所示的控制点上，将其向左拖曳到适当的位置，调整渐变的过渡效果，如图 8-44 所示。

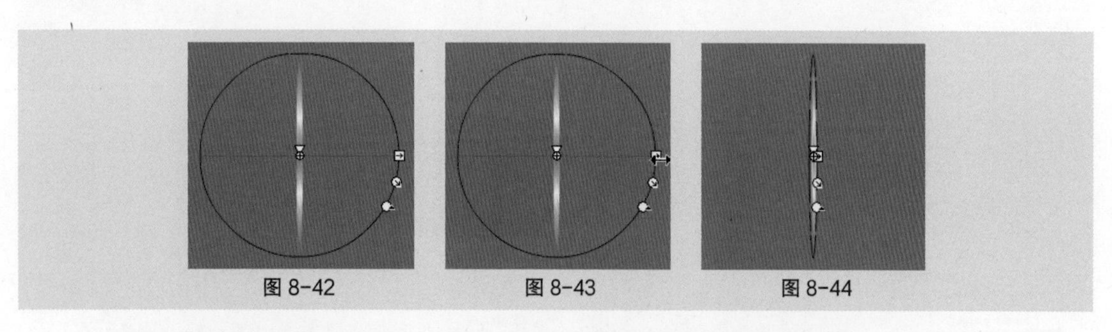
图 8-42　图 8-43　图 8-44

（6）在“时间轴”面板中单击“星星”图层，将该图层中的对象全部选中，如图 8-45 所示。按 Ctrl+T 组合键，弹出“变形”面板，单击“重制选区和变形”按钮，复制图形，将“旋转”设为 90.0° ，如图 8-46 所示，设置后的效果如图 8-47 所示。

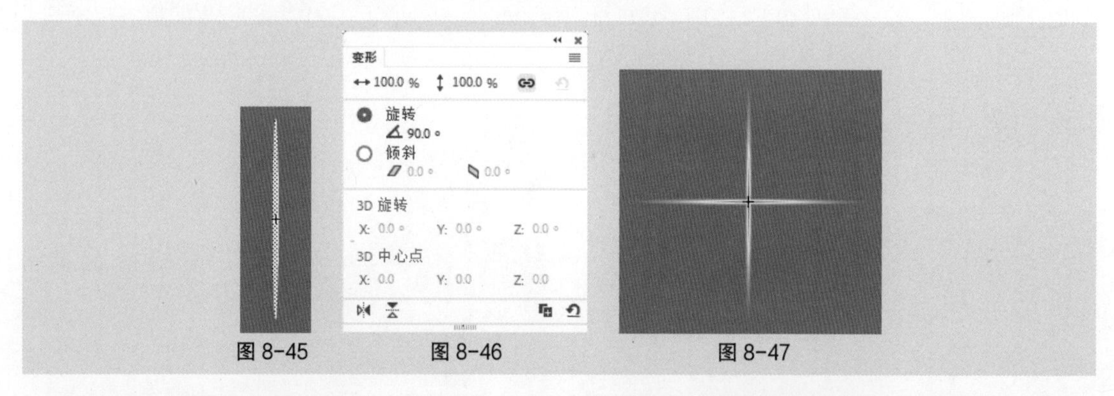

图 8-45　图 8-46　图 8-47

（7）在“时间轴”面板中单击“星星”图层，将该图层中的对象全部选中，如图 8-48 所示。按 Ctrl+T 组合键，弹出“变形”面板单击“变形”面板底部的“重制选区和变形”按钮，复制图形，将“缩放宽度”和“缩放高度”均设为 70.0%、“旋转”设为 45.0° ，如图 8-49 所示，设置后的效果如图 8-50 所示。

图 8-48　　图 8-49　　图 8-50

（8）选中“星星”图层的第 2 帧，按 F6 键插入关键帧。在“颜色”面板中，选中色带上中间的颜色控制点，将其设为黄色（#E9FF1A），生成渐变色，如图 8-51 所示，设置后的效果如图 8-52 所示。

（9）选中“星星”图层的第 3 帧，按 F6 键插入关键帧。在“颜色”面板中，选中色带上中间的颜色控制点，将其设为绿色（#1DEB1D），生成渐变色，如图 8-53 所示，设置后的效果如图 8-54 所示。

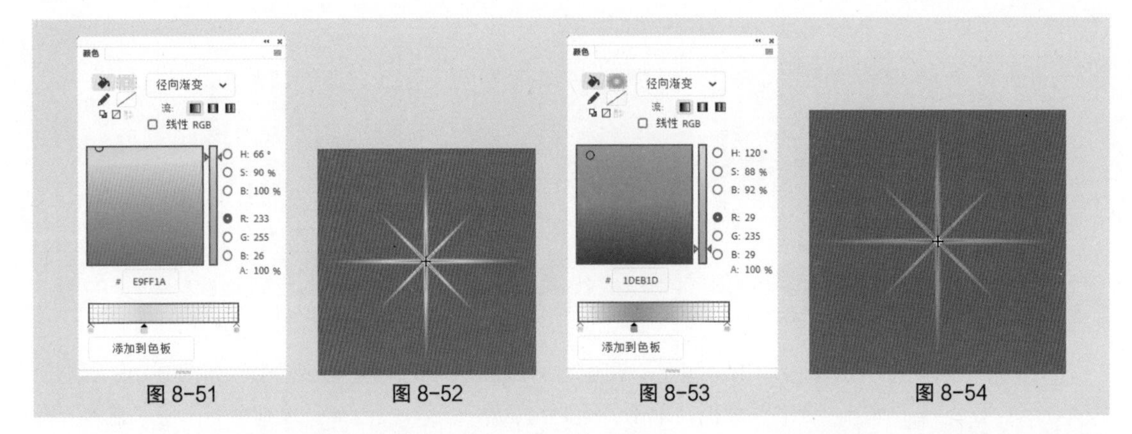

图 8-51　　图 8-52　　图 8-53　　图 8-54

（10）选中“星星”图层的第 4 帧，按 F6 键插入关键帧。在“颜色”面板中，选中色带上中间的颜色控制点，将其设为红色（#FF1111），生成渐变色，如图 8-55 所示，设置后的效果如图 8-56 所示。

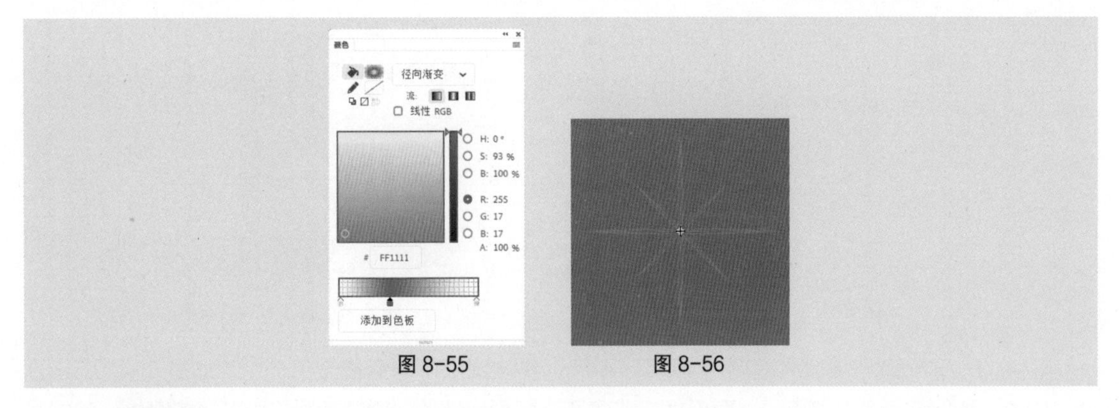

图 8-55　　图 8-56

2. 绘制圆形

（1）在“时间轴”面板中创建新图层并将其命名为“圆点”。选择“窗口 > 颜色”命令，弹出“颜色”面板，单击“填充颜色”按钮，在“颜色类型”下拉列表中选择“径向渐变”选项，在色带上将左边的颜色控制点设为白色，将右边的颜色控制点设为白色，并将“Alpha”设为 0%，生成渐变色，如图 8-57 所示。

（2）选择“椭圆工具”，在工具箱中将“笔触颜色”设为无、“填充颜色”设为刚设置的渐变色，按住 Shift 键在舞台中绘制 1 个圆形，如图 8-58 所示。

（3）选中“圆点”图层的第 2 帧，按 F6 键插入关键帧。在“颜色”面板中，选中色带上左侧的颜色控制点，将其设为黄色（#E9FF1A），生成渐变色，如图 8-59 所示，设置后的效果如图 8-60 所示。

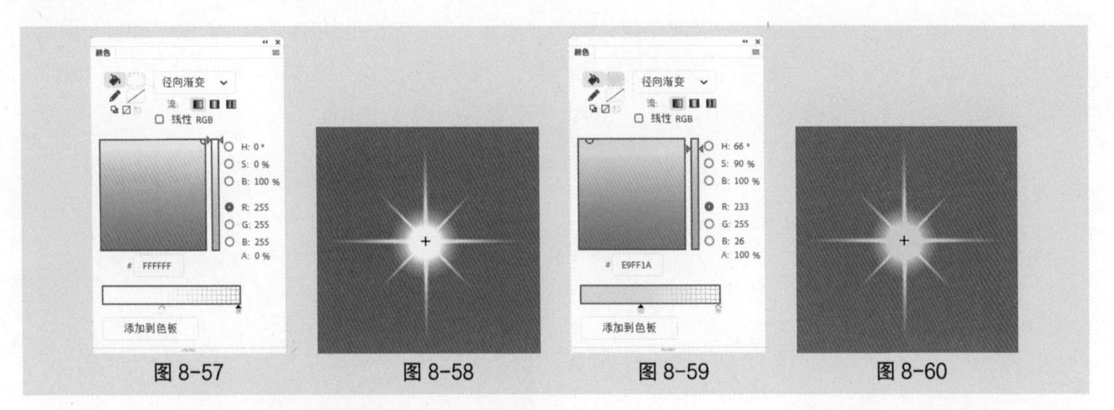

图 8-57　图 8-58　图 8-59　图 8-60

（4）选中“圆点”图层的第 3 帧，按 F6 键插入关键帧。在“颜色”面板中，选中色带上左侧的颜色控制点，将其设为绿色（#1DEB1D），生成渐变色，如图 8-61 所示，设置后的效果如图 8-62 所示。

（5）选中“圆点”图层的第 4 帧，按 F6 键插入关键帧。在“颜色”面板中，选中色带上左侧的颜色控制点，将其设为红色（#FF1111），生成渐变色，如图 8-63 所示，设置后的效果如图 8-64 所示。

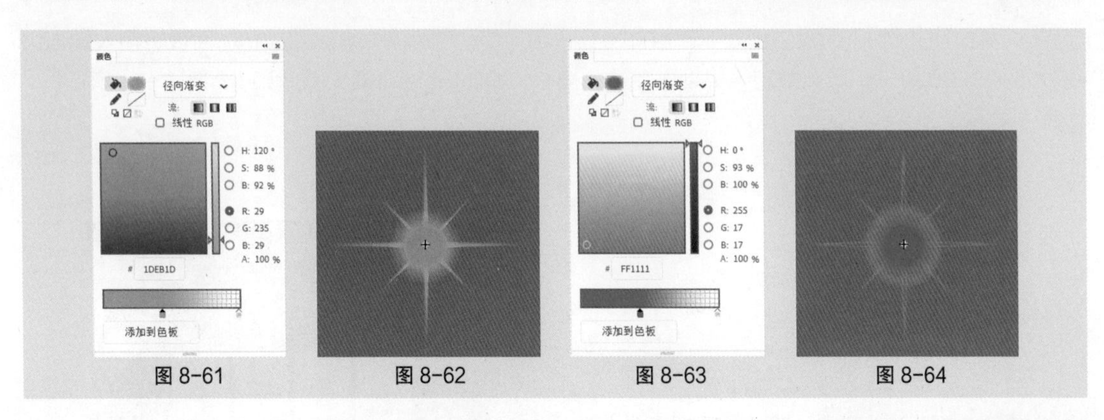

图 8-61　图 8-62　图 8-63　图 8-64

（6）在“时间轴”面板中创建新图层并将其命名为“动作脚本”。选中“动作脚本”图层的第 1 帧，选择“窗口 > 动作”命令，弹出“动作”面板（快捷键为 F9）。在“动作”面板中输入脚本代码，如图 8-65 所示。

（7）单击舞台左上方按钮，进入“场景 1”的舞台。将“图层_1”图层重命名为“底图”，如图 8-66 所示。按 Ctrl+R 组合键，弹出“导入”对话框，在对话框中选择云盘中的“Ch08 > 素材 > 制作鼠标跟随效果 > 01”文件，单击“打开”按钮，将文件导入舞台中并将其拖曳到舞台中心，效果如图 8-67 所示。

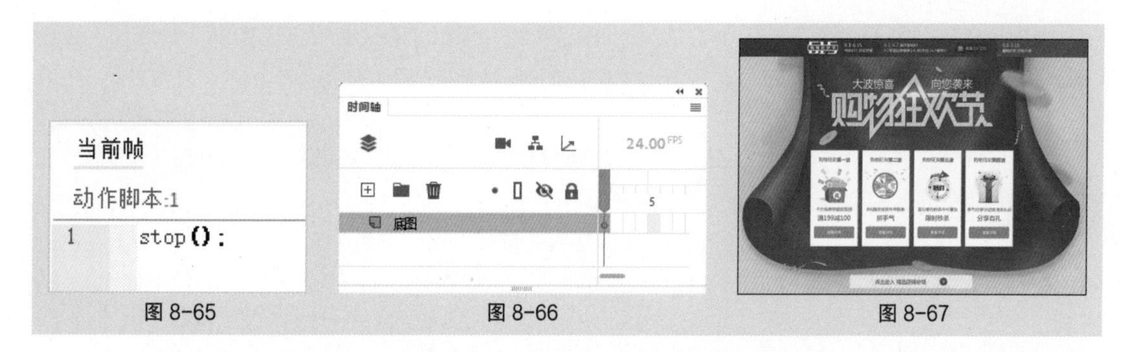

图 8-65　　图 8-66　　图 8-67

（8）在“库”面板中，用鼠标右键单击影片元件“星星”，在弹出的快捷菜单中选择“属性”命令，弹出“元件属性”对话框，勾选“为 ActionScript 导出”选项，在“类”文本框中输入类名称“star”，如图 8-68 所示，单击“确定”按钮，“库”面板中的效果如图 8-69 所示。

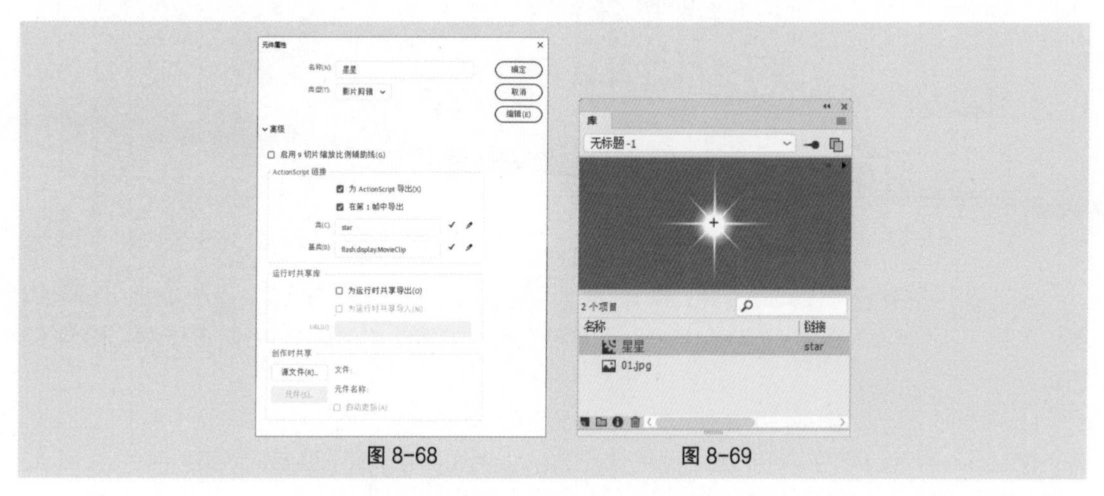

图 8-68　　图 8-69

（9）在“时间轴”面板中创建新图层并将其命名为“动作脚本”。在“动作”面板中输入脚本代码，如图 8-70 所示。鼠标跟随效果制作完成，按 Ctrl+Enter 组合键查看效果，如图 8-71 所示。

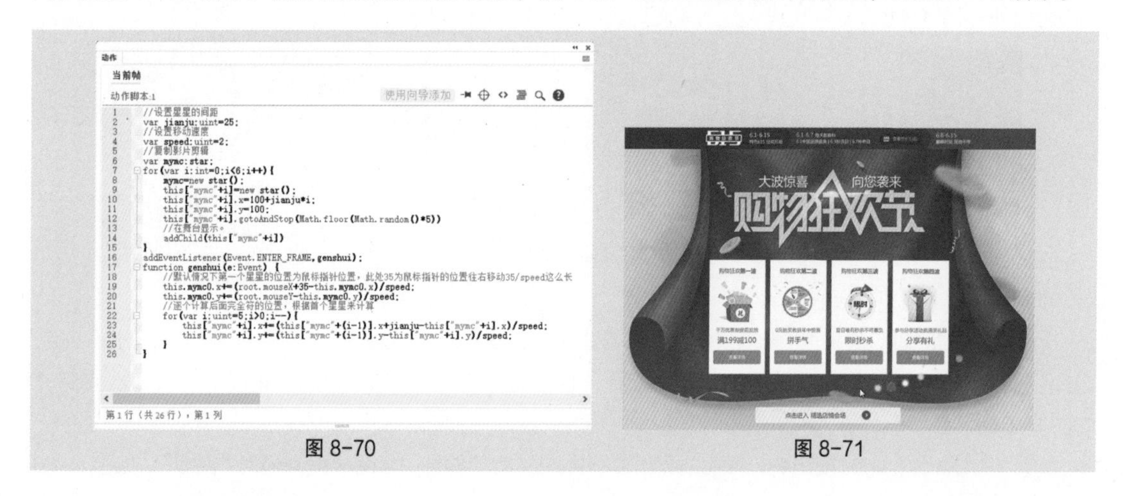

图 8-70　　图 8-71

8.2.2　添加控制命令

控制鼠标跟随效果所使用的脚本如下。

```
root.addEventListener(Event.ENTER_FRAME, 元件实例);
function 元件实例(e:Event) {
    var h: 元件 = new 元件();
    // 添加一个元件实例
    h.x=root.mouseX;
    h.y=root.mouseY;
    // 设置元件实例在 x 轴和 y 轴的坐标位置
    root.addChild(h);
    // 将元件实例放入场景
}
```

打开云盘中的“基础素材 > Ch08 > 03”文件，如图 8-72 所示。调出“库”面板，如图 8-73 所示。

图 8-72　　图 8-73

用鼠标右键单击“库”面板中的影片剪辑元件“图形动”，在弹出的快捷菜单中选择“属性”命令，弹出“元件属性”对话框，勾选“为 ActionScript 导出”选项，在“类”文本框中输入类名称“Box”，如图 8-74 所示，单击“确定”按钮。

在“时间轴”面板中创建新图层并将其命名为“动作脚本”。选择“窗口 > 动作”命令，弹出“动作”面板（快捷键为 F9）。在“动作”面板中输入脚本代码，如图 8-75 所示。

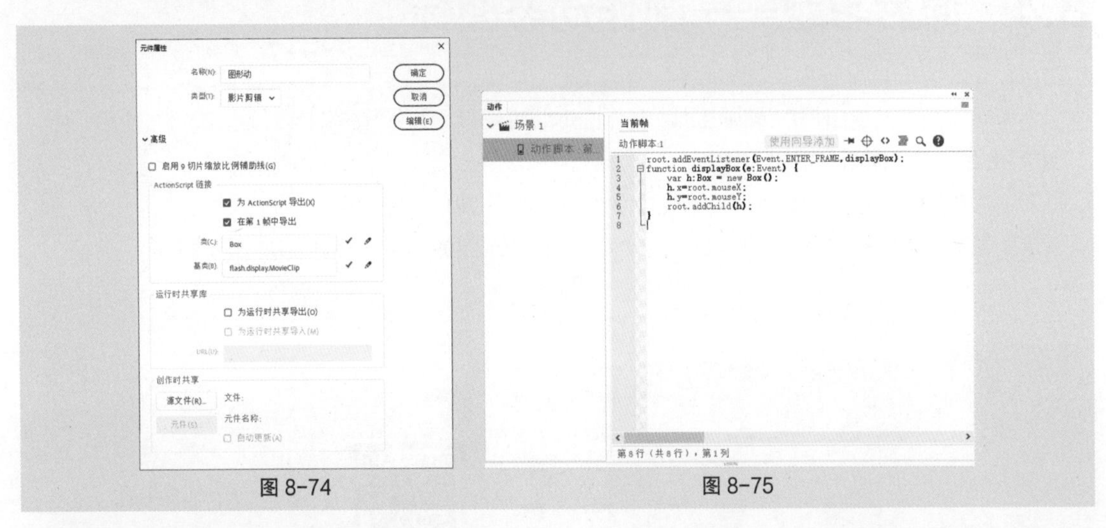

图 8-74　　图 8-75

选择“文件 > ActionScript 设置”命令，弹出“高级 ActionScript 3.0 设置”对话框，在对话框中单击“严谨模式”选项前的复选框，取消勾选该选项，如图 8-76 所示，单击“确定”按钮。鼠标跟随效果制作完成，按 Ctrl+Enter 组合键查看效果，如图 8-77 所示。

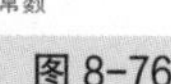

图 8-76

图 8-77

8.3 课堂练习——制作女装类动画

【练习知识要点】使用“创建新元件”对话框，创建图形元件和按钮元件，使用“文本工具”，输入文字，使用“矩形工具”绘制矩形图形。

【素材所在位置】云盘 /Ch08/ 素材 / 制作女装类动画 /01 ～ 07。

【效果文件所在位置】云盘 /Ch08/ 效果 / 制作女装类动画 . fla，如图 8-78 所示。

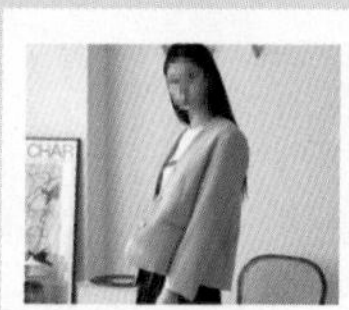

图 8-78

8.4 课后习题——制作动态图标

【习题知识要点】使用“椭圆工具”制作圆形装饰图形，使用“文本工具”输入文本，使用“创建新元件”对话框制作按钮元件。

【素材所在位置】云盘 /Ch08/ 素材 / 制作动态图标 /01 ～ 09。

【效果文件所在位置】云盘 /Ch08/ 效果 / 制作动态图标 . fla，如图 8-79 所示。

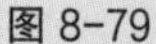

图 8-79

第9章 商业案例

09

本章介绍

本章包含综合设计实训案例，旨在利用真实情境来训练读者利用所学知识完成商业设计项目。通过多个设计项目案例的演练，读者能进一步掌握 Animate 2020 的强大功能和使用技巧，并能使用所学技能制作出专业的设计作品。

学习目标

- 掌握使用“创建传统补间”命令制作传统补间动画的方法。
- 掌握使用“文本工具”和“任意变形工具”制作文字变形效果的方法。
- 掌握元件的创建及使用方法。
- 掌握使用“动作”面板添加动作脚本的方法。

技能目标

- 掌握社交媒体动图设计——制作教师节小动画。
- 掌握动态海报设计——制作节日类动态海报。
- 掌握电商广告设计——制作七夕活动横版海报。
- 掌握节目片头设计——制作家居装修 MG 动画片头。

9.1 社交媒体动图设计——制作教师节小动画

9.1.1 项目背景

1. 客户名称

Circle。

2. 客户需求

Circle 是一个以文字、图片、视频等多媒体形式实现信息即时分享、传播互动的平台。在教师节来临之际，需要为平台制作一款动态宣传海报，要求能够适用于平台头图传播，以感恩教师节为主要内容，要求内容明确清晰，展现品牌品质。

9.1.2 设计要求

（1）以黄色作为主体颜色，给观者带来温馨细腻的感受。

（2）设计形式要简洁明晰，能表现宣传主题。

（3）设计风格具有特色，能够引起读者共鸣和查看兴趣。

（4）设计规格为 900 px（宽）×500 px（高）。

9.1.3 项目设计

本案例设计效果如图 9-1 所示。

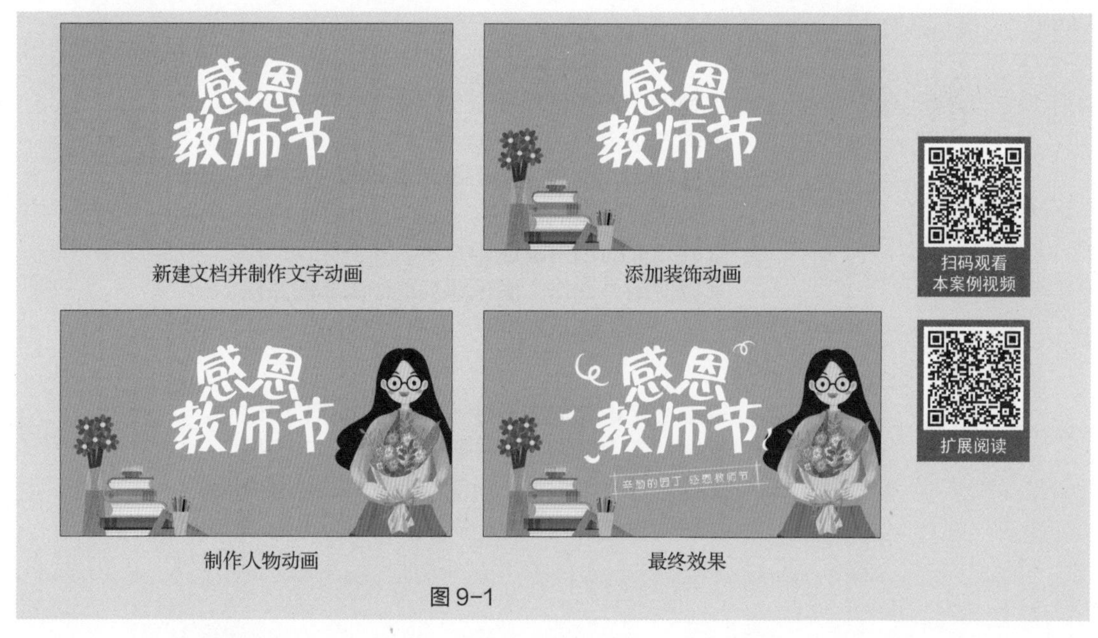

图 9-1

9.1.4 项目要点

使用“新建元件”命令和“文本工具”制作文字图形元件，使用“时间轴”面板制作人物动画效果，使用“动画预设”面板制作文字动画效果，使用“创建传统补间”命令制作传统补间动画，使用“属性”面板改变实例的不透明度。

9.2 动态海报设计——制作节日类动态海报

9.2.1 项目背景

1. 客户名称

创维有限公司。

2. 客户需求

创维有限公司是一家家居用品零售企业，贩售平整式包装的家具、配件、浴室和厨房用品等。现因春节即将来临，需要制作一款用于线上传播的动态海报，以便与合作伙伴以及公司员工联络感情和互致问候。要求有温馨的祝福语言、浓郁的民俗色彩，以及传统的节日特色，能够充分表达公司的祝福与问候。

9.2.2 设计要求

（1）运用传统民俗风格，既传统又具有现代感。

（2）使用具有春节特色的元素装饰画面，营造热闹的气氛。

（3）整体运用红色烘托节日氛围。

（4）设计规格为 1242 px（宽）×2208 px（高）。

9.2.3 项目设计

本案例设计流程如图 9-2 所示。

制作鼓棒动画

制作响花动画

最终效果

扫码观看
本案例视频

扩展阅读

图 9-2

9.2.4 项目要点

使用“导入到库”命令导入素材文件，使用“转换为元件”命令将图像转换为图形元件，使用“变形”面板、“属性”面板和“创建传统补间”命令制作敲鼓动画。

9.3 电商广告设计——制作七夕活动横版海报

9.3.1 项目背景

1. 客户名称

旗袍家。

2. 客户需求

旗袍家是一家专注旗袍设计与制作的服装企业，致力于将传统服饰与现代时尚元素相结合，制作出富有韵味的旗袍，多年来通过高品质的旗袍和定制服务，为客户提供了充满魅力的着装。在七夕来临之际，需要制作一个七夕活动横版海报，要求起到宣传品牌新品的作用，向客户传递品牌特色及节日优惠信息。

9.3.2 设计要求

（1）以七夕节日为主题，突出浪漫、爱情和中国传统元素。

（2）背景颜色以象征爱情和热情的红色为主，与节日相呼应。

（3）海报整体风格需富有情感，同时具有现代感。

（4）图像处理应精细，突出细节且具有感染力。

（5）设计规格为 900 px（宽）×383 px（高）。

9.3.3 项目设计

本案例设计流程如图 9-3 所示。

制作扇子动画

制作文字和人物动画

制作灯笼动画

最终效果

图 9-3

9.3.4 项目要点

使用“导入到库”命令和“新建元件”命令导入素材并制作图形元件，使用“创建传统补间”命令制作传统补间动画，使用“时间轴”面板控制动画的播放时间。

9.4 节目片头设计——制作家居装修 MG 动画片头

9.4.1 项目背景

1. 客户名称

安心家居装修公司。

2. 客户需求

安心是一家致力于提供高质量家居装修和设计服务的家居装修公司。公司致力于通过创新、高品质和精细的工艺，为每一位客户打造梦想之家。现需要为公司制作装修 MG 动画片头，用于线上传播，要求向客户传递精巧、内敛的装修特色并起到宣传公司的作用。

9.4.2 设计要求

（1）以传达家居装修内容为主要设计宗旨，紧贴主题。

（2）封面色彩以低明度色调为主，整体色彩干净清爽。

（3）设计以家具图片作为主要内容，明确主题。

（4）整体设计要体现出创意、现代和舒适感。

（5）设计规格为 1000 px（宽）× 1500 px（高）。

9.4.3 项目设计

本案例设计流程如图 9-4 所示。

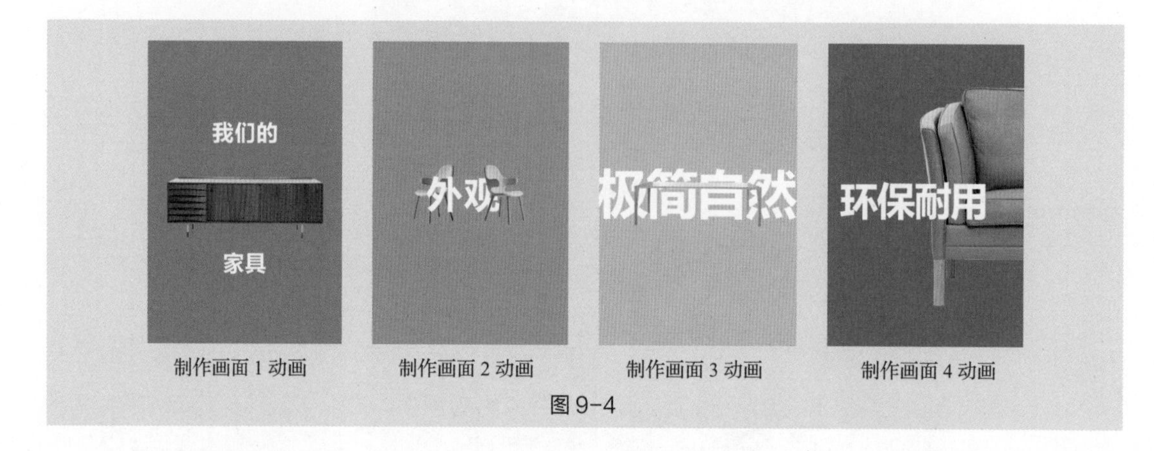

图 9-4

9.4.4 项目要点

使用“导入到库”命令导入素材并制作图形元件，使用“文本工具”输入文字，使用“创建传统补间”命令制作传统补间动画。

9.5 课堂练习——制作豆浆机广告

9.5.1 项目背景

1. 客户名称

阳澄豆浆。

2. 客户需求

阳澄是一家专注于在豆浆机领域发展的公司。为了让豆浆更符合现代人的口味，阳澄公司特别成立了营养研究部，对数十个品种的大豆的口感、营养价值进行研究。现推出新款智能温控豆浆机，设计要求突出大界面、易操作、显示清晰的特点。

9.5.2 设计要求

（1）广告要具有动感，展现原磨豆浆的特点。

（2）使用原材料作为背景，烘托气氛，表现出豆浆机的独特。

（3）搭配磨好的豆浆，使画面更加丰富。

（4）整体风格要具有感染力，体现豆浆机的特色与品质。

（5）设计规格为 800 px（宽）×500 px（高）。

9.5.3 项目设计

本案例设计效果如图 9-5 所示。

图 9-5

9.5.4 项目要点

使用“导入”命令导入素材文件，使用“转换为元件”命令将导入的素材制作成图形元件，使用“文本工具”输入广告语文本，使用“分离”命令将输入的文字打散，使用“创建传统补间”命令制作传统补间动画，使用“动作”命令添加动作脚本。

9.6 课后习题——制作空调扇广告

9.6.1 项目背景

1. 客户名称

戴森尔。

2. 客户需求

戴森尔是一家综合网上购物平台，商品涵盖家电、手机、计算机、服装、百货、海外购等品类。现推出新型变频空调扇，要求进行广告设计，用于平台宣传及推广，设计要符合现代设计风格，给人沉稳干净的印象。

9.6.2 设计要求

（1）画面设计要以产品图片为主体。

（2）使用直观醒目的文字来诠释广告内容，表现产品特色。

（3）画面色彩要给人清新、干净的印象。

（4）画面版式沉稳且富于变化。

（5）设计规格为 1920 px（宽）×800 px（高）。

9.6.3 项目设计

本案例设计效果如图 9-6 所示。

图 9-6

9.6.4 项目要点

使用“导入到库”命令导入素材，使用“新建元件”命令和“文本工具”制作图形元件，使用“分散到图层”命令制作功能动画，使用“创建传统补间”命令制作传统补间动画，使用“属性”面板调整实例的透明度。